Gründer der Reihe
Prof. Dr. Ekkehard Crisand †

Herausgeber
Prof. Dr. Gerhard Raab
Nicolas Crisand

Prof. Dr. Ottmar L. Braun, M. Sc. Natalie Gouasé,
Dipl. Psych. Sandra Mihailovic,
M. Sc. Theresa Pfleghar, Dr. Martin Sauerland

# Positive Psychologie und Selbstmanagement: Wege zu mentaler Stärke

Theorie und praktische Vermittlung mithilfe von »CareerGames – spielend trainieren«

1. Auflage

ISBN 978-3-86451-041-0


FELDHAUS VERLAG GmbH & Co. KG
Postfach 73 02 40
22122 Hamburg
Telefon +49 40 679430-0
Fax +49 40 67943030
post@edition-windmuehle.de
www.edition-windmuehle.de

Satz und Gestaltung: FELDHAUS VERLAG, Hamburg
Herstellung: WERTDRUCK, Hamburg

**Bibliografische Information der Deutschen Nationalbibliothek**
Die Deutsche Nationalbibliothek verzeichnet diese Publikation in der Deutschen Nationalbibliographie; detaillierte bibliografische Daten sind im Internet über http://dnb.d-nb.de abrufbar.

# Vorwort

Im Jahr 1917 veröffentlichte das Forbes Magazine eine Liste der 100 erfolgreichsten Unternehmen. Im Jahr 2001 existierten von diesen Unternehmen noch 17 und im Jahr 2014 lediglich noch eines, die General Electric Company. Dies ist kein Zufallsergebnis: In einer systematischen Untersuchung von Wiggins und Ruefli (publiziert z. B. 2002) wurde eine Stichprobe von 6772 Unternehmen analysiert, in drei Leistungsgruppen eingruppiert und über Jahre und Jahrzehnte beobachtet. Es stellte sich heraus, dass sich nur 5 % dieser Unternehmen nach zehn oder mehr Jahren noch im Top-Segment gehalten haben; nur 0,5 % schafften dies über mehr als 20 Jahre und nur drei Unternehmen überlebten mehr als 50 Jahre. Die durchschnittliche Lebenserwartung von Wirtschaftsunternehmen ist somit deutlich geringer als diejenige von Menschen. Dies erstaunt. Wer beispielsweise zum Zweck der eigenen Altersversorge in Aktien oder Unternehmensfonds investiert, geht implizit von einer weitaus optimistischeren Prognose aus. Doch was macht Unternehmen derart anfällig? Welche Fehler werden begangen, die zu dieser hohen Sterblichkeit führen?

Es bedarf keiner geistigen Akrobatik, um die Mannigfaltigkeit der Gründe zu imaginieren. Abstrakt formuliert lässt sich das Phänomen jedoch auf folgende Formel bringen: Unternehmen sind häufig in starre organisationale Strukturen einzementiert – je erfolgreicher sie aktuell wirtschaften, je größer sie werden, desto wahrscheinlicher ist es, dass sich Strukturen verfestigen, schließlich scheinen sie sich bewährt zu haben. Im Rahmen solcher rigiden Strukturen können Organisationen jedoch nicht schnell genug auf veränderte Marktsituationen reagieren. Und: Beispiele für Veränderungen, die zu Pleitewellen führten, ließen sich an dieser Stelle zahlreiche benennen, seien diese nun durch die Digitalisierung, Vernetzung, Gesetzesänderungen oder wissenschaftliche Revolutionen verursacht. Im Fokus wirtschaftlichen Handelns stehen allzu oft Quartalszahlen anstelle der innovativen Ideen der kreativen Köpfe eines Unternehmens.

Wenn Unternehmen bestehen bleiben wollen, darf es kein bloßes Lippenbekenntnis bleiben, die Human Resources als den wichtigsten und nachhaltigsten Erfolgsfaktor herauszustellen. Diese wichtigste aller Unternehmensressourcen in mitteleuropäischen Breitengraden ist in vielen Unternehmensleitbildern verankert, sie scheint sämtliche Unternehmensphilosophien zu durchdringen, zumindest, wenn man den einschlägigen Internetauftritten Glauben schenkt. Die Realität sieht jedoch oft anders aus. Es mangelt an der praktischen Würdigung der Humanressourcen, von einer gezielten Kultivierung ganz zu schweigen. Die Erkenntnis der Relevanz von Mitarbeiterressourcen mag vorhanden sein, das Bekenntnis dazu auch bekundet sein, doch die Umsetzung sucht oft noch ihr Sein. Humanressourcen bedürfen der konsequenten, ja vielleicht der kompromisslosen Kultivierung und Stimulation, will man denn in den Genuss ihrer Früchte kommen. Die betriebliche Realität hingegen stellt zumeist eher Hürden und Barrieren für ihre Abschöpfung auf. Machterhalt, Risikoaversion, einseitige Orientierung an kurzfristen Kennzahlen etc. stellen die Zutaten für den mangelnden Förderungswillen dar.

In welche Richtung müssen sich organisationale und personelle Strukturen und Prozesse somit entwickeln, wenn sich ein Unternehmen langfristig am Markt behaupten will? Die starre, hierarchische Organisationsform mit ihren primär ausführenden, mehr oder weniger abarbeitenden Organen hat in einer sich immer weiter dynamisierenden Welt offenkundig ausgedient – träge, rigide, seelenlos. Organisationsformen hingegen, die permanentes Lernen, konstruktives und kreatives Problemlösen, den Einbezug vieler Perspektiven z. B. durch Networking, unternehmerisches Chancen-Denken etc. betonen, scheinen deutlich besser geeignet zu sein, um der enormen Volatilität der Märkte mit ihren immer kürzer werdenden Veränderungsoszillationen begegnen zu können. Heute sind wir begeistert von den Features und Fähigkeiten unserer Smartphones – wer dieses Buch im Jahr 2025 nochmals aufschlägt, wird sich über dieses Beispiel einer Innovation vermutlich amüsieren. Es sind Menschen, die auf neuartige Ideen kommen werden, Ideen, die das Smartphone in Zukunft antiquiert erscheinen lassen. Welche Kompetenzen muss jemand haben, der diese neuartigen Ideen entwickelt, der in neuen Strukturen und Prozessen denkt, der den neuen Markt erschließt? Welche Organisationsform muss gewählt werden, um dies zu ermöglichen und zu fördern? Konventionelle Strategien scheinen hier nur bedingt weiterzuhelfen. Es liegt auf der Hand, dass konstruktive, kreative, herausragende, von Leidenschaft geprägte Leistungen nicht durch Weisungen, Instruktionen, Befehle, Kontrollen, Sanktionen oder Zielvorgaben von oben nach unten entstehen können. Ganze Hierarchieebenen werden überschüssig, ganzheitliche Mitarbeiterqualifikation hingegen überfällig.

Mit dem Abflachen von Hierarchien werden einzelne Mitarbeiter zwangsläufig zu Unternehmern im Unternehmen. Diejenige Organisation, welche den Mut aufbringt, Mitarbeiter zu Unternehmern, zu Intrapreneurs zu machen, hat zumindest die Chance zu überleben. Dies erfordert die Übertragung von Verantwortung, dies erfordert die Weiterqualifizierung von Mitarbeitern in Managementkompetenzen, dies erfordert eine völlig neue Unternehmenskultur: chancenorientiert, fehlertolerant und lernfähig – oder mit einem Wort vielleicht: positiv. Die neuen Anforderungen für einzelne Mitarbeiter werden somit auf den kompetenten Selbstmanager hinauslaufen, denn kein anderer soll und wird ihn mehr managen. Insofern sind nun auch alle Kompetenzen gefragt, die ein effizientes und umfassendes Selbstmanagement ermöglichen.

Die beschriebene Zwangsläufigkeit stellt dabei kein Schreckensszenario dar, denn erstmals in der Geschichte des Arbeitslebens gibt es die Chance, einen großen Deckungsbereich zwischen den Zielen des Unternehmens und denjenigen einer breiten Mitarbeiterzahl herzustellen. Es ist nicht nur eine Schnittmenge, die zwischen Gewinnmaximierung, Umsatzsteigerung, Marktanteilserweiterung, Produktivitätssteigerung einerseits und der Gesundheit, Mitarbeiterzufriedenheit, Mitarbeitermotivation und Persönlichkeitsentfaltung andererseits entstehen kann, es ist geradezu eine positive Rückkopplung zwischen den genannten ökonomischen und humanen Kriterien der Arbeitsgestaltung möglich. In einer entwickelten Kultur manifestiert sich zumeist auch ein starkes Autonomiebedürfnis, welches sich auch mit den demokratischen Grundwerten in Einklang bringen lässt. Wer dies ignoriert, vergeht. Wer dies bedient, wird obsiegen. Wo Menschen wählen können, wählen sie die Freiheit. Mitarbeiter wollen heute nicht mehr gemanaged werden, sie wollen sich frei und autonom selbst managen, sie wollen Mitsprache, Partizipation, Handlungsspielräume und Entscheidungsfreiheiten. Und Unternehmen werden (nur) unter solchen Bedingungen von der Möglichkeit einer maximalen Ausschöpfung der kreativen und leistungsbezogenen Potenziale ihrer Mitarbeiter profitieren können.

Unternehmen können sich nicht mehr nur darauf verlassen, dass Mitarbeiter bestimmte Aufgaben verlässlich abarbeiten; wie die eingangs erwähnten Beispiele demonstrieren, wirkt dies wie ein Krebsgeschwür im organisationalen Organismus. Dabei sind Menschen von Natur aus neugierig und kreativ, sie lieben den spielerischen Umgang mit Herausforderungen, sie wollen etwas erschaffen, ihre Stärken einsetzen, etwas in der Welt bewirken und ihre Potenziale entfalten. Wenn dieses natürliche Potenzial im Unternehmen nicht entfaltet werden kann, geht dies zumeist und zuvorderst auf widrige organisationale Prozesse zurück, auf eine geringe Stimulanz und Förderung. Unternehmen aber sind mehr denn je auf diese individuellen, einzigartigen Ressourcen ihrer Mitarbeiter angewiesen, sie brauchen vollwertige Persönlichkeiten und keine austauschbaren, seelenlosen Kadaver.

Am Ende erscheint es sogar möglich, für immer breitere Mitarbeiterschichten das Job Crafting zu realisieren: turn the job you have into the job you want! – die Vollendung der individuellen Persönlichkeitsentfaltung im Arbeitsleben. Nehmen wir nur für den Moment an, dass jeder Mensch über gewisse potenzielle Stärken und gewisse potenzielle Schwächen verfügt. Wagen wir die Hypothese, dass diejenigen, die Schwächen, Defizite und Mängel zu kompensieren versuchen, trotz unlustbetonter, schwitzend-eifriger Anstrengungen, doch nicht über das Mittelmaß hinauskommen, dass diejenigen jedoch, welche versuchen, ihre Stärken und Ressourcen zu kultivieren, einzigartig werden können. Dann wird ersichtlich, welches Potenzial wir mit unserem kulturell geprägten und »ansozialisierten« Negativfokus tagtäglich vergeben. Wir vergeben die Chance zur Innovation. Mut ist vielleicht erforderlich, dem Individuum seine Entwicklungsfreiräume zu lassen, aber auch nur dann, wenn es dabei allein gelassen wird. Eine Personalentwicklung, die rücksichtslos auf eine Förderung des ressourcenorientierten Selbst-Managements setzt, stellt letztlich ein funktionales Coaching-System dar: Sie macht dem Mitarbeiter ein bedürfnisgerechtes Angebot und gibt ihm die Orientierung, die er braucht, um eigene Potenziale im Dienste des Unternehmens, das zu seinem eigenen geworden ist, voll zu entfalten.

Landau, im Herbst 2017

Martin Sauerland und Ottmar L. Braun

 

# Einleitung und Aufbau des Buches

Dieses Buch handelt von Selbstmanagementkompetenzen und positiver Psychologie. Nach dem Vorwort geht es im ersten Kapitel um die Theorie. Es wird ein theoretisches Modell vorgestellt, das letztlich den Rahmen für das gesamte Buch darstellt. Dabei wird zunächst beispielhaft auf Kompetenzmodelle, wie man sie in Unternehmen zunehmend mehr antrifft, eingegangen. Es folgen dann insgesamt zwölf Selbstmanagementkompetenzen. Zu jeder diese Kompetenzen findet der Leser eine theoretische Einführung, Literaturtipps und die Items bzw. Skalen, mit denen das Konstrukt empirisch erfasst werden kann. Bei den Literaturtipps handelt es sich eher um Ratgeberliteratur, die zu Rate gezogen werden kann, wenn man in diesem Bereich seine Kompetenzen steigern will. Die Items bzw. Skalen sollen noch einmal dokumentieren, was genau mit dem Konstrukt gemeint ist; diese Items wurden dann auch in den Studien verwendet, die in den Kapiteln 2 und 3 berichtet werden. Jeder eigenständige Beitrag eines Autors bzw. eines Autorenteams schließt mit einem Literaturverzeichnis ab.

Im zweiten Teil des Theoriekapitels geht es dann um die (vermutlichen) Folgen der Selbstmanagementkompetenzen: kognitive, emotionale und motivationale Konsequenzen. Im dritten Teil des Theoriekapitels werden die langfristigen Konsequenzen behandelt: Arbeitszufriedenheit, Fluktuation, Burnout, psychosomatische Beschwerden, etc.

Im zweiten Kapitel werden dann vier Korrelationsstudien berichtet, mit denen die zentralen Annahmen des Modells des Positiven Selbstmanagements überprüft wurden. Alle Studien kamen zu ermutigenden Ergebnissen und belegen im Wesentlichen das Modell des Positiven Selbstmanagements.

Im folgenden dritten Kapitel geht es zunächst um die Rolle von Spielen in der Erwachsenenbildung. Anschließend werden drei Evaluationsstudien berichtet, bei denen im Rahmen von Präsenzseminaren Selbstmanagementkompetenzen trainiert wurden: Das Quizbrettspiel »CareerGames – spielend trainieren!« spielte hierbei eine zentrale Rolle.

Im vierten Kapitel geht es schließlich um die Steigerung von Selbstwirksamkeitserwartungen und Achtsamkeit durch eine bewusst gemachte Erfahrung – das Pilgern auf dem Jakobsweg. Vielleicht gibt diese Studie die zentralen Hinweise darauf, was Menschen bewegt, wenn sie einen Aktivurlaub verbringen.

Im fünften Kapitel werden die gesamten Erkenntnisse theoretisch, unter methodischen Gesichtspunkten und unter anwendungsbezogenen Sichtweisen diskutiert. Abschließend geht es dann darum, wie zukünftige Forschung in diesem Bereich aussehen könnte.

**Anmerkung: Geschlechtergerechte Formulierung**
Aus Gründen der leichteren Lesbarkeit werden bei Personenkategorisierungen die weiblichen Morpheme weggelassen. Die Verwendung der männlichen Form schließt die weibliche mit ein.

 

# Inhaltsverzeichnis

# 1 Positive Psychologie und Selbstmanagementkompetenzen

Ottmar L. Braun, Theresa Pfleghar, Martin Sauerland, Natalie Gouasé, Nadine Balzer, Kristina Bader und Sven Simek

## 1.1 Kompetenzmodelle

Kompetenzmodelle sind ein wichtiger Bestandteil von Unternehmenskulturen. Darin wird beschrieben, welche Kompetenzen Mitarbeiter auf verschiedenen Ebenen haben sollten.

Die Kompetenzen lassen sich in Fach-, Methoden-, Sozial und Selbstkompetenz unterteilen. Kauffeld und Grote (2014) verstehen unter Fachkompetenz alle Kenntnisse, Fertigkeiten und Fähigkeiten, die sich auf die Arbeitstätigkeit an sich beziehen. Die Methodenkompetenz umfasst die Anwendung von Methoden zur Strukturierung der eigenen Aktivitäten oder der Aktivität von Gruppen. Unter Sozialkompetenz wird die Kompetenz des angemessenen Miteinanders verstanden. Hierunter fallen vor allen Dingen Kommunikations- und Kooperationsfähigkeiten. Die Selbstkompetenz bezieht sich auf das Umgehen des Individuums mit sich und der eigenen Zeit.

In diesem Buch steht die Selbstkompetenz im Sinne der Selbstmanagementkompetenzen im Vordergrund. Dabei ist die Frage nach der Trainierbarkeit dieser Kompetenzen ein zentrales Thema. Gründe für diese Fragestellung gibt es viele. Kauffeld und Grote (2014) nennen beispielswese das Beheben von Leistungsdefiziten, Belohnungen in Situationen, in denen es keinen finanziellen Ausgleich geben kann, Wertschätzung durch Mitarbeiter, Steigerung der Selbstkompetenz als PR-Mittel im »War for Talents«, wie auch das Betreiben von Networking durch das reine Besuchen von Trainings.

Die Grenzen der einzelnen Kompetenzen sind fließend (bspw. Networking und Smalltalk als Selbstmanagementkompetenzen und soziale Kompetenzen). Selbstmanagementkompetenzen sind auf allen Ebenen gefordert, vom Sachbearbeiter über die Teamleiter bis zu Abteilungsleitern und Vorständen. Deshalb wird in Seminaren zur Förderung der Selbstmanagementkompetenz direkt an der Unternehmenskultur gearbeitet. Durch Trainings lassen sich diese Selbstmanagementkompetenzen steigern und damit die psychische und physische Gesundheit fördern (Braun, Sauerland & Pitzschel, 2014).

## 1.2 Ein integratives Rahmenmodell

Das integrative Rahmenmodell zum Positiven Selbstmanagement wurde von Braun (2015) entwickelt und fasst Erkenntnisse aus der Forschung und Empirie zu den Selbstmanagementkompetenzen im Lichte der Positiven Psychologie zusammen (Abbildung 1). Hierdurch bietet es die Grundlage für verschiedene Studien und Forschungsvorhaben und gibt eine gute Struktur und Übersicht, um sich dem Forschungsfeld zu nähern. In dem Modell sind die einzelnen Komponenten aufgeführt, die

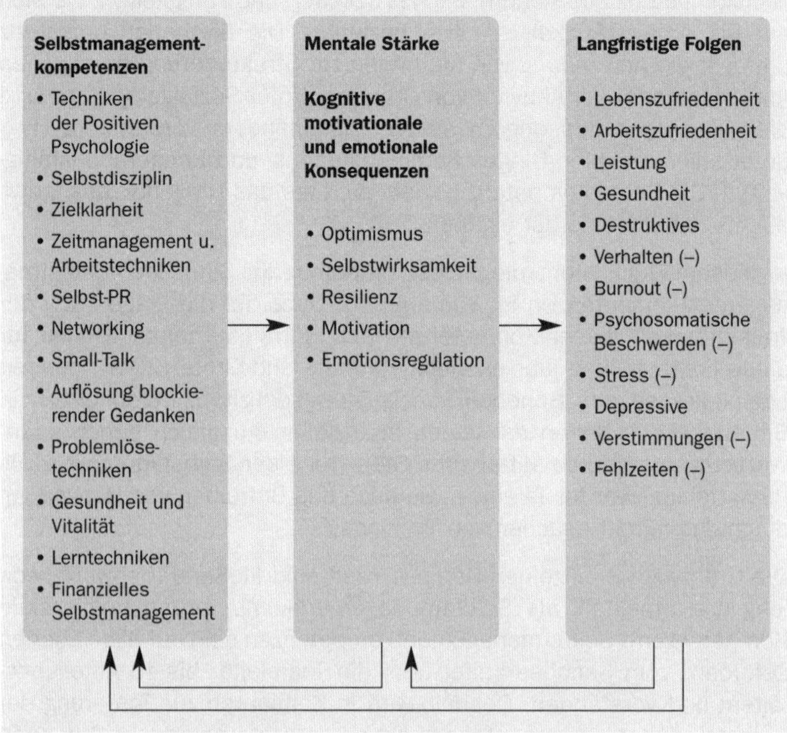


Abbildung 1: Integratives Rahmenmodell zum Positiven Selbstmanagement

in den folgenden Kapiteln zum theoretischen Hintergrund aufgegriffen werden. Insgesamt stellt das Modell dar, welche langfristigen Folgen die zwölf Selbstmanagementkompetenzen, vermittelt über die mentale Stärke, die kognitiven, motivationalen und emotionalen Konsequenzen, haben.

Das Modell des Positiven Selbstmanagements besagt, dass hohe Selbstmanagementkompetenzen dazu führen, dass generelle Selbstwirksamkeitserwartungen (Bandura, 1977), Optimismus (Schwarzer & Jerusalem, 1999) und die Fähigkeit zur Emotionsregulation und Motivation steigen. Langfristig sollte dies dazu führen, dass beispielsweise die Arbeitszufriedenheit ansteigt, wohingegen Stress, die Tendenz zum Burnout, psychosomatische Beschwerden und depressive Verstimmungen und Fehlzeiten sinken. Im Sinne der »Broaden- und Build«-Theorie von Fredrickson (2001) kann zudem angenommen werden, dass es Rückwirkungen gibt. Danach führen positive Emotionen dazu, dass mehr Kompetenzen aufgebaut werden und eine positive Aufwärtsspirale entsteht.

## 1.3 Selbstmanagementkompetenzen

Kanfer, Reinecker und Schmelzer (1996) haben ursprünglich zu Therapiezwecken im Klinikalltag die Selbstmanagement-Therapie entwickelt. Mittlerweile ist Selbstmanagement jedoch auch im Arbeitskontext zu einem wichtigen Faktor geworden (Pscherer, 2015). Neben zahlreicher Ratgeberliteratur zum Thema Selbstmanagement, wie zum Beispiel der Bestseller »Das neue 1x1 des Zeitmanagements« von Lothar J. Seiwert (2014), stehen in der heutigen Zeit sowohl im privaten als auch im Unternehmenskontext viele Angebote zur Förderung der Kompetenzen in Form von Trainings oder Coachings zur Verfügung (Klein, König & Kleinmann, 2003). Doch worum geht es eigentlich, wenn man von Selbstmanagement spricht? Kanfer, Reinecker und Schmelzer (1996) verstehen unter Selbstmanagement einen Oberbegriff für verhaltenstherapeutische Therapieansätze, die es sich zur Aufgabe gemacht haben, ihre Klienten bei der Verbesserung ihrer Selbststeuerung zu helfen. Das Ziel soll dabei sein, Klienten zu einer selbständigen und aktiven Problembewältigung zu befähigen (Kanfer et al., 1996). Im Fokus steht die »Hilfe zur Selbsthilfe«. Im Arbeitskontext wird Selbstmanagement unter anderen von Frayne und Geringer (2000) als Bemühung eines Menschen definiert, Kontrolle über bestimmte Aspekte seiner Entscheidungsfindung und sein Verhalten auszuüben. König und Kleinmann (2014) verstehen unter Selbstmanagement »alle Bemühungen einer Person, das eigene Verhalten zielgerichtet zu beeinflussen.« (S. 649). Sie betrachten Selbstmanagement als besonders wichtig, wenn eine Aufgabe dem Arbeitnehmer viele Freiheiten bietet und der Einfluss eines Vorgesetzten gleichzeitig gering ist. Wiese (2008) versteht unter dem Begriff Selbstmanagement »das Setzen arbeits- und berufsbezogener Ziele sowie den Einsatz von Handlungsmitteln zur Verfolgung der Ziele, einschließlich der Beobachtung und Bewertung von Zielfortschritten.« (S. 153). Pscherer nennt es die »Fähigkeit, persönliche Ziele und Werte/Motive so in Einklang zu bringen, dass selbstgesetzte Ziele erreicht werden und dabei Zufriedenheit erlebt wird.« (S. 7). Eine umfassende Beschreibung von Selbstmanagement bietet Graf (2012). Sie beschreibt: »Bei Selbstmanagement geht es u. a. darum, eigene Stärken und Schwächen zu erkennen, handlungswirksame berufliche und persönliche Ziele zu setzen, effektiv mit der zur Verfügung stehenden Zeit umzugehen, vorhandene Belastungen zu reduzieren und Ressourcen gezielt zu aktivieren und zu nutzen.« (S. 23). Das Ziel von Selbstmanagement ist es, »effizienter und effektiver zu werden« (Graf, 2012, S. 36). Allen Definitionen gemeinsam sind das Setzen von Zielen und der Einsatz von zielgerichtetem Verhalten zur Erreichung dieser. Graf (2012) beschreibt zudem, dass es auch darum geht, sich seine Stärken und Schwächen bewusst zu machen, vorhandene Zeit effektiv zu nutzen, mögliche Belastungen zu minimieren und verfügbare Ressourcen gewinnbringend einzusetzen.

Zahlreiche Studien konnten zeigen, dass Selbstmanagementkompetenzen variabel und erlernbar sind. So demonstrierte unter anderem die Studie von Klein, König und Kleinmann (2003), dass durch den Einsatz eines Selbstmanagementtrainings die Selbstmanagementkompetenzen der Teilnehmenden verbessert werden konnten. Selbstmanagement wirkt sich weiterhin auf viele Lebensbereiche aus. So erkannte man widerkehrende Muster im Arbeits- und Privatleben eines Individuums. Ein gutes Selbstmanagement in einem Bereich kann sich förderlich auf den jeweils anderen Bereich auswirken. Es steht zum Beispiel mehr Zeit für Freizeit und Familie zur Verfügung, wenn im Arbeitsleben ein effektives und effizientes Selbstmanagement angewandt wird (Graf, 2012).

Zum Thema Selbstmanagement existieren verschiedene theoretische Ansätze, die unterschiedliche Betrachtungsweisen im Hinblick auf das Konstrukt Selbstmanagement vertreten. Im Folgenden wird eine Auswahl an wichtigen Ansätzen aus der psychologischen Fachliteratur vorgestellt und erläutert.

Der behaviorale Ansatz als ältester Selbstmanagement-Ansatz basiert auf Überlegungen der klassischen Lerntheorie. Sie vertritt die zentrale Annahme, dass die Auftretenswahrscheinlichkeit eines Verhaltens steigt, wenn dieses Verhalten positive Konsequenzen zur Folge hat (positive Verstärkung) und es bei negativen Konsequenzen (Bestrafung) vermindert gezeigt wird (König & Kleinmann, 2006; Graf, 2012). In Hinblick auf diese Annahme spricht man von Selbstmanagement, wenn eine Person selbst Einfluss darauf nimmt, mit welcher Wahrscheinlichkeit sie ein bestimmtes Verhalten zeigt (König & Kleinmann, 2014). Dazu stehen ihr drei Möglichkeiten zur Verfügung: die Selbstverstärkung, die Selbstbestrafung oder die Stimuluskontrolle.

Verstärkt sich eine Person selbst, so belohnt sie sich beispielsweise für ein bestimmtes Verhalten, indem sie sich nach Erreichen eines Ziels einen Wunsch erfüllt. Man bezeichnet dies als eine positive Verstärkung. Eine negative Selbstverstärkung würde vorliegen, wenn als Folge auf ein Verhalten negative bzw. aversive Faktoren wegfallen würden. Auch ein Verhalten kann als Verstärker fungieren. Wird ein bestimmtes Verhalten mit höherer Präferenz ausgeführt als ein anderes, kann es laut Premack-Prinzip als Verstärker für ein weniger präferiertes Verhalten fungieren. In der Praxis kann das bedeuten, sich zunächst vor einer angenehmen einer eher unangenehmen Aufgabe zu widmen.

Unter der Verwendung der Selbstbestrafung tadelt sich eine Person für ihr Verhalten, indem sie sich selbst positiver Anreize entzieht. So kann ein langersehntes Treffen mit den Freunden ausfallen, weil man zuvor geplante Aufgaben nicht erledigt hat.

Bei der Stimuluskontrolle handelt es sich um den Versuch, das Auftreten von Reizen zu unterbinden, die mit nicht erwünschtem Verhalten in Verbindung stehen. Beispielsweise kann eine wahrgenommene Störung aufgrund des Signals ankommender E-Mails durch das Ausschalten des Tones beseitigt werden (König & Kleinmann, 2014; Graf, 2012). Wichtig zu beachten ist, dass unter dem verwendeten Begriff »behavioral«, zu Deutsch Verhalten, nicht nur beobachtbares, sondern auch nicht sichtbares Verhalten einer Person gefasst wird. Demnach finden in diesem Ansatz auch Kognitionen und Emotionen ihre Beachtung. Kognitionen sind ebenfalls veränderbar und können als Verstärker eingesetzt werden. Ein Beispiel hierfür ist die verbale oder gedankliche Selbstverstärkung im Sinne von: »Diese Aufgabe habe ich klasse gelöst.« (König & Kleinmann, 2014). Der behaviorale Ansatz kommt vor allem im klinischen Kontext zur Anwendung und findet sich unter anderem in der von Kanfer et al. (1996) entwickelten Selbstmanagement-Therapie wieder.

Die sozial-kognitive Lerntheorie von Albert Bandura stellt eine Weiterentwicklung des behavioralen Ansatzes dar. Zentral ist vor allem die Selbstwirksamkeitserwartung als kognitives Konstrukt (König & Kleinmann, 2014; Graf, 2012). Darunter wird die subjektive Erwartung einer Person verstanden, ein bestimmtes gewünschtes Verhalten aufgrund der eigenen Kompetenzen erfolgreich ausführen zu können (Jerusalem, 2005). Dabei muss diese Erwartung nicht mit den tatsächlich vorherrschenden Ressourcen einer Person übereinstimmen (Graf, 2012), es zählt allein »die subjektive Einschätzung der persönlichen Handlungsfähigkeit.« (S. 49). Bandura (1979) macht deutlich, dass Steuerungsmechanismen von Handlungen wie Belohnung oder Bestrafung, das Konstrukt der Selbstwirksamkeit zwar beeinflussen, dieses aber nicht determinieren können. Die Selbstwirksamkeit ist durch weitere Faktoren beeinfluss- und veränderbar. Zu diesen gehören das Lernen am Modell, Überzeugungsversuche anderer Menschen, eigene Erfahrungen und die Kontrolle physiologischer Reaktionen. So ist es für eine hohe Ausprägung der Selbstwirksamkeitserwartung wichtig, die Erfahrung zu machen, durch das eigene Handeln schwierige Anforderungen selbständig bewältigen zu können. Festgelegte Ziele sollten herausfordernd sein, jedoch so gesetzt werden, dass sie erreichbar sind und die Erfahrung von Erfolg gemacht werden kann. Treten wiederholt Misserfolge auf, so hat dies negative Auswirkungen auf die persönliche Selbstwirksamkeitserwartung (Bandura, 1977, 1979). Beobachtete Folgen des Verhaltens einer anderen Person tragen maßgeblich dazu bei, ob ein neues Verhalten erlernt oder bestehende Verhaltensmuster verändert werden. Empfinden wir eine emotionale Erregung, so können wir diese unterschiedlichen Ursachen zuschreiben. Ein wahrgenommener schneller Herzschlag kann beispielsweise als Herausforderung oder als Hinweis auf eine Bedrohung interpretiert werden.

Negativ ist die Attribution für unsere Selbstwirksamkeit, wenn auftretende Erregungen als Zeichen fehlender Kompetenzen gewertet werden (Graf, 2012). Die Steuerung von Prozessen auf motivationaler, kognitiver und affektiver Ebene erfolgt durch die subjektiven Einschätzungen sowie Überzeugungen über die eigenen Kompetenzen. Ein weiteres wichtiges Konstrukt im Zuge der sozial-kognitiven Theorie von Bandura ist die Erwartung hinsichtlich der Handlungsfolgen. Dabei geht es um die Erwartung, inwiefern ein spezifisches Ereignis auf ein potenzielles Verhalten folgt (König & Kleinmann, 2006; Graf, 2012).

Der Ansatz der Selbstführung von Manz (1986) ist noch stärker kognitiv ausgerichtet. Neben den Annahmen des kognitiv-behavioralen Ansatzes stehen vor allem die Auseinandersetzung mit eigenen Zielen, Werten und kognitiven Bewertungen im Mittelpunkt. All dies fasst er unter dem Begriff »Selbstführung« zusammen. Strategien zur Selbstführung setzen dabei auf einer höheren Ebene der Selbstregulation an und übersteigen damit die Taktiken des kognitiv-behavioralen Ansatzes von Bandura. Ergänzende Techniken dieses Ansatzes sind zum einen natürliche Belohnungsstrategien und zum anderen die Veränderung von typischen Gedankenmustern. Dabei geht es darum, die Freude an einer Arbeit durch die Anreicherung der Arbeitsumgebung oder des Arbeitsprozesses zu erhöhen und bestehende dysfunktionale Gedanken zu erkennen und zu verändern. Arbeitnehmer streben nach diesem Ansatz nach Förderung und Weiterentwicklung (König & Kleinmann, 2006; Graf, 2012).

Kehr (2004) integriert in dem Kompensationsmodell von Motivation und Volition verschiedene Annahmen. Das Modell besteht aus insgesamt drei Strukturbausteinen: implizite Motive, explizite Motive und wahrgenommene Fähigkeiten. Implizite Motive stellen ein Verbindungsnetzwerk aus Situationen, Emotionen und Verhaltensimpulsen dar. Sie umfassen Bedürfnisse und affektive Präferenzen und entwickeln sich sehr früh im Leben eines Menschen. Dabei sind sie überwiegend unabhängig von späteren sozialen Anforderungen.

Explizite Motive beinhalten alle Gründe einer Person, die sie für ihr eigenes Verhalten annimmt. Sie beinhalten Ziele und kognitive Präferenzen und sind der Person bewusst. Diese beiden Bausteine sind unabhängig voneinander und wirken sich beide auf das Arbeitsverhalten aus. Stehen implizite und explizite Motive einer Person im Einklang miteinander, resultiert daraus ein angemessenes Verhalten. Liegen jedoch Diskrepanzen vor, so entsteht ein persönlicher Konflikt, der sich in Handlungsblockaden äußert. Diese können zum Beispiel dazu führen, dass ursprünglich geplante Handlungen aufgeschoben werden. Um diese Diskrepanzen zu überwinden, stehen dem Menschen Strategien zur Verfügung, die unter dem Begriff Volition (Wille) zusammengefasst werden. Der Einsatz dieser Strategien dient dazu, explizite Handlungstendenzen, die nicht den momentanen impliziten Motiven entsprechen, zu fördern und hinderliche implizite Motive zu unterdrücken. Insgesamt sollen durch ihre Anwendung Motivationsprobleme ausgeglichen werden, die bei einer nicht vorhandenen Übereinkunft von expliziten und impliziten Motiven entstehen. Jedoch bereitet der Einsatz volitionaler Strategien auch Probleme. Ihre Anwendung kann zu einer Blockade kognitiver Kapazitäten führen, bei erhöhtem Einsatz in einer Überkontrolle münden oder Stress beim Anwender auslösen. Die Übereinstimmung von wahrgenommenen Fähigkeiten und den Intentionen der Motive steht in Verbindung mit dem Flow-Erleben. Beim Flow-Erleben geht die Person vollkommen in der jeweiligen Handlung auf. Zeit und Raum rücken in den Hintergrund. Werden jedoch die Fähigkeiten zur Erfüllung der übereinstimmenden Motivabsicht als fehlend wahrgenommen, ist der Einsatz von Problemlöse-Strategien erforderlich, um die mangelnden Fähigkeiten zu kompensieren. Je nach Ausprägung beziehungsweise Übereinstimmung der drei Komponenten sind so verschiedene Strategien zur Bewältigung notwendig. In dem auf Grundlage des dargestellten Kompensationsmodells entwickelten Selbstmanagementtrainings von Kehr und Rosenstiel wird den Teilnehmern gezeigt, wie es ihnen gelingt Ziele und implizite Motive aneinander anzugleichen und eine Realisierung durch den Einsatz volitionaler Strategien zu erzielen (Graf, 2012; Kehr, 2004; König & Kleinmann, 2006).

## 1.3.1 Positive Psychologie

### Bedeutung und theoretischer Hintergrund

Die Positive Psychologie ist eine Strömung innerhalb der Psychologie und beschäftigt sich mit der Frage, welche persönlichen Fähigkeiten, Stärken und Tugenden zu Wohlbefinden und zu einem erfüllten, produktiven Leben beitragen können. Die Positive Psychologie legt demnach den Fokus auf die Stärken, Ressourcen einer Person und kritisiert den defizitären Ansatz der Psychologie, der sich ausschließlich auf psychische Störungen sowie deren Heilung richtet (Steinebach, Jungo & Zihlmann, 2012). Ziel der Positiven Psychologie ist somit nicht nur das Lindern von Leid, sondern die Erforschung von Wohlbefinden, Glück und Zufriedenheit, konstruktiven Gedanken (Optimismus, Hoffnung, Vertrauen), Talenten, Stärken und Tugenden sowie die Anwendung dieser positiven Auswirkungen auf das eigene Leben (Frank, 2011). Aus diesem Grund versteht sich die Positive Psychologie als wichtige Ergänzung innerhalb der angewandten Psychologie, die zu einem umfassenderen wissenschaftlichen Verständnis des menschlichen Erlebens und Verhaltens auffordert.

Als wichtigster Begründer und Pionier der Positiven Psychologie gilt Martin Seligman. Viele Jahre seiner Karriere erklärte er die Entstehung von Glück und Wohlbefinden mit seiner »Theorie des authentischen Glücks«. In dieser Theorie operationalisierte er das Glück durch den Faktor Lebenszufriedenheit (Johann & Möller, 2013). In seinem 2012 erschienenen Buch »Flourish« kritisiert er seine eigene Theorie, bei der die Lebenszufriedenheit durch subjektive Aussagen erfasst wurde. Er bemängelt, dass durch die subjektive Erfassung vielmehr die Stimmung bzw. Gemütslage der Personen gemessen wurde, als die tatsächliche Einschätzung der Qualität des eigenen Lebens. Aus diesem Grund erweiterte Seligman diese Theorie und gab ihr den Namen »Theorie des Wohlbefindens«. In dieser Theorie geht er nicht mehr davon aus, dass ein Faktor das Glück erschöpfend definieren kann, sondern beschreibt, fünf voneinander unabhängige Elemente, die seiner Meinung nach zum Wohlbefinden beitragen. Nach dieser PERMA-Theorie setzt sich Wohlbefinden aus fünf Faktoren zusammen, durch welche die Operationalisierung des Konstrukts möglich wird. Positive emotion (Erleben von positiven Emotionen), Engagement (Engagement, Erleben von Flow und Stärke), positive Relationships (positive Beziehungen zu anderen Menschen), Meaning (Streben nach Sinn) und Accomplishment (Zielerreichung, Streben nach Erfolgserlebnissen) (Seligman, 2011).

Wie diese Theorie eindrücklich verdeutlicht, reicht für ein glückliches Leben nicht nur die Abwesenheit von negativen Gefühlen aus. Ein entscheidender Faktor, der zum Erreichen von Wohlbefinden beiträgt, ist laut Seligman das regelmäßige Erleben von positiven Emotionen. »Konkrete Beispiele für positive Emotionen sind Dankbarkeit, Zufriedenheit, Befriedigung, Hoffnung, Liebe und Freude beziehungsweise Vergnügen« (Johann & Möller, 2013, S. 8). Des Weiteren scheinen Menschen erst richtig »aufzublühen«, wenn sie sich für etwas engagieren oder in einer Tätigkeit aufgehen. Hierbei können sie in einen Zustand geraten, bei dem sie nur auf sich und ihr Tun konzentriert sind und die Zeit und alles um sich herum vergessen. Sie erleben demnach einen »Flow«, ein Begriff, der durch den Glücksforscher, Mihály Csíkszentmihályi, geprägt wurde. Wichtig hierbei ist, dass der Anreiz dieser Handlung in der Ausführung der Handlung selbst liegt und nicht extrinsisch motiviert ist (Csíkszentmihályi, 2010). Engagement kann auch entstehen, wenn eine Person im Sinne ihrer Stärken handelt und dadurch Wohlbefinden und Sicherheit verspürt (Johann & Möller, 2013). Positive Beziehungen bezeichnet Seligman als ein weiteres Element. Seiner Meinung nach tragen eine freundliche Haltung gegenüber Mitmenschen sowie eine große Verbundenheit zu anderen Personen zum Wohlbefinden bei. Dienlich für das eigene Wohlergehen ist zudem, anderen Personen Hilfe entgegenzubringen und für die Steigerung deren Wohlbefindens zu sorgen (Johann & Möller, 2013). Darüber hinaus scheint »Sinn« ein wichtiges Element für das Wohlbefinden zu sein. Demnach sind Menschen erst dann glücklich, wenn sie in ihren Handlungen eine Sinnhaftigkeit erkennen sowie erleben und das Gefühl haben, dass ihr Leben bedeutsam ist. Als letztes Element nennt Seligman die Zielerreichung oder die erfolgreiche Bewältigung einer Tätigkeit. Menschen ist es scheinbar wichtig, sich über ihre eigenen Ziele bewusst zu sein, da dies ein zukunftsorientiertes Handeln ermöglicht und dazu beiträgt, diese Ziele auch tatsächlich zu realisieren. Dies führt dazu, dass sich eine Person als selbstwirksam erfährt, was das Wohlbefinden entscheidend steigern kann (Johann & Möller, 2013).

Zusammenfassend lässt sich schlussfolgern, dass diejenigen Menschen, die die meisten positiven Gefühle, das stärkste Engagement, die meisten positiven Beziehungen, den meisten Sinn im Leben und die höchste Zielerreichung haben, laut Seligman die glücklichsten Menschen sind. Auch ergibt sich die Annahme, dass eine Verstärkung dieser fünf Elemente zu einem zunehmenden Aufblühen (Flourishing) führt.

Auch Barbara Fredrickson (2001) betont die Wichtigkeit positiver Emotionen. In ihrer Broaden and Build-Theorie beschreibt sie, dass das Erleben positiver Emotionen die Denk- und Handlungsweisen erweitert (broaden), sodass sich im Sinne einer sogenannten positiven Aufwärtsspirale neue persönliche Ressourcen entwickeln können (build). Dieser Aufbau dauerhafter Ressourcen führt schließlich zu einem Gewinn neuer Kompetenzen, was wiederum begünstigt, dass Menschen mehr Erfolgserlebnisse sammeln und den Herausforderungen des täglichen Lebens besser begegnen können (Frank, 2011). Aus diesem Grund liegt die Vermutung nahe, dass das Erleben positiver Emotionen zum Wohlbefinden beiträgt und sich positiv auf die psychische Gesundheit auswirkt. Da es sich bei der Broaden and Build-Theorie um eine Spirale handelt, wäre es ebenfalls denkbar, bei dem »Aufbau dauerhafter persönlicher Ressourcen« anzuknüpfen. Aus Sichtweise der Positiven Psychologie könnte ein Ausbau der individuellen Stärken zu neuen Kompetenzen beitragen, was sich letztendlich positiv auf die psychische Gesundheit auswirken könnte.

In Bezug auf die Anwendung von Techniken der Positiven Psychologie sollten Menschen mit positiv optimistischer Denkweise effektiver denken, was sich wiederrum positiv auf die Leistung auswirken sollte. Eine große Zahl an empirischen Untersuchungen unterstreicht den positiven Zusammenhang zwischen Indikatoren des Wohlbefindens und des qualitativen und quantitativen Lernerfolgs (Abele, 1995). Wohlbefinden ist ein zentrales Konstrukt der Positiven Psychologie. Das Bewusstsein über die eigenen Stärken führt dazu, dass Zielerreichung und Erfolg gefördert wird (Bannink, 2012).

### Techniken

Exemplarische Interventionen bzw. Techniken, die dazu beitragen, die eigenen Ressourcen im Sinne der Positiven Psychologie auszubauen sind:

- Die »Was ist gut gelaufen-Übung« durchführen, in der man sich abends darüber Gedanken macht, was an diesem Tag gut gelaufen ist und welche Stärken dafür verantwortlich waren. Diese Gedanken werden dann in ein Glückstagebuch eingetragen. Das Ziel dabei ist zu erkennen, dass der Alltag voller Erfolge und schöner Ereignisse ist. Dieselbe Methode kann verwendet werden, um zu überlegen »Welche Gespräche sind heute gut gelaufen«. Hier besteht das Ziel darin, zu erkennen, dass man sozial eingebunden ist.
- Sich seiner Stärken bewusstwerden, beispielsweise mit Hilfe eines Fragebogens »Die eigenen Stärken erkennen«.
- Überlegen »Welche Aktivitäten bringen mich in einen Flow-Zustand?«, wobei das Ziel darin besteht zu erkennen, welche Aktivitäten Flow hervorrufen.
- Die Erholungskompetenz zu steigern, indem man sich notiert, bei welchen Dingen man sich physisch und psychisch gut erholen kann. Ziel ist zu erkennen, welche Aktivitäten zur Erholung beitragen.

- Übungen zur Achtsamkeit, um sich der eigenen Wahrnehmung bewusst zu werden und zur Entschleunigung.
- Dankbarkeitsbesuch machen, jemandem eine Freude bereiten, Widerstandskraft aufbauen, Glücksliste anfertigen: Aufschreiben, wer und was Sie glücklich macht, mindestens 1x täglich lächeln.

## Literaturtipps

Bannink, Fredrike P. (2012): Praxis der Positiven Psychologie. Göttingen: Hogrefe Verlag.

Blickhan, D. (2015). Positive Psychologie – Ein Handbuch für die Praxis. Paderborn: Junfermann.

Fredrickson, Barbara L. (2011): Die Macht der guten Gefühle – Wie eine positive Haltung ihr Leben dauerhaft verändert. Frankfurt am Main: Campus Verlag.

Leimon, A. & McMahon, G. (2011): Positive Psychologie für Dummies. Weinheim: WILEY-Verlag GmbH & Co. KGaA.

Seligman, M. (2012). Flourish – Wie Menschen aufblühen: Die Positive Psychologie des gelingenden Lebens. München: Kösel-Verlag.

## **Items zur Positiven Psychologie** (Braun, 2015)

1. Ich bin sehr dankbar für die positiven Dinge, die mir im Leben widerfahren.
2. Vor dem Einschlafen rufe ich mir nochmal alle positiven Ereignisse des Tages vor Augen.
3. Ich erinnere mich jeden Abend an die guten Gespräche des Tages.
4. Ich habe mir schon mal eine Liste mit meinen persönlichen Glücksbringern erstellt.
5. Ich achte aufmerksam darauf, was in der Gegenwart um mich herum passiert.
6. In den letzten sieben Tagen habe ich einer anderen Person spontan eine Freude bereitet.
7. Alles in allem bin ich ein sehr glücklicher Mensch.

8. Ich wende Techniken an, die mir helfen positive Momente länger auszukosten.
9. Ich bin mir meiner Stärken bewusst.
10. Mehrdeutige Situationen interpretiere ich stets in einer positiven Art und Weise.

## 1.3.2 Smalltalk

### Bedeutung und theoretischer Hintergrund

Unter Smalltalk versteht man ein lockeres, zwangloses Gespräch, bei dem über nicht-fachspezifische Themen gesprochen wird (Förster & Kerr-Dineen, 2006). So plaudern Menschen beispielsweise über das Wetter oder die Bundesliga. Auch wenn diese Art der Kommunikation nicht als sehr anspruchsvoll erscheint, hat Smalltalk eine wichtige Aufgabe. Während eines ersten Gesprächs versuchen Menschen ihren Gesprächspartner einzuschätzen und bilden sich einen ersten Eindruck. Smalltalk gilt somit als ein Mittel der Kontaktaufnahme, bei dem bereits erste Gemeinsamkeiten und Unterschiede festgestellt werden können. Smalltalk wird daher auch als unverbindliche Alltagsplauderei definiert, die während der Kontaktphase als Eisbrecher fungiert (Portner, 2000). Es wird eine gemeinsame Ebene hergestellt, die spätere Unsicherheiten unwahrscheinlicher macht und die Wege des Kontakts in vielerlei Hinsicht ebnen. Aus diesem Grund bildet Smalltalk eine wichtige Basis für das Networking. Da sich Menschen häufig nicht an spezifische Inhalte von Konversationen, vielmehr aber an die Gesprächsatmosphäre erinnern können, ist es wichtig, beim Smalltalk für eine vertrauensvolle, angenehme Atmosphäre zu sorgen.

Obwohl der Alltag viele Möglichkeiten bietet, miteinander zu »plaudern« oder ein »Schwätzchen zu halten«, haben viele Menschen Schwierigkeiten mit dem Smalltalk. Den meisten fällt es schwer, den Einstieg in den Smalltalk zu wagen und mit einem lockeren Gespräch zu beginnen. Sie diskutieren lieber gleich sachlich und möchten Tiefgründiges berichten. Dies kann den Gesprächspartner allerdings schnell überfordern, sodass eine reizvolle und lockere Beziehung verhindert wird.

Smalltalk ist ein effektives informelles Kommunikationsinstrument, schafft Bindung und tariert Distanz aus. Er besteht aus fünf Grundelementen, die einen Kreislauf darstellen, der sich immer weiter ohne Anfang und Ende fortsetzt:

1. Aufmerksamkeit von seinem Gegenüber erlangen (bspw. durch Floskeln, Mimik, Gestik).
2. Zustimmung ist wichtiger als strikte Faktenorientierung.
3. Interesse signalisieren durch Fragen. Fragen fungieren als sicheres Mittel zielfreie Kommunikation immer wieder zu erneuern.
4. Verständnis unabhängig von der konkreten Sachlage für das Gegenüber aufbringen. Von Rechthaberei und Ratschlägen sollte abgesehen werden.
5. Durch Respekt (und Verständnis) wird Wertschätzung demonstriert. Das Gegenüber sollte nicht unterbrochen werden und Gesprächsanteile sollten ausgeglichen sein.

Aus der Forschung zur interkulturellen Kommunikation ist bekannt, dass Deutschland und Österreich zu den monochromen und ergebnisorientierten Ländern gehören (Förster & Kerr-Dineen, 2006). Dies bedeutet, dass sich Menschen aus diesen genannten Ländern weniger mit dem Smalltalk, sondern vielmehr mit den »wichtigen und entscheidenderen Dingen« befassen möchten. Hierbei ist allerdings anzumerken, dass diese Personen vergessen, dass es gerade der Smalltalk ist, der häufig die Türen zu anderen Menschen öffnet. Denn das erste lockere Gespräch ist eine Art Aufwärmphase, in dem Menschen feststellen, ob es eine gemeinsame Gesprächsgrundlage gibt. Zudem gibt es einen direkten Zusammenhang zwischen Smalltalk und der Fähigkeit neue Kontaktchancen zu befördern und diese in brauchbaren beruflichen und gesellschaftlichen Netzwerken zu nutzen (Becker, 2014). Außerdem macht Smalltalk im Alltag Menschen zufriedener (Sandstorm & Dunn, 2013).

Zusammenfassend lässt sich festhalten, dass der Smalltalk häufig den Beginn einer langfristigen Beziehung darstellt. In einem ersten lockeren Gespräch bilden sich beide Gesprächspartner eine Meinung über den jeweils anderen und stellen erste Gemeinsamkeiten und Unterschiede fest. Aus diesem Grund bildet der Smalltalk eine wichtige Basis für das Networking.

**Techniken**

Exemplarische Interventionen bzw. Techniken, die dazu beitragen erfolgreich Smalltalk zu betreiben sind:

- BASF-Formel, als Leitfaden für guten Smalltalk:
  - Beobachten, Blickkontakt aufnehmen und begrüßen
  - Ansprechen
  - Statement abgeben
  - Fragen stellen
- HABLAS-Regel: Hier wird auf die Körpersprache als wichtiges Medium in der Kommunikation Bezug genommen, um Interesse, Respekt und Aufmerksamkeit auszudrücken.
  - Haltung: aufrecht und unverkrampft wirkt souverän
  - Abstand: Abstand einerseits (Armlänge), aber gleichzeitig Körperzuwendung zeigen Respekt und Achtung.
  - Blickkontakt: Schauen Sie ihr Gegenüber an, zeigen sie Aufmerksamkeit.
  - Lebendigkeit: Sprechen Sie »mit Händen und Füßen«, unterstreichen Sie Ihre Worte mit Gestik und Mimik.
  - Anteilnahme: Spiegeln Sie die Gestik und Mimik Ihres Gegenübers, dann zeigen Sie Verständnis.
  - Signale: Versuchen Sie, die Körpersprache Ihres Gegenübers zu verstehen und setzen Sie selbst bewusst Körpersprache ein, um Signale zu senden.
- Aktives Zuhören in drei Stufen: Wiederholung des bereits Gesagten, Umschreibung (paraphrasieren bereits Gesagtem mit ähnlichen Wörtern), Reflexion (Wiedergabe bereits Gesagtem in eigenen Wörtern)
- Eine gute Technik, um im Gedächtnis des Gegenübers zu bleiben ist, den eigenen Namen mit einem Anker zu verbinden. Hierzu können berühmte Namensvetter dienen oder aber Eselsbrücken wie »Ich heiße Andrea Kärnten – Kärnten, wie das österreichische Bundesland«.

- Um den Gesprächsfluss aufrechtzuerhalten sind offene W-Fragen zu empfehlen. Also Fragen, die mit wer, was, wann, wie, wo oder warum beginnen.

**Literaturtipps**

Topf, V. (2008). Small Talk. Planegg: Rudolf Haufe Verlag GmbH & Co. KG

Portner, J. (2000). 30 Minuten für perfekten Small Talk. Offenbach: GABAL Verlag GmbH

Leue, V. (2010). Die Welt: Wichtige Regeln für erfolgreichen Small Talk. Verfügbar unter: https://www.welt.de/wissenschaft/article7559889/Wichtige-Regeln-fuer-erfolgreichen-Small-Talk.html, Zugriff am: 24.11.2016.

Lermer, S. & Kunow, I. (2011). Small Talk-Nie wieder sprachlos (Aufl. 2). Freiburg: Haufe-Lexware.

**Items zum Smalltalk und Networking** (Braun, 2015)

1. Ich bin kontaktfreudig.
2. Mir fällt es leicht, auf neue Leute zuzugehen und ein Gespräch zu beginnen.
3. Nach Vorträgen nutze ich die Gelegenheit, mit Leuten ins Gespräch zu kommen.
4. Ich habe mein Netzwerk schon mal visualisiert.
5. Wenn Gruppen von Leuten zusammenstehen, kann ich mich leicht ins Gespräch einklinken.

### 1.3.3 Zielklarheit

**Bedeutung und theoretischer Hintergrund**

Ziele gelten als wichtige Regulatoren des menschlichen Handelns. Ziele steuern den Einsatz von Fähigkeiten und machen so Handlungen erst möglich. Menschen beziehen sich auf dem Weg zu ihren Handlungsergebnissen auf ihre Vorstellungen und ihr Wissen. Handlungsalternativen werden einbezogen, die geeignetste ausgewählt und es kommt zu einer zielgerichteten Ausrichtung der Handlungsverläufe

(Heckhausen & Heckhausen, 2010). Ziele motivieren demnach zu Handlungen, bewirken aber auch eine Steuerung der Handlungsabläufe sowie eine Ausrichtung auf die angestrebten Ergebnisse. Für welche Ziele sich Menschen entscheiden, hängt aus Sicht der Zielsetzungstheorie nach Locke und Latham (2002) von zwei entscheidenden Faktoren ab: die Wichtigkeit des Ziels für die Person und ihre Überzeugung, dass sie das Ziel auch erreichen kann. So konnte gezeigt werden, dass »herausfordernde und präzise, spezifische Ziele zu besseren Leistungen führen als allgemeine, vage und nicht herausfordernde Ziele bzw. gar keine Ziele« (Hron, 2000, S. 45). Zahlreiche Studien stützen diesen empirischen Befund und betonen somit die Wichtigkeit einer konkreten Zielformulierung. Schwierige und spezifische Leistungsziele führen zu hoher Arbeitsmotivation und hoher Leistung (Locke & Latham, 2002). Weitere empirische Befunde konnten zeigen, dass eine erhöhte Zielklarheit mit höherem Optimismus, einer hohen Arbeitszufriedenheit, geringer depressiver Verstimmung und geringeren psychosomatischen Beschwerden einhergeht (Braun et al., 2014).

Viele Wissenschaftler beschäftigen sich mit der Frage, wie Ziele idealerweise formuliert sein sollten. Im Projektmanagement sowie im Coaching hat sich ein Prinzip durchgesetzt, das in der Praxis mit dem Akronym **SMART** bezeichnet wird. Diese SMART-Regel schlägt fünf Kriterien für eine erfolgreiche Zielformulierung vor:

1. **S** Ziele müssen spezifisch, eindeutig und positiv beschrieben sein.
2. **M** die Zielerreichung sollte messbar sein.
3. **A** die Zielerreichung sollte attraktiv sein.
4. **R** das Ziel muss realistisch erreichbar sein.
5. **T** das Ziel muss terminiert sein.

Neben einer korrekten Planung der Zielerreichung scheint auch die Identifikation mit dem angestrebten Ziel eine entscheidende Rolle zu spielen. Demnach werden Ziele nicht nur aufgrund ihres Inhaltes (Komplexität, Zielkonflikt, Spezifität, Schwierigkeit), sondern auch in Bezug auf ihre Intensität (Wichtigkeit, Entschlossenheit zur Zielverwirklichung) unterschieden (Hron, 2000). Laut Koestner, Lekes, Powers und Chicoine (2002) führt vor allem die Kombination aus einer hohen Identifikation mit dem Ziel und einer konkreten Planung zu den höchsten Effekten in der Zielerreichung. Ziele geben demnach eine Richtung und

Intensität des Handelns vor. Darüber hinaus können Ziele aber auch Standards für den Handlungserfolg setzen, indem sich anhand einer konkreten Zielformulierung überprüfen lässt, ob die tatsächlich erreichten Ergebnisse auch mit den gewünschten Zielen übereinstimmen. Eine Diskrepanz zwischen Ist- und Sollwert kann sich entweder verhaltensmotivierend auswirken, indem eine Person versucht ihre Ausdauer und Anstrengung zu steigern um das Ziel zu erreichen, oder führt zu einer Senkung der Zielhöhe oder gar zur Aufgabe des Ziels. Zu welchem Verhalten diese Diskrepanz führt, hängt laut Banduras sozialkognitiver Theorie vor allem von der Selbstwirksamkeitserwartung einer Person ab (Jonas, Stroebe & Hewstone, 2007).

Dieser theoretische Ansatz macht deutlich, dass Ziele sich auch zur Bewertung von Handlungsergebnissen eignen, sodass sie als Erfolg oder Misserfolg klassifiziert werden können. Aus diesem Grund tragen Ziele zur Entwicklung einer persönlichen Identität bei und beeinflussen somit die Selbstentwicklung. Auch wirken sich Ziele auf die Motivbefriedigung aus und ermöglichen ein selbstbestimmtes Handeln (Heckhausen & Heckhausen, 2010). Zusammenfassend lässt sich feststellen, dass eine klare Zielformulierung die Zielerreichung und somit erfolgreiches Handeln fördert, was letztendlich zu einer höheren Zufriedenheit bei der handelnden Person führt. Ziellosigkeit hingegen kann Enttäuschungen auslösen und ein sinkendes Selbstwertgefühl zur Folge haben (Knoblauch, Wöltje, Hausner, Kimmich & Lachmann, 2012).

Braun (2000) hat auf die enorme Bedeutung der Zielklarheit hingewiesen. Oft sind Menschen sich nicht darüber im Klaren, welche Ziele sie anstreben. Dann gilt es, die Zielklarheit zu fördern. Klare berufliche Ziele führen zu erhöhter Arbeitszufriedenheit, zur Mittelklarheit, zu höherer Leistung, zu einer geringeren Fluktuationstendenz und sie regen die Planungsbereitschaft an.

### Techniken

Exemplarische Interventionen bzw. Technik, die dazu beitragen Ziele klar zu formulieren und damit erfolgreiches Handeln zu fördern sind:

- Ziele klären und damit ein Bewusstsein für Arbeits- und Lebensziele entwickeln, Maßnahmen zur Umsetzung generieren und neue Möglichkeiten zur Erreichung persönlicher Ziele entdecken.

- Ziele niederschreiben und dabei die oben beschriebenen SMART-Kriterien beachten.
- Hörbuch zum Thema Ziele hören.
- Collagen erstellen, in denen die Ziele bildhaft dargestellt werden.
- Andere Menschen nach ihren typischen Tagesabläufen fragen und dabei überlegen, ob das für einen selbst auch eine Variante sein könnte.

**Literaturtipp**

Braun, O. L. (2000). Ein Modell aktiver Anpassung. Landau: VEP.

**Items zur Zielklarheit** (Braun, 2015)

1. Ich habe ganz klare Vorstellungen von meiner beruflichen Zukunft.
2. Ich habe ganz klare Vorstellungen von meiner privaten Zukunft.
3. Ich habe eine ganz klare berufliche Zielsetzung in meinem Lebenskonzept.
4. Wenn mich ein Freund nach meinen privaten Zielen fragen würde, könnte ich sie sofort aufzählen.
5. Meine Ziele und Unterziele im Beruf sind mir klar.

### 1.3.4 Zeitmanagement und Arbeitstechniken

*Keine Zeit!*

*Ein Mann ging im Wald spazieren. Nach einer Weile sah er einen Holzfäller, der hastig und angestrengt dabei war, einen auf dem Boden liegenden Baumstamm zu zerteilen. Er stöhnte und schwitzte und schien viel Mühe mit seiner Arbeit zu haben. Der Spaziergänger trat etwas näher heran, um zu sehen, warum die Arbeit für den anderen so beschwerlich war. Schnell erkannte er den Grund und sagte zum Holzfäller: »Guten Tag. Ich sehe, dass Sie sich Ihre Arbeit unnötig schwer machen. Ihre Säge ist ja richtig stumpf – warum schärfen Sie sie nicht?« – Der Holzfäller schaute nicht einmal auf, sondern zischte nur durch die Zähne: »Keine Zeit! Ich muss sägen!« (Covey, 2005)*

## Bedeutung und theoretischer Hintergrund

Viele Menschen leben heutzutage mit einem ständigen Gefühl von Zeitdruck und Zeitmangel. Zeit ist begrenzt, und dennoch werden die beruflichen sowie privaten Anforderungen immer größer. Bereits im 17. Jahrhundert forderte Benjamin Franklin mit seinem Slogan »Zeit ist Geld« zu einem effektiveren Umgang mit Zeit auf (Hofmann & Löhle, 2012). Mittlerweile ist der moderne Mensch umgeben von Hektik. Zeitknappheit hat sich zu einem Statussymbol entwickelt. Durch technische Entwicklungen, wie beispielsweise das Internet und die damit verbundene schnelle Überwindung von Raum und Zeit, wird heutzutage ein anderer Umgang mit Zeit erforderlich. Zeitmangel, der in der Arbeitswelt vorherrscht, wirkt sich auch auf das Privatleben aus. Viele Menschen arbeiten länger oder lesen zu Hause noch einmal ihre geschäftlichen E-Mails. Dies hat zur Folge, dass immer weniger Menschen nach einem langen Arbeitstag noch Zeit und Energie für sich selbst oder ihr soziales Umfeld haben. Aber auch im Privatleben nimmt die Hektik immer mehr zu. Selbst Mahlzeiten, »die Genuss bringen sollten, unterliegen einer unübersehbaren Beschleunigung. Arbeitsessen, Schnellimbiss, Fertiggerichte, Fast Food sind Symptome unserer rasanten Lebenseinstellung« (Hofmann & Löhle, 2012, S. 71). Auch das sogenannte Multi-Tasking zeichnet immer mehr einen modernen Menschen aus und verdeutlicht die vorherrschende Hektik. Diese Vielfalt von Möglichkeiten und Anforderungen der modernen Arbeitswelt unterstreicht die Notwendigkeit, Zeit gezielt und effizient einzusetzen. Auch streben immer mehr Menschen nach einer Balance zwischen Arbeits- und Privatleben. Immer wieder wird betont, wie wichtig gutes Zeitmanagement für die Gesundheit, das Stressempfinden sowie den Energiehaushalt sind. Zudem wird gutes Zeitmanagement häufig mit erfolgreichen Menschen in Verbindung gebracht (Coldwell, 1996). Inzwischen existieren viele Ratgeber, die sich mit der Frage beschäftigen, wie man Zeit effektiv und effizient nutzen kann. Die meisten unter ihnen sind sich einig, dass ein optimales Zeitmanagement klare Ziele voraussetzt. Demnach ist es notwendig, dass Menschen ihre Rollen, Aufgaben und dazugehörigen Anforderungen kennen, um Ziele festlegen zu können. Anschließend gilt es, diese Ziele nach ihrer Wichtigkeit zu sortieren und Prioritäten zu setzen (Neuburger, 2010). Daraufhin folgt die Durchführung einer Ablauf- sowie Zeitplanung, an die sich der Betroffene bestenfalls hält. Außerdem ist es wichtig, Ausgleichs- und Erholungsphasen einzuplanen (Meier & Engelmeyer, 2009).

Gutes Zeitmanagement führt zu geringerer Hoffnungslosigkeit (Bond & Feather, 1988) sowie zu höheren Leistungen. Dies gilt insbesondere für zeitbezogene Indikatoren wie Pünktlichkeit oder Termineinhaltung. Außerdem ist bei gutem Zeitmanagement eine erhöhte Arbeitszufriedenheit sowie eine Abnahme von Burnout-Erkrankungen zu erwarten (Nonis & Sager, 2003). Macan, Shahani, Dipboye und Peek (1990) befragten 165 Studierende nach der Bewertung ihres Zeitmanagements, ihres Stressempfindens sowie nach ihrem Notendurchschnitt. Es zeigte sich, dass das generelle Zeitmanagement-Verhalten der Studierenden unter anderem signifikant negativ mit somatischer Anspannung und signifikant positiv mit der subjektiven Leistungseinschätzung, dem Notendurchschnitt, der Arbeitszufriedenheit sowie der Lebenszufriedenheit korreliert ist. In einer Umfrage mit Studierenden hat sich gezeigt, dass Zeitmanagement eine zentrale Herausforderung und damit eine wichtige Kompetenz im Studienverlauf darstellt (van der Meer, Jansen & Torenbeek, 2010). Auch Seiwert (2006) beschreibt einen Zusammenhang von Selbstmanagement und Leistung. Einige weitere Studien deuten ebenfalls darauf hin, dass es geringe bis moderate Zusammenhänge zwischen Zeitmanagementverhalten und Leistung gibt (Bühner & Ziegler, 2009; Claessens, van Eerde, Rutte & Roe, 2004; Macan et al., 1990; Nonis & Sager, 2003). Hierbei ist anzumerken, dass bei den genannten Studien teilweise Studierende und teilweise Beschäftigte als Stichprobe herangezogen wurden.

Zusammenfassend lässt sich sagen, dass gutes Zeitmanagement und entsprechende Arbeitstechniken dazu führen, dass Menschen weniger Stress erfahren und wieder die Zeit und Freiheit erlangen, sich mit Dingen zu beschäftigen, die ihnen Freude bereiten und wichtig sind.

### Techniken

Exemplarische Interventionen bzw. Technik, die dabei helfen, das eigene Zeitmanagement auszubauen und entsprechende Arbeitstechniken einzusetzen sind:

- Eisenhower-Prinzip: Priorisieren von Aufgaben nach Dringlichkeit und Wichtigkeit.
- Schriftliche Planung der To-Do's mittels Aktivitätenchecklisten und Tagesplänen, wobei die persönliche Leistungskurve beachtet werden sollte.

- Beachten, dass maximal 60 % der Tageszeit verplant werden sollte.
- Sägeblatteffekt vermeiden: Der »Sägeblatteffekt« entsteht durch häufige Unterbrechungen bei Arbeiten, die Konzentration erfordern. Nach jeder Unterbrechung im Zeitverlauf wird wieder eine Anlauf- und Einarbeitungszeit benötigt. Die Konzentration ist insgesamt auf einem geringeren Niveau. Vermieden werden kann der Sägeblatteffekt durch das Einrichten einer stillen Stunde, in der man nicht gestört werden darf (Telefon umstellen, Türe schließen etc.). Die stille Stunde sollte mittels eines Symbols wie ein Türschild oder ähnliches, deutlich signalisiert werden.
- Auch mal »Nein!« sagen.
- A-L-P-E-N Methode anwenden:
  - A-ktivitäten aufschreiben
  - L-änge der Aktivitäten schätzen
  - P-ufferzeit reservieren
    - ca. 60 % für geplante Aktivitäten
    - ca. 20 % für unerwartete Aktivitäten (Störungen, Zeitdiebe)
    - ca. 20 % für spontane und soziale Aktivitäten
  - E-ntscheidungen treffen
  - N-achkontrolle – Unerledigtes Übertragen

**Literaturtipps**

Seiwert, L. (2014). Das 1x1 des Zeitmanagement. Gräfe und Unzer.

Seiwert, L. (2012). 30 Minuten Zeitmanagement. GABAL Verlag GmbH.

Knoblauch, J., Wöltje, H., Hausner, M. B., Kimmich, M. & Lachmann, S. (2012). Zeitmanagement: TaschenGuide (Vol. 212). Haufe-Lexware.

**Items zum Zeitmanagement und Arbeitstechniken** (Braun, 2015)

1. Ich arbeite regelmäßig mit einer Aktivitäten-Checkliste, auf der die Aktivität, ein Starttermin, ein Fertigstellungstermin, der Aufwand und die Priorität notiert werden.
2. Ich arbeite regelmäßig mit Tagesplänen.

3. Ich habe ein System, wie ich meine Arbeit organisiere.
4. Ich unterscheide meine Aufgaben nach Dringlichkeit und Wichtigkeit.
5. Ich habe ein System, mit dem ich delegierte Aufgaben nachverfolgen kann, so dass ich auch merke, wenn etwas nicht erledigt wird.

## 1.3.5 Selbstdisziplin

### Bedeutung und theoretischer Hintergrund

Selbstdisziplin beschreibt die Fähigkeit das eigene Verhalten so zu beeinflussen und zu kontrollieren, dass mögliche Ablenkungsquellen und Ausreden, welche die Zielerreichung gefährden können abgewendet werden. Es geht auch darum, verbindliche Entscheidungen zu treffen und klare Ziele zu setzen (Stollreiter & Völgyfy, 2001). Selbstdisziplin ist somit die Kompetenz der Selbststeuerung (Baumann & Kuhl, 2005).

Konzentration, die Hemmung des ersten Impulses sowie Belohnungsaufschub sind drei Aspekte der Selbstdisziplin, welche dazu beitragen unerwünschte Tendenzen zu überwinden (Taylor, Kuo & Sullivan, 2002). Konzentration meint das bewusste Lenken der Aufmerksamkeit und der Gedanken, auch wenn Langeweile, Frustration, Ablenkung oder Ermüdung auftreten. Durch die Aufrechterhaltung der Konzentration können zügig Fortschritte erzielt und Aufgaben schneller abgeschlossen werden. Die Hemmung der ersten Impulse beinhaltet die Überwindung zu schnelle Schlussfolgerungen zu generieren oder Handlungen impulsiv auszuführen. Es geht vor allen Dingen um die erste Reaktion auf eine Situation oder Problemstellung, bei der Alternativen miteinbezogen sowie Handlungskonsequenzen überdacht werden sollten. Folglich sollte es mit Impulskontrolle zu mehr umsichtigen und vorsichtigen Entscheidungen kommen. Der Belohnungsaufschub erfordert die Fähigkeit Ungeduld zu überwinden und langfristige Ziele kurzfristigen Belohnungen vorzuziehen, um gesetzte Ziele erreichen zu können (Taylor et al., 2002).

Selbstdisziplin ist ein zentraler Faktor für Erfolg (Muraven, Tice & Baumeister, 1998) und hilft dabei, sich im Beruf- oder Privatleben weiterzuentwickeln und erfolgreicher zu werden (Tracy, 2004). Fehlende Selbstdisziplin gilt dagegen als Hauptursache für Misserfolg, geringe

Leistungsfähigkeit, Entmutigung und Unzufriedenheit (Tracy, 2011). Glück und Zufriedenheit sind zwei weitere Konstrukte, die mittels Selbstdisziplin erreicht werden können (Baumeister & Tierney, 2012). Das Aufschieben von Tätigkeiten, welches zu Unzufriedenheit führen kann, kann so vermieden und damit die Lebensqualität gesteigert werden (Kratz, 2011). Es liegt nahe, dass für Studierende oder Arbeitnehmer, die sich vorrangig selbst organisieren müssen, das Aufschieben von Aufgaben und das Unterdrücken der inneren Impulse, die zu schneller Befriedigung führen würden, alltägliche Herausforderungen sind.

Selbstdisziplin wird durch die Wahrnehmung der Menschen bestimmt und vorhergesagt. Um Selbstdisziplin zu fördern, sollte man nach Combs (1985) nicht nur das Verhalten beeinflussen, sondern versuchen mit den Gründen für undiszipliniertes Verhalten umzugehen. Ein effektives Programm zur Förderung der Selbstdisziplin sollte an der Wahrnehmung, dem Glauben, Werten, Hoffnungen, Ängsten und Wünschen sowie dem individuellen Bestreben ansetzen.

Baumeister und Tierney (2012) zeigen in einer Studie die Relevanz der Selbstdisziplin als Selbstmanagementkompetenz auf. Menschen sind in etwa drei Stunden am Tag damit beschäftigt ihren ersten Impulsen Stand zu halten, sich also selbst zu disziplinieren. Außerdem erreichen Personen mit einer stärkeren Selbstdisziplin bessere Leistungen. Dies zeigt zum Beispiel eine Studie von Waschull (2005), die den Zusammenhang von Selbstdisziplin von Studierenden und den Studienleistungen in Form von Tests beziehungsweise Examen überprüft hat. Die Variable »Selbstdisziplin« wies mit allen geprüften Abschlussprüfungen eine signifikant positive Korrelation auf. Fehlende Aufmerksamkeit bzw. fehlende Selbstdisziplin ist ein Prädiktor für schlechte schulische Leistungen (Carter, Kofler, Forster & McCullough, 2015; Mantzicopoulos, 1995). Ebenso konnte eine Langzeitstudie mit Schülern zeigen, dass die Schulleistung durch den Grad an selbst- und fremdberichteter Selbstdisziplin vorhergesagt werden kann. Selbstdisziplin hatte dabei einen deutlich höheren Effekt in Bezug auf die Abschlussnote als der IQ (Duckworth & Seligman, 2005). Außerdem konnte gezeigt werden, dass das Aufschieben wichtiger Tätigkeiten langfristig zu Stress führt und die Gesundheit gefährdet (Muraven, et al., 1998).

### Techniken

Exemplarische Interventionen bzw. Technik, die dazu beitragen, die eigene Selbstdisziplin auszubauen sind:

- Positive Konsequenzen der Handlung verdeutlichen. Da Selbstdisziplin im Kopf beginnt, sollte von katastrophierenden Gedanken abgesehen werden und stattdessen eher die Selbstmotivation im Sinne von »Du schaffst das« als Antreiber dienen.
- Die Aufmerksamkeit auf jene Informationen richten, welche der ausgebildeten Intention zuträglich sind.
- Verbündete suchen, die einen im Prozess unterstützen oder als »Gewissen« fungieren.
- Feste Termine setzen, um dem Aufschieben keine Chance zu geben.
- Belohnungen festsetzen, wenn das Ziel erreicht wurde.
- In einem Lebensbereich ein Training durchführen, z. B. Sport oder Finanzen. Die dabei erworbene Selbstdisziplin dann auch auf andere Lebensbereiche generalisieren.

### Literaturtipps

Tracy, B. (2011). Keine Ausreden!: Die Kraft der Selbstdisziplin. GABAL Verlag GmbH.

Baumeister, R. & Tierney, J. (2012). Die Macht der Disziplin: Wie wir unseren Willen trainieren können. Campus.

### **Items zur Selbstdisziplin** (Braun, 2015)

1. Ich bin fleißig.
2. Wichtige Dinge schiebe ich nicht vor mir her.
3. Ich vertrödle nie sinnlos Zeit, nur um mit einer Arbeit noch nicht anfangen zu müssen.
4. Ich beginne mit Aufgaben stets bevor Zeitdruck entsteht.
5. Dinge, die ich besser heute erledigen sollte, verschiebe ich nicht auf morgen.

### 1.3.6 Auflösung blockierender Gedanken

#### Bedeutung und theoretischer Hintergrund

Blockierende Gedanken oder auch einschränkende Überzeugungen beschreiben in diesem Kontext kognitive Verzerrungen einer Person (Sauerland, 2015). Menschen denken in Mustern. Viele dieser Denkmuster haben sich nicht ohne Grund entwickelt – sie sind durchaus funktional. So schützt sich eine Person beispielsweise vor Misserfolgen, wenn sie Aufgaben eines bestimmten Typus immer als Versagensmöglichkeit interpretiert und entsprechende Situationen daher meidet. Generalisierungen eines einzelnen Misserfolgs können also dazu führen, dass weitere Misserfolge in einschlägigen Aufgabenbereichen verhindert werden, weil aufgrund des generalisierenden Denkmusters auch vergleichbare Situationen gemieden werden, in denen ein Versagen sehr wahrscheinlich ist. Solche Denkmuster können jedoch auch dysfunktional für Personen sein. Es handelt sich dann um nicht hinterfragte Überzeugungen, die logisch widersprüchlich, schlecht belegt oder einfach nicht zielführend sind. Der einschränkende Charakter solcher Denkmuster ist leicht zu veranschaulichen: Es ist z. B. sehr verbreitet, dass Menschen dichotom, d. h. in Entweder-Oder-Kategorien statt in Sowohl-Als-Auch-Relationen, denken. Letzteres würde es jedoch viel eher ermöglichen, die zumeist vorhandene Optionenvielfalt zu erkennen. Ebenso das reduktionistische Denken, bei dem ein Ereignis auf nur eine einzige Ursache zurückgeführt wird. Auch dabei übersehen Personen schnell die Vielfalt der bestehenden Möglichkeiten, ein Ereignis zu beeinflussen. Oder wenn die oben erwähnte Generalisierung (»Ich verstehe Stochastik einfach nicht!«) zu einer Übergeneralisierung wird (»Ich kann Mathe nicht!«) und plötzlich Lebensbereiche von bestimmten Schlussfolgerungen mitbetroffen sind, die der Ausgangssituation, in welcher der Erfolg oder der Misserfolg aufgetreten ist, in erfolgskritischen Aspekten unähnlich ist – die Person könnte in der Situation somit erfolgreich handeln, sie vermeidet die Situation jedoch aufgrund der übergeneralisierenden Schlussfolgerung und beraubt sich damit aller Möglichkeiten. Daneben gibt es noch zahlreiche weitere dysfunktionale Denkmuster, wie z. B. perfektionistisches Denken, Minimierung, selektive Wahrnehmung, Katastrophisierungen, kontrafaktisches Denken, Mind-Reading oder heuristisches Denken. Dysfunktionale Kognitionen sind somit per definitionem Gedanken, die Personen in ihren Handlungsmöglichkeiten einschränken. Zudem werden sie subjektiv als belastend empfunden.

Untersuchungen zufolge (vgl. zsf. Sauerland 2015) wirken sich dysfunktionale Kognitionen negativ auf die Leistung aus. Sie begünstigen Stress und Burnout, sie fördern Absentismus und Präsentismus, torpedieren Change-Projekte, senken die Entscheidungsqualität und vieles mehr. Forschungsarbeiten zu den Auswirkungen dysfunktionaler Denkmuster im Arbeitskontext haben in der Tat gezeigt, dass zielwidrige Kognitionen (1) die Leistungserbringung hemmen (z. B. im d-2 oder auch im Stroop-Test), (2) die Problemlöseperformanz senken, (3) die Entscheidungsqualität verschlechtern (Entscheidungen werden häufiger aufgeschoben, auf andere abgeschoben oder von negativen Folgen abhängig gemacht, deren Bedeutung und Wahrscheinlichkeit überhöht eingeschätzt werden), ja, (4) sogar der Berufserfolg leidet und (5) selbst die Einkommenshöhe ist niedriger als bei Personen, die seltener oder in geringerem Ausmaß mit dysfunktionalen Kognitionen konfrontiert sind. Zudem konnten statistisch hoch signifikante Zusammenhänge zum Burnoutsyndrom gefunden werden. Trainings zur Reduktion dysfunktionaler Denkmuster erweisen sich nach Sauerland (2015) als effektiv, z. B. im Vergleich zu Standard-Motivations- oder auch Standard-Stress-Trainings.

### Techniken

Exemplarische Interventionen bzw. Techniken, die dazu beitragen Dysfunktionale Gedanken abzubauen sind:

- Fingerkarate: Einfache Übung zur direkten Erfahrbarmachung dysfunktionaler Kognitionen. Man suche sich einen Partner. Der Partner hält einen Bleistift an den beiden Enden in Bauchhöhe fest. Man versuche nun, den Bleistift in der Mitte mit dem Zeigefinger durchzuschlagen.
- Selbstcheck-Fragebogen zur Identifikation eigener dysfunktionaler Denkmuster, von Sauerland (2015).
- Ressourcen ABC & Ressourcen-Reload als Präventionsmethode.
- 5-Step-Übung:
  - Stufe 1: Zunächst müssen sich Personen darüber klarwerden, dass ihre Überzeugungen letztlich auch nur Hypothesen sind. Dies ist nicht trivial, da Überzeugungen ja geradezu durch ihre Rigidität definiert sind – sie werden für unerschütterlich wahr gehalten. Es gibt jedoch mehrere Verfahren, mit deren Hilfe Personen die Relativität

und Perspektivität von Überzeugungen vor Augen geführt werden kann. Beispielsweise kann die Vergegenwärtigung von divergierenden interkulturellen Normen und Werten dabei behilflich sein.

- Stufe 2: Wenn Personen auf diese Weise in die Lage versetzt werden, ihre Überzeugungen prinzipiell in Frage zu stellen, muss die Basis für ein funktionaleres Gedankensystem aufgebaut werden; d. h., Ziele müssen identifiziert und konkretisiert werden. Es existieren zahlreiche Techniken, mit deren Hilfe Personen Klarheit über ihre Ziele gewinnen können. Dazu zählen Tagtraumanalysen, die Identifikation von Vorbildern, die Beantwortung von Phantasiefragen oder die Protokollierung von Tätigkeiten, die man ohne äußeren Zwang immer wieder aufsucht.
- Stufe 3: Für die definierten Ziele müssen sodann ideale zielführende Gedanken entwickelt und formuliert werden – wie müsste jemand denken und handeln, der das Ziel unbedingt erreichen will? Auch hierfür stehen mehrere Techniken zur Verfügung, die eine positive Fokussierung ermöglichen, wie beispielsweise die Reverse-Storytelling-Methode, in deren Rahmen sich Personen in die Zukunft hineinversetzen sollen, sich vorstellen sollen, dass sie ihr Ziel in der Zukunft erreicht haben und daraufhin rekonstruieren sollen, wie sie denken und handeln mussten, um dieses Ziel zu erreichen.
- Stufe 4: Anschließend werden die eigenen – zumeist dysfunktionalen – Gedanken mit diesen idealen Gedanken kontrastiert und die (un)berechtigten Anteile daran ermittelt. Zu diesem Zweck wird häufig mit Gegenhypothesen gearbeitet (statt »Ich bin der schlechteste im Team« eher »Ich bin ebenso gut wie viele andere im Team!«). Für solche Gegenhypothesen können zumeist keine Gegenbelege gefunden werden und Personen erkennen auf diese Weise, dass die Gegenhypothese die bessere ist. Die Sammlung von Belegen und Gegenbelegen für die dysfunktionale Überzeugung einerseits und die Gegenhypothese andererseits kann zur Veranschaulichung und besseren Beurteilung auch in eine Tabelle eingetragen werden.
- Stufe 5: Im letzten Schritt werden die berechtigten Anteile der eigenen Überzeugungen in den idealen Gedanken integriert, sodass effektiver agiert werden kann. Ausgangspunkt ist der ideale zielführende Gedanke, der aber unter Rahmenbedingungen gefasst wird, sodass den berechtigten Anteilen des eigenen Überzeugungssystems Rechnung getragen wird.

**Literaturtipp**

Sauerland, M. (2015). Design your mind – Denkfallen entlarven und überwinden: Mit zielführendem Denken die eigenen Potenziale voll ausschöpfen. Springer-Verlag.

**Items zu einschränkenden Überzeugungen** (Braun, 2015)

1. Ich male mir oft aus, welche schlimmen Konsequenzen ein mögliches Versagen haben könnte.
2. Ich denke oft, ich hätte früher etwas anderes machen müssen.
3. Ich neige dazu, meine Misserfolge schlimmer wahrzunehmen, als sie es objektiv betrachtet verdient hätten.
4. Oft denke ich, dass ich etwas nicht kann, obwohl ich es nie zuvor probiert habe.
5. Bevor ich mit einer Aufgabe beginne, denke ich lange darüber nach, was alles schief gehen könnte.

## 1.3.7 Problemlösetechniken

### Bedeutung und theoretischer Hintergrund

Unter Problemlösekompetenz versteht man die Kenntnis formaler Entscheidungsverfahren sowie die Fähigkeit, diese in aufkommenden Problemsituationen erfolgreich anwenden zu können (Ulrich & Ferstl, 2005). Arbeitnehmer sind in der aktuellen Berufswelt zunehmend mit komplexen Problemstellungen konfrontiert, für die sie eigenständig und eigenverantwortlich Lösungen generieren müssen. Dazu werden spezielle Wissens- und Handlungskompetenzen in Form von Problemlösetechniken benötigt (Sembill, Schumacher, Wolf, Wuttke & Santjer-Schnabel, 2001). Da man im persönlichen Alltag sowie im Berufsleben mit einer Vielfalt von möglichen Problemsituationen konfrontiert wird, auf die man im Einzelnen nicht explizit vorbereitet werden kann, ist es sinnvoll, über allgemeine Problemlöseverfahren zu verfügen, die zu einer selbstständigen Problembewältigung verhelfen (Ulrich & Ferstl 2005). Ein Problem besteht nach Dörner (1983) dann, wenn »Mittel zum Erreichen eines Zieles unbekannt [...] oder die bekannten Mittel [neu] zu kombinieren sind, aber auch dann, wenn über das angestrebte

Ziel keine klaren Vorstellungen existieren«. Dabei ist das Problem immer abhängig von Situationen und Personen zu betrachten. Wird der Zustand nicht als unerwünscht bewertet oder mit einem Hindernis verknüpft, gibt es kein Problem. Hussy (1984) versteht unter Problemlösen das Verfahren den unerwünschten Zustand inklusive Hindernis zu überwinden und den erwünschten Zustand zu erlangen. Problemlösen wird über die Notwendigkeit von Kreativität von der Bewältigung von Aufgaben abgegrenzt, da Aufgaben durch schon bekannte Verfahren, also rein reproduktiv, gelöst werden.

Probleme lassen sich hinsichtlich ihrer Transparenz, Komplexität, Dynamik, zu Grunde liegender Teilziele und verfügbarer Zeit zur Lösung klassifizieren. Allerdings entstehen immer wieder Probleme, die sich nicht zuordnen lassen oder über die Dichotomie der Klassifikation hinausgehen.

Eine populäre Basistheorie zur Problemlösung stammt von Altschuller und Shapiro (1956). Demnach ist Systematik als Grundtechnik, wie systematisches Vorgehen und Analyse, besonders wichtig, um ungefähr ein Drittel aller auftauchenden Probleme sofort lösen zu können. Im heutigen Arbeits- und Lebenskontext sorgt, neben Globalisierung und Innovationsdrang, eine allgemeine erhöhte Vernetzung und Beschleunigung durch Technik für eine Vervielfältigung der Anforderungen an die Menschen. In der Theorie gibt es sechs Schritte der Problemlösung (1) Problemdefinition, (2) Problemanalyse, (3) Lösungsfindung, (4) Lösungsbewertung, (5) Umsetzungsplanung, (6) Kontrolle. Braun & Weisenburger (2007) haben zeigen können, dass Personen, die ein Training absolvierten, in dem ihnen die o.g. Schritte der Problemlösung beigebracht wurden, eine Fallstudie erheblich besser lösen konnten, als eine Kontrollgruppe.

### Techniken

- Exemplarische Interventionen bzw. Techniken, die zu einer erfolgreichen Problembewältigung beitragen sind:
- Modellvergleiche: Abstraktion, Trial and Error-Versuche oder Systematisierung der Fragestellung.
- Mindmapping: das Prinzip der Assoziationen hilft hier Gedanken frei zu setzen und die Fähigkeit des Gehirns zur Kategorienbildung wird genutzt. Durch Visualisierung werden die Gedanken übersichtlich strukturiert.

- Brainstorming: Lässt unkonventionelle Gedanken zu, die zunächst wertfrei aufgenommen werden können.
- Maßnahmenpläne: Man hält fest, wer, wann was bis wann erledigt. Dies ist eine gute Maßnahme um die Problemlösung zu kontrollieren und festzuhalten.

**Literaturtipps**

Sell, R. & Schimweg, R. (2002). Probleme lösen. In komplexen Zusammenhängen denken. Heidelberg: Springer.

Seifert, J. W. (2011, 36. Auflage). Visualisieren, Präsentieren, Moderieren. GABAL-Verlag.

Jung, B., Schweißer, S. & Wappis, J. (2013). 8D und 7STEP-systematisch Probleme lösen. Carl Hanser Verlag GmbH Co KG.

**Items zu Problemlösetechniken** (Braun, 2015)

1. Ich kenne Methoden, wie man Probleme gut beschreiben kann.
2. Mir gelingt es gut, Probleme hinsichtlich ihrer Ursachen und Auswirkungen zu analysieren.
3. Wenn ich ein Problem analysiert habe, weiß ich meist auch, wie Lösungen aussehen könnten.
4. Ich kenne Methoden und Techniken, wie man auf kreative Art und Weise Lösungen für Probleme generieren kann.
5. Mir fällt es leicht, aus verschiedenen Problemlösungen diejenigen herauszusuchen, die erfolgsversprechend sind.

### 1.3.8 Networking

**Bedeutung und theoretischer Hintergrund**

Wolff und Moser (2006) definieren Networking als Aufbau und Pflege von informellen Beziehungen, um Zugang zu arbeitsbezogenen Ressourcen zu erleichtern. Diese Ressourcen bestehen zum Teil aus tätigkeitsbezogenen und strategischen Informationen, welche einen positiven Zusammenhang zu Karriereerfolg besitzen (Forret & Dougherty, 2004; Michael & Yukl, 1993; Orpen, 1996; Wolff & Moser, 2009). Der

Austausch von Ressourcen und Gefälligkeiten sind zentraler Bestandteil einer auf Networking basierenden Beziehung, wobei Vertrauen und Kooperation eine zwischenmenschliche Notwendigkeit darstellen (Cohen & Bradford, 1990). Es ist aber eine klare Unterscheidung zu treffen zwischen »echten« Persönlichkeitseigenschaften, welche situationsübergreifend Verhalten versuchen zu erklären sowie Eigenschaften, die nur in bestimmten Kontexten Verhalten beeinflussen. Networking ist deswegen keine »echte« Persönlichkeitseigenschaft aber dennoch ist sie eine relativ stabile, jedoch veränderbare, Eigenschaft (Sturges, Guest, Conway & Davey, 2002; Wolff & Moser, 2006).

Grob gesagt lassen sich zwei Forschungsstränge unterscheiden. Der eine befasst sich mit der Idee der Boundaryless Career, der Annahme, dass Karriereverläufe zunehmend variabel werden und dadurch unabhängiger von einer einzigen Organisation sind, in der das Individuum früher einen Großteil seines Lebens verbracht hätte. Networking ist somit ein wichtiges Element der beruflichen Karriere (Eby, Butts & Lockwood, 2003; Hall, 1996; Sturges et al., 2002).

Der andere Forschungsstrang beschäftigt sich mit Networking als politischer Fertigkeit (z. B. Ferris et al., 2007). Personen, die eine hohe Networking Fähigkeit besitzen, können andere überreden und setzen mikropolitische Strategien situationsangemessen ein. Die Durchsetzung eigener Interessen geht dabei Hand in Hand mit der Bildung von Koalitionen (Blickle, 2004; Kipnis, Schmidt & Wilkinson, 1980; Zanzi, Arthur & Shamir, 1991). Networking kann als eine Grundbedingung angesehen werden, um verschiedene karrierebezogene Netzwerke aufzubauen (Wolff & Moser, 2009).

Auch im privaten Leben erreichen Menschen, die eher extrovertiert sind und viele soziale Kontakte haben, meist mehr als introvertierte oder isolierte Menschen. Dennoch sind sich viele Autoren einig, dass sowohl Smalltalk als auch Networking erlernbar ist und auch Menschen mit mangelnden kommunikativen Fähigkeiten durch ein Training in diesen Kompetenzen viel erreichen können (Rudolph, 2004). Ein großes berufliches sowie privates Netzwerk kann für den Erfolg einer Person entscheidend sein. Darüber hinaus kann ein stabiles Netzwerk für Menschen eine wichtige Ressource darstellen. Aus diesem Grund liegt die Vermutung nahe, dass ein stabiles Netzwerk zum Wohlbefinden einer Person beitragen kann und sich somit positiv auf die psychische Gesundheit auswirkt.

Empirische Untersuchungen zeigen, dass Networking bedeutend für den Karriereerfolg (Forret & Dougherty, 2004; Wolff & Moser, 2009), für erfolgreiche Bewerbungen (Fernandez & Weinberg, 1997) sowie für Leistungsbeurteilungen durch Vorgesetzte (Thompson, 2005) ist. Mehrere Studien haben aufgezeigt, dass Networking mit objektivem sowie subjektivem Karriereerfolg zusammenhängt (Forret & Dougherty, 2004; Langford, 2000; Orpen, 1996). Michael und Yukl (1993) belegen, dass Networking mit der Anzahl der Beförderungen zusammenhängt. Langford (2000) fand einen Zusammenhang zum wahrgenommenen Karriereerfolg. Wolff und Moser (2009) kritisieren bei allen aufgeführten Studien jedoch, dass sie unter den gleichen Problemen eines retrospektiven Designs leiden. Die Studien liefern nur bedingt kausale Beweise und lassen die Dynamiken von Karriereerfolg außen vor. Aus diesem und anderen Gründen führten Wolff und Moser eine Langzeitstudie durch (2009), welche den Zusammenhang zwischen Networking und Karriereerfolg besser beleuchten sollte. Hier stellen Wolff und Moser heraus, dass das Nutzen externer Kontakte in Summe die geringste Wichtigkeit bezüglich Karriereerfolg markiert. Sie gehen sogar so weit zu behaupten, dass es der Karriere hinderlich sein könnte im Hinblick auf den Vergleich zwischen Networking und momentanem Gehalt. Eine mögliche Erklärung ist, dass das häufige Nutzen externer Kontakte als ein Zeichen von Inkompetenz gewertet werden könnte.

Bezüglich der Frage, wie sich Networking verbessern ließe, berichten verschiedene Studien widersprüchliche Ergebnisse. Spurk, Kauffeld, Barthauer und Heinemann (2015) argumentieren zusammenfassend, dass sich Networking Verhalten nicht durch Interventionen steigern lässt. Trotz dieser Verallgemeinerung stützten die Ergebnisse die Annahme, dass Networking- und Karriereberatungsintervention zu erhöhter Karriereplanung und erhöhtem Karriereoptimismus führen.

In Widerspruch zu Spurk und Kollegen (2015) argumentieren Jokisaari und Vuori (2010), dass sich Networking Verhalten sehr wohl durch Intervention steigern lässt. Ein Grund für die inkonsequente Datenlage könnte darauf zurückgehen, dass der Begriff des »Networking Verhaltens« nicht unbedingt sehr trennscharf angewandt wird (Spurk et al. 2015).

### Techniken

Exemplarische Interventionen bzw. Techniken, die zu einem guten Networking-Verhalten beitragen sind:

- Beziehungslandkarte erstellen: das eigene Netzwerk wird visualisiert. Wen kenne ich und in welcher Beziehung stehe ich zu diesen Personen? Welche Kontakte habe ich in letzter Zeit eventuell vernachlässigt? Kann für das private und das berufliche Netzwerk eine gute Möglichkeit sein.
- Visitenkarten bei sich tragen und von anderen einfordern, um entstandenen Kontakt aufrechterhalten zu können.

### Literaturtipps

Lutz, A. (2005). Praxisbuch Networking. Einfach gute Beziehungen aufbauen Von openBC bis Visitenkartenpartys. Wien: LINDE VERLAG Ges. m. b. H.

Rudolph, U. (2008). Karrierefaktor Networking. Gestalten Sie Ihr Karriere-Netzwerk. Freiburg: Haufe Verlag.

Scheddin, M. (2009). Erfolgsstrategie Networking. Business-Kontakte knüpfen, organisieren und pflegen. München: Buch&media GmbH

**Items zum Networking und Smalltalk** (Braun, 2015)

1. Ich bin kontaktfreudig.
2. Mir fällt es leicht, auf neue Leute zuzugehen und ein Gespräch zu beginnen.
3. Nach Vorträgen nutze ich die Gelegenheit, mit Leuten ins Gespräch zu kommen.
4. Ich habe mein Netzwerk schon mal visualisiert.
5. Wenn Gruppen von Leuten zusammenstehen, kann ich mich leicht ins Gespräch einklinken.

### 1.3.9 Gesundheit und Vitalität

#### Bedeutung und theoretischer Hintergrund

Die Selbstmanagementkompetenz »Gesundheitsvorsorge und Vitalität« beschreibt, inwiefern eine Person einen gesunden Lebensstil verfolgt und auf sich, ihren Körper und ihre Psyche achtet. Dazu gehören eine gesunde, ausgewogene Ernährung und ausreichend Bewegung in Form von Sport. Sie ist ein Maß für die Leistungsfähigkeit und Fitness einer Person (Kälin, Michel-Alder & Schmid-Keller, 1998). Gerade bei Jobs mit einseitiger körperlicher Belastung ist es wichtig, einen Bewegungsausgleich zu schaffen, um so Beschwerden wie Rückenschmerzen vorzubeugen.

Ein weiterer wichtiger Aspekt des Gesundheitsverhaltens ist richtig und ausreichend zu Schlafen. Wir verbringen einen großen Anteil unseres Lebens schlafend, wobei das Gehirn teilweise genauso aktiv ist wie während des Wachseins (Toates, 2011). Im Schlaf erholen wir uns, der Körper kann Nerven und Muskeln reparieren. In der Regel brauchen wir sieben bis acht Stunden Schlaf pro Tag, um uns gesund zu erhalten (Wells, 2012).

Die wohl bekannteste Definition von Gesundheit wurde schon 1946 durch die Weltgesundheitsorganisation (WHO) beschrieben: »Gesundheit ist ein Zustand vollkommenen körperlichen, geistigen und sozialen Wohlbefindens und nicht allein das Fehlen von Krankheit und Gebrechen.« (WHO Preambel, 1946). Ein zentraler Aspekt innerhalb des eigenen Gesundheitsmanagements liegt auf der Betonung der Achtsamkeit in Bezug auf den eigenen Körper und die Psyche. Genügend Bewegung und eine ausgewogene Ernährung, Stressbewältigung und Suchtpräventionsprogramme sorgen dafür, dass man körperlich und psychisch fit bleibt. Das Ziel ist die Verringerung und/oder Vermeidung von Risikofaktoren, um Leid zu reduzieren und die Lebensqualität zu erhöhen (Braun, Sauerland & Pitzschel, 2014). Die Förderung gesunden Verhaltens, unabhängig von simultanen potentiellen Lasten, führt zu einer Verbesserung des individuellen Zustandes und hat damit einen direkten Effekt. Andererseits dient Gesundheitsvorsorge neben dem Abbau von Belastungen auch deren Vorbeugung, weshalb der Einfluss so eher indirekt erfolgt (Kauffeld und Hoppe, 2011).

Die Aufmerksamkeit auf dieses Thema gewinnt an immer größer Bedeutung, sodass immer mehr Firmen betriebliche Gesundheitsförderung anbieten, um negative Folgen, von beispielsweise Stress, zu vermeiden. Es wird eine Vielzahl an Maßnahmen und Aktivitäten geboten, mit denen die Stärkung der eigenen Gesundheitsressourcen und -potentiale erreicht werden können (vgl. GKV-Spitzenverband, 2015).

Körperliche Aktivitäten halten nicht nur körperlich fit und erhöhen die Lebenserwartung, sondern wirken sich auch positiv auf die Psyche und die allgemeine Lebensqualität eines Menschen aus (Braun, Adjei & Münch, 2003). Zahlreiche positive Auswirkungen auf das psychische Wohlbefinden lassen sich manifestieren. Angst, Depression und Stresserleben sinken und die generelle Leistungsfähigkeit steigt, was sich vor allem bei Kindern und älteren Menschen nachweisen lässt. Aufmerksamkeit und Konzentration werden verbessert und es scheint erste Hinweise zu geben, dass körperliche Aktivität das Demenzrisiko verringert. Menschen, die sich körperlich betätigen haben ein positiveres körperliches Selbstbild (Hefferon, 2013). Das Ausführen körperlicher Aktivität führt zu vermehrten positiven Emotionen, was im Sinne der Broaden und Build Theorie dazu führt, dass persönliche Ressourcen erweitert und neue aufgebaut werden können (Blickhan, 2015). Zur Erklärung dieser Befunde gibt es verschiedene Hypothesen. Die Serotonin-Hypothese geht davon aus, dass durch Bewegung die Ausschüttung von körpereigenen Opioiden und Noradrenalin gesteigert wird, was zu einem veränderten Serotoninstoffwechsel und schließlich stärkerem Wohlbefinden führt. Nach Carr (2004) sind die Endorphine das zentrale Hormon, dass bei der körperlichen Betätigung vermehrt ausgeschüttet wird und uns gut fühlen lässt. Die thermogene Hypothese führt die Verbesserung des Wohlbefindens auf eine erhöhte Körperkerntemperatur zurück (Koltyn, 1997). Bei der körperlichen Aktivität ist es wichtig, auf die richtige Dosis zu achten, denn mehr und intensiver bedeutet nicht unbedingt mehr positive Emotionen. Nach einer Metaanalyse von Reed and Ones (2006) wird die beste Wirkung einmaliger Bewegung bei einer Dauer von 10 bis 30 Minuten erreicht. Danach zeigte sich kein weiterer Anstieg in der Stimmung. Auch bei Kälin et al. (1998) zeigt sich ein puffernder Effekt auf Stress, wodurch negative Folgen wie Verdauungsbeschwerden, Ein- und Durchschlafschwierigkeiten, Schwindel, Energiemangel und chronische Unlustgefühle vermieden werden können.

## Techniken

Exemplarische Interventionen bzw. Techniken, die zu mehr Gesundheit und Vitalität beitragen sind:

- Ausreichend Bewegung: Verbesserung des Muskel- und Skelettsystems: Prävention von Arthrose, Verringerung des Insulinbedarfs: Vorbeugen von Diabetes-2-Erkrankungen, Absinken der Blutfettwerte: Senkung des Risikos für Herzinfarkt und Schlaganfall, Erhöhung von Botenstoffen im Gehirn: Gedächtnisvermögen, Lernvermögen und Konzentration, Durchblutungssteigerung im Gehirn: Abbau von Stress- und Spannungszuständen.
- Komponenten einer gesunden Ernährung beachten: Orientierung bietet der Ernährungskreis der Deutschen Gesellschaft für Ernährung (DGE).
  - Im Mittelpunkt des Ernährungskreises stehen energiearme Getränke.
  - Der äußere Kreis besteht zu drei Vierteln aus pflanzlichen Lebensmitteln (v. a. Getreideprodukte, Gemüse und Obst).
  - Das restliche Viertel des Tagesverzehrs besteht aus tierischen Lebensmitteln (v. a. Milchprodukte, in geringerem Anteil Fleisch und Fisch).

Einen verschwindend geringen Teil bilden Öle und Speisefette.

- Maßnahmen in der Arbeitsroutine:
  - Treppe statt Aufzug
  - für Rückfragen die Kollegen persönlich aufsuchen
  - kleine Gymnastik-, Dehn- oder Lockerungsübungen
  - Kopierer und Drucker auf den Gang stellen
  - Spaziergang in der Mittagspause
  - eingegangene Post an Kollegen verteilen
- Vermeidung von Genussgiften
  - kein Alkohol
  - kein Nikotin

**Literaturtipps**

Lindenmeyer, J. (2016). Lieber schlau als blau. Weinheim: Beltz.

Hahner, A. & L. (2016). Time to run: Das Trainingstagebuch für alle, die das Laufen lieben. Hamburg: Spomedis GmbH.

**Items zu Gesundheitsvorsorge und Vitalität** (Braun, 2015)

1. Ich treibe mindestens zweimal in der Woche eine Stunde Ausdauersport, um das Herz-Kreislauf-System zu stärken.
2. Ich tue regelmäßig etwas für meinen Rücken.
3. Ich nehme im Laufe des Tages ausreichend Flüssigkeit zu mir.
4. Ich ernähre mich ausgewogen und achte darauf, nicht zu viel Fett und Zucker zu mir zu nehmen.
5. Ich achte auf meine körperliche Gesundheit.

## 1.3.10 Selbst-PR

### Bedeutung und theoretischer Hintergrund

In der heutigen Arbeitswelt werden Eigenschaften wie Flexibilität und Mobilität von den Mitarbeitern erwartet. Durch Projektarbeiten treffen Menschen immer wieder in neuen Konstellationen aufeinander und müssen mit wechselnden Kollegen und Vorgesetzten zurechtkommen. Darüber hinaus ermöglicht die moderne Technologie eine Kommunikation, die unabhängig von Raum und Zeit ist. Dies hat zur Folge, dass Mitarbeiter manche ihrer Kollegen sowie Vorgesetzte nicht persönlich kennen und nur via Videokonferenz oder E-Mail miteinander kommunizieren. Durch die häufig wechselnden Projektteams und die wenigen persönlichen Kontakte scheint es erschwert, eine stabile Bindung zu Kollegen oder Vorgesetzten aufzubauen. In der Vergangenheit schien dies anders gewesen zu sein. »Unter alten Bedingungen hatten Mitarbeiter die Möglichkeit, sich durch kontinuierlich gute Leistungen in den Augen des Vorgesetzten verdient zu machen und langsam ein intensives und harmonisches Verhältnis zu den Kollegen aufzubauen, sich im Unternehmen Respekt zu verschaffen und von einer erreichten Position eine Weile zu profitieren« (Etrillard, 2005). Da dies in der modernen Arbeitswelt weniger möglich scheint, ist es notwendig, dass Mitarbeiter mehr auf sich und ihre Arbeit aufmerksam machen und Selbstmarketing betreiben. In der heutigen Arbeitswelt scheinen sehr gute Leistungen, Kompetenzen und Engagement nicht mehr auszureichen. Vielmehr müssen Mitarbeiter sich selbst gut nach außen darstellen und ihre Fähigkeiten und Leistungen gut »verkaufen« können. Es reicht demnach nicht mehr aus, gut zu sein, sondern es geht darum, dies auch zu zeigen. Gerade in einer Zeit, in der immer mehr Menschen ihre schulische Laufbahn mit dem Abitur abschließen und somit eine ähnliche Qualifikation erreichen, gilt es sich durch sein Auftreten und seine Selbstdarstellung von Anderen abzusetzen.

Die Voraussetzung für eine geschickte Selbstdarstellung ist, dass Menschen ihre eigenen Stärken kennen. Erst wenn einer Person die eigenen Stärken und Fähigkeiten bewusst sind, kann sie ihre Talente nutzen und unter Beweis stellen. Auch kann man andere Personen erst von sich überzeugen, wenn man selbst mit sich im Reinen ist und an seine eigenen Fähigkeiten glaubt. Darüber hinaus sollte Selbstmarketing mit den eigenen Zielsetzungen übereinstimmen. Aus diesem Grund bildet nicht nur die Analyse der eigenen Stärken, sondern auch der eigenen Ziele die Grundlage für eine effektive Selbst-PR. Dieses Bewusstsein über die eigenen Fähigkeiten wirkt sich positiv auf das Selbstwertgefühl sowie das Selbstbewusstsein aus, was ebenfalls für eine erfolgreiche Selbstdarstellung und einen repräsentativen Auftritt unerlässlich ist. Viele Menschen tun sich allerdings schwer damit, auf sich und ihre Fähigkeiten aufmerksam zu machen. Sie empfinden dies beispielsweise als peinlich und »stellen ihr Licht unter den Scheffel«, was sich negativ auf den Erfolg auswirken kann.

In der Forschung wurden verschiedene Effekte gefunden, die verdeutlichen, wie relevant es ist, sich selbst zu »vermarkten«. Ein Beispiel ist der Mere Exposure Effekt, der das Phänomen beschreibt, dass durch die mehrmalige Darbietung von Personen, Situationen oder Gegenständen, die Einstellung anderer diesen gegenüber positiv beeinflusst wird (Zajonc, 1968). Eine Voraussetzung hierfür ist jedoch, dass keine negative Bewertung im ersten Kontakt stattfindet. Ist ein positiver Anker zu Beginn gesetzt, lässt Vertrautheit Menschen attraktiver und sympathischer wirken. Ein weiterer psychologischer Effekt ist der Halo-Effekt, der beschreibt, dass ein Überstrahlungseffekt eines Merkmals auf andere stattfinden kann. Das bedeutet, es wird beispielsweise von einem positiven Auftreten im Erstkontakt auf weitere positive Eigenschaften der betreffenden Person geschlossen.

Laut Sabine Asgodom (2003), die sich auf die Ergebnisse einer IBM Studie aus den 90er Jahren stützt, basieren nur 10 Prozent des beruflichen Erfolgs auf Wissen und Können, während 60 Prozent des beruflichen Erfolgs auf Beziehungen und Networking zurückzuführen sind. Die Selbstdarstellung macht die restlichen 30 Prozent des beruflichen Erfolgs aus (Hofert, 2012). Dies verdeutlicht, wie wichtig eine gute Selbstdarstellung sowie Networking für den beruflichen Erfolg sind.

Zusammenfassend lässt sich festhalten, dass eine effektive Selbst-PR Zielklarheit und ein hohes Maß an Selbstwertgefühl sowie Selbstbewusstsein voraussetzt. Auch scheint die Selbstdarstellung einer Person entscheidend für ihren beruflichen Erfolg zu sein.

**Techniken**

Exemplarische Interventionen bzw. Techniken, die dazu beitragen und unterstützen sich selbst gut darzustellen sind:

- Eine Liste anfertigen, mit all jenen Fähigkeiten und Qualifikationen, die bisher in Beruf und Freizeit erworben wurden. Zunächst sollte alles gesammelt werden, dann die Sammlung an Fähigkeiten und Fertigkeiten verdichtet werden, um im Idealfall zu einem Satz zu gelangen, der den Kern der Kompetenzen trifft.

**Literaturtipp**

Etrillard, S. (2012). 30 Minuten Selbst-PR. Offenbach: GABAL.

**Items zur Selbst-PR bzw. zur positiven Darstellung gegenüber anderen** (Braun, 2015)

1. Ich habe eine positive Einstellung gegenüber Selbst-PR.
2. Ich kenne meine Stärken.
3. Ich weiß, wie ich mich anderen gegenüber gut darstellen kann.
4. Ich habe eine Unique Selling Proposition (USP) formuliert und könnte anderen in wenigen Worten darlegen, was meine Einzigartigkeit ausmacht.
5. Ich kann mich gegenüber wichtigen Zielpersonen in zwei Minuten gut verkaufen.

## 1.3.11 Lerntechniken

### Bedeutung und theoretischer Hintergrund

Unter Lernen versteht man einen lebenslangen Prozess, bei dem es aufgrund von individuellen Erfahrungen in oder mit der Umwelt zu Veränderungen in kognitiven Strukturen sowie im Verhalten kommt (Kempe, 2015). Nahezu tagtäglich und in fast jeder Situation lernen Menschen und erweitern somit ihre geistigen Ressourcen. Viele Tätigkeiten, die Menschen in ihrem Alltag anwenden und mittlerweile routiniert durchführen, mussten erst einmal erlernt werden. Im privaten Bereich betrifft dies beispielsweise das Fahrradfahren, während im beruflichen Kontext z. B. ein neues Computer-Programm erlernt werden muss. Das ständige Lernen neuer Fähig- und Fertigkeiten führt letztendlich dazu, dass Menschen neue Wege entdecken und mitunter sogar über ihre Grenzen hinauswachsen. Um sich neues Wissen oder neue Fertigkeiten anzueignen, nutzen Menschen unterschiedliche Vorgehensweisen, für die sie sich entweder bewusst oder unbewusst entscheiden. Zum Beispiel erfinden Menschen Eselsbrücken, um sich gewisse Wörter leichter merken zu können. In der Literatur lassen sich zahlreiche Ratgeber finden, die sich dem Thema »Lerntechniken« widmen und Ratschläge geben, wie man das »Lernen lernen« kann.

Aus der Literatur ist bekannt, dass sich Stress negativ auf die körperliche, mentale und soziale Gesundheit auswirken kann und daher auch auf die Konzentration sowie Gedächtnisleistung eines Menschen Einfluss nimmt (Löffler, Dominok, von Haaren, Schellhorn & Gidion, 2011). Aus diesem Grund kann es hilfreich sein über Strategien zu verfügen, die einem helfen, auch in belastenden Situationen, wichtige Informationen abspeichern und abrufen zu können. Das Beherrschen solcher Lerntechniken kann demnach eine hilfreiche Stütze darstellen und sich letztendlich positiv auf die Motivation einer Person auswirken.

Bei Betrachtung der Lerntechniken und deren Entwicklung fällt auf, dass sich diese im Laufe der Zeit gewandelt haben. Durch die ständige Weiterentwicklung der modernen Technologie eröffnen sich stets neue Möglichkeiten des Lernens. Bei Aus- und Weiterbildungen werden heutzutage häufig elektronische Informations- und Kommunikationsmittel einbezogen, welche den Lernprozess unterstützen können. Diese Form des selbstgesteuerten Lernens wird in der Literatur als E-Learning bezeichnet. Dazu gehören beispielsweise das Lernen via CD-Rom oder

Intranet, das netzbasierte Lernen oder Blended Learning (Arnold, Kilian, Thillosen & Zimmer, 2013). Darüber hinaus findet die soziale Kommunikation heutzutage häufig via E-Mail oder Videokonferenz statt. Durch diese technologischen Fortschritte ist es möglich, unabhängig von Raum und Zeit mit anderen Menschen zu kommunizieren und von ihnen zu lernen. Auch kann man im Internet Lernmaterial finden, sodass man sich dieses nicht selbst beschaffen muss. Dies kann für den Lernenden ein Zeit- und Kostenvorteil sein. Auch hat der Lernende die Chance sich Lerninhalte mehrfach anzusehen und/oder anzuhören bis er diese verinnerlicht hat. Wie diese Beispiele zeigen, eröffnet E-Learning neue Möglichkeiten des Lernens und stellt eine Chance dar, sich auf ganz unterschiedliche Art und Weise weiterzubilden.

Gerade im digitalen Zeitalter, in dem Bildung ein Wirtschaftsgut darstellt und das Internet als allgegenwärtiges Medium gilt, gewinnt E-Learning immer mehr an Bedeutung. Auch Bildungsträger wie die Hochschulen reagieren auf diese dynamische Entwicklung und setzen immer mehr E-Learning in ihrer Lehre ein. Dies macht deutlich, dass sich die Möglichkeiten des Lernens immer weiter vergrößern und im Laufe der Zeit stets neue Lerntechniken entstehen. Lerntechniken erleichtern das Speichern und Abrufen von Informationen und sind somit vor allem in stressigen Situationen eine Stütze. Aus diesem Grund liegt die Vermutung nahe, dass das Beherrschen von Lerntechniken Stress reduziert und das Wohlbefinden fördert. Da die Anforderungen des lebenslangen Lernens immer weiter steigen, wird das Thema »Lerntechniken« in Zukunft immer mehr in den Fokus rücken und an Wichtigkeit gewinnen.

Lerntechniken als Selbstmanagementkompetenz haben vor allem ihre Bedeutung aus der Tatsache heraus, dass sowohl von Studierenden als auf von Arbeitnehmern immer mehr selbstständig organisiertes Lernen erwartet wird. Der gesamte Lernprozess inklusive der Auseinandersetzung mit den Inhalten, die Lernvorbereitung, die Kontrolle des Lernvorganges und die Gestaltung der Lernumgebung muss eigenverantwortlich geregelt werden (Bastian & Groß, 2012). Durch die richtige Anwendung von Lerntechniken kann entweder mit gleichem Aufwand mehr oder mit weniger Aufwand das gleiche Ziel erreicht werden (Litzcke & Linssen, 2008). Ein frühzeitig strukturiertes und organisiertes Lernen ist zudem eine Voraussetzung für den langfristigen Lernerfolg im Berufsleben (Bastian & Groß, 2012).

John Hattie ein bekannter Professor für Pädagogik an der Universität Melbourne in Australien gilt seit dem Erscheinen seiner Studie im Jahr 2008 als der einflussreichste Bildungswissenschaftler der Welt. In einer Metametaanalyse von mehr als 800 Metastudien untersuchte er das Phänomen »Effektives Lernen«. Die zentrale Frage lautete: Wie lernt man am besten? Zur Visualisierung und für ein schnelleres Verständnis entwickelte er ein Barometer. Der Schwellenwert liegt bei $d = 0.4$. Eine Einflussgröße größer $d = 0.4$ bedeutet eine hohe Lernwirksamkeit und eine Einflussgröße kleiner $d = 0.4$ eine geringe Lernwirksamkeit. Er konnte zeigen, dass die durchschnittliche Effektstärke des Bereichs »Lehrkraft« $d = 0.47$ beträgt, die durchschnittliche Effektstärke des Bereichs »Lehrmethoden« $d = 0.43$, die durchschnittliche Effektstärke des Bereichs »Schüler« ist $d = 0.40$. Das gegenseitige Lehren ergab einen Effekt von $d = 0.74$, die Anwendung von Lernstrategien $d = 0.69$ und die Arbeit mit Lernplänen $d = 0.49$.

Es konnte gezeigt werden, dass Lernerfolg mit Hilfe des Einsatzes von Lerntechniken optimiert werden kann (Litzcke & Linssen, 2008). Außerdem konnte gezeigt werden, dass Lerntechniken mit Leistung zusammenhängen und ein wichtiger Prädiktor für Leistung sind (Robbins, Oh, Le & Button, 2009).

## Techniken

Exemplarische Interventionen bzw. Techniken, die zu erfolgreichem Lernen beitragen sind:

- Loci-Methode: Bei dieser Methode wird die Fähigkeit des Gehirns genutzt, sich räumliche Verknüpfungen gut merken zu können. Eine Person wählt hierbei eine Umgebung, die ihr sehr vertraut ist und verknüpft die zu merkenden Gegenstände mit diesen Orten oder Routen. So stellt sich eine Person beispielsweise vor, dass sie in ihrer Wohnung einen bestimmten Weg entlangläuft und platziert Gegenstände oder Fakten gedanklich an markanten Orten in dieser Wohnung.
- Zeit »richtig« planen (z. B. schriftlich, Puffer, Pausen, Zeitbedarf realistisch einschätzen, Erfolgskontrolle) und Überblick über das vorhandene und benötigte Zeitkontingent verschaffen.
- Gründe für chronischen Zeitmangel ausräumen. Also Telefon abschalten, Unterbrechungen oder ständig wechselnde Aufgaben meiden.
- Perfektionismus vermeiden.

- Prioritäten nach Wichtigkeit und Dringlichkeit setzen (Eisenhower-Prinzip).
- Aufgaben delegieren und Unterstützung suchen.
- Lesetechniken wie die SQ3R-Methode helfen bei einer strukturierten Vorgehensweise beim Lernen:
  - S wie Survey (Überblick)
  - Q wie Question (Befragen)
  - R wie Read (Lesen)
  - R wie Recite (Wiedergeben)
  - R wie Review (Rekapitulieren)

**Literaturtipps**

Schräder-Naef, R. (2003). Rationeller Lernen lernen. Ratschläge und Übungen für alle Wissbegierigen. Weinheim: Beltz.

Hoffmann, E. & Löhle, M. (2012). Erfolgreich lernen. Effiziente Lern- und Arbeitsstrategien für Schule, Studium und Beruf. Göttingen: Hogrefe.

**Items zur Anwendung von Lerntechniken** (Braun, 2015)

1. Ich kenne meine Stärken beim Lernen.
2. Ich weiß, wie ich meinen Lernplatz optimal einrichte.
3. Ich weiß, wie ich mich beim Lernen motivieren kann.
4. Ich weiß, wie ich mir meine Lernzeit optimal einteilen kann.
5. Ich strukturiere Lerninhalte, damit ich sie besser behalten kann.

## 1.3.12 Finanzielles Selbstmanagement

### Bedeutung und theoretischer Hintergrund

Finanzielles Selbstmanagement bezieht sich auf den Umgang einer Person mit finanziellen Ressourcen. Es geht um den Überblick über die eigene finanzielle Lage und das effiziente Einsetzen der vorhandenen Mittel. Ein niedrig ausgeprägtes finanzielles Selbstmanagement führt

Annahmen zu Folge zu Geldknappheit, aus der Sorgen resultieren, die sich negativ auf die Lebenszufriedenheit auswirken. Im Gegensatz dazu führt ein erfolgreich angewandtes finanzielles Selbstmanagement zu finanzieller Unabhängigkeit, aus der eine gesteigerte Lebenszufriedenheit resultiert. Es beinhaltet eine klare Organisation und Planung sowie die Übersicht über finanzielle Ein- und Ausgaben in verschiedenen Bereichen. Erste empirische Bestätigung fanden diese Überlegungen in der Bachelorarbeit von Diana Schmitz (2013): Finanzielles Selbstmanagement: Der Zusammenhang von Umgang mit Geld und Wohlbefinden, die an der Universität Koblenz-Landau im Fachbereich Psychologie geschrieben wurde.

**Techniken**

- Haushaltsbuch führen
- Regelmäßiger Austausch mit Finanzberatern
- Reflexion der Einnahmen und Ausgaben

**Literaturtipp**

Stolle, H. (2016). Geldsorgen und Schuldenstress? Wie Sie mit Ihrem Einkommen auskommen können.

**Items zum finanziellen Selbstmanagement** (Schmitz, 2013)

1. Ich setze mir meist kurze finanzielle Teilziele, um meine langfristigen erreichen zu können.
2. Ich überprüfe, ob ich meine Teilziele erreiche.
3. Ein finanziell erreichtes Teilziel motiviert mich, mich weiter mit Geld zu beschäftigen.
4. Ich lege mir regelmäßig Geld zur Seite, welches mir dann frei zur Verfügung steht.
5. Ich habe mir Problemlösetechniken für finanziell schwierige Situationen angeeignet, um diese aktiv lösen zu können.

## 1.4 Mentale Stärke: Kognitive, motivationale und emotionale Konsequenzen

### 1.4.1 Optimismus

Unter Optimismus versteht man die generalisierte Erwartungshaltung, dass positive Entwicklungen, Ereignisse und Ergebnisse eintreten werden. Ein Optimist ist demnach ein Mensch, der zuversichtlich, voller Hoffnung und Vertrauen durch sein Leben geht und dabei eine positive Sichtweise auf das Leben hat (Brähler & Felder, 1999). Immer wieder stößt man in der Literatur auf die Annahme, dass Optimismus vor allem in belastenden Situationen einen Schutzfaktor darstellt und die physische und psychische Gesundheit fördert. So konnten beispielsweise zahlreiche Befunde belegen, dass sich Optimisten gesünder verhalten als weniger optimistische Menschen. Auch konnte der Einfluss von Optimismus auf den Krankheitsverlauf nachgewiesen werden. Hierfür wurde in einer Studie der Genesungsprozess von Männern nach einer Bypass-Operation untersucht. Wie die Ergebnisse eindrucksvoll zeigten konnten, verfügten optimistische Patienten bereits während der Operation über günstigere physiologische Messwerte als Menschen mit einer geringeren Ausprägung. Auch erlebten optimistischere Patienten eine schnellere Genesung und berichteten auch nach fünf Jahren noch über eine höhere Lebensqualität als die eher pessimistischen Patienten (Rudow, 2014). Wie diese Studie verdeutlicht, scheint Optimismus demnach nicht nur mit dem subjektiven Wohlbefinden, sondern auch mit der objektiv erfassten körperlichen Gesundheit zu korrelieren. In der Literatur werden zahlreiche Ansätze diskutiert, wieso Optimisten bessere Chancen haben gesund zu bleiben. Martin Seligman beschäftigte sich bereits 1991 mit der Frage, warum Optimismus zur Gesundheitsförderung beiträgt und nannte insgesamt vier Aspekte, die seiner Meinung nach zum Wohlbefinden beitragen:

1. Optimismus verhindert die Entstehung von Hilflosigkeit und bewirkt so, dass das Immunsystem funktionsfähig bleibt.

2. Optimismus motiviert den Menschen zu einer gesunden Lebensweise. Pessimisten gehen oft nicht sorgsam mit sich selbst um.

3. Optimismus wirkt sich auf die Anzahl der negativen Ereignisse im Leben aus. Ein Pessimist erlebt subjektiv mehr »Katastrophen«.

4. Optimisten erhalten mehr »soziale Unterstützung«, weil sie mehr Sozialkontakte haben als Pessimisten und diese besser pflegen« (Enkelmann, 2009, S. 74).

In der Tat konnte eine Reihe von Studien zeigen, dass Optimisten aktiver nach sozialer Unterstützung suchen als weniger optimistische Personen (Biendarra & Weeren, 2009). Auch scheint Optimismus positiv mit präventivem Gesundheitsverhalten zusammenzuhängen, sodass sich Optimisten gesünder verhalten als weniger optimistische Menschen (Brähler & Felder, 1999). Ein weiterer Erklärungsansatz ist, dass optimistische Menschen zu problemorientiertem Coping neigen und somit effektivere Bewältigungsstrategien einsetzen als weniger optimistische Menschen (Rudow, 2014). In Bezug auf das eingangs beschriebene Rahmenmodell, konnten Braun, Sauerland & Pitzschel (2014) zeigen, dass Optimismus eine zentrale vermittelnde Variable darstellt, wenn es um den Zusammenhang von Selbstmanagementkompetenzen und den langfristigen Folgen geht. Sie ermittelten einen signifikant positiven Zusammenhang zwischen den Selbstmanagementkompetenzen »Zielklarheit«, »Beziehungsmanagement« und »Emotionsregulation«, und der Mediatorvariable »Optimismus«. Weiterhin konnte gezeigt werden, dass Optimismus in einem signifikant positiven Zusammenhang mit Arbeitszufriedenheit und in einem signifikant negativen Zusammenhang mit depressiven Verstimmungen und psychosomatischen Beschwerden steht. Daraus kann geschlossen werden, dass Optimismus ein wichtiger Faktor für die Komponenten Arbeitszufriedenheit und psychische Belastungen von Arbeitnehmern ist (Braun et al., 2014). Scheier und Carver (1992) berichten zudem, dass Optimismus als signifikanter Prädiktor für zukünftige Veränderungen in den Variablen »Stress«, »Einsamkeit« und »soziale Unterstützung« angesehen werden kann. Optimisten waren signifikant weniger depressiv, allein und erfuhren gleichzeitig eine größere soziale Unterstützung. Außerdem zeigte sich, dass die Verwendung problemorientierter Bewältigungsstrategien hinsichtlich Stress signifikant mit Optimismus korreliert (Scheier, Weintraub & Carver, 1986). Außerdem konnte nachgewiesen werden, »dass Optimismus in positiver Weise mit einem hohen Selbstwertgefühl, aktivem Coping und interner Kontrollüberzeugung sowie in negativer Weise mit Depression, wahrgenommenem Stress, Hoffnungslosigkeit und sozialer Ängstlichkeit assoziiert ist« (Brähler & Felder, 1999, S. 47). Eine positive Sichtweise auf das Leben trägt entscheidend zum Wohlbefinden einer Person bei. Wie die dargestellten empirischen Befunde zeigen konnten, hat Optimismus einen protektiven Einfluss auf das physische und psychische Wohlbefinden von Menschen und wirkt sich somit positiv auf die psychische Gesundheit aus. Aus diesem Grund liegt die Vermutung nahe, dass optimistischere Menschen weniger psychosomatische oder depressive Symptome haben als Menschen mit einer geringeren Ausprägung.

Zusammenfassend kann angenommen werden, dass gesteigerte Selbstmanagementkompetenzen mit einer hohen Ausprägung im Optimismus einhergehen. Dieser steht wiederum in einem negativen Zusammenhang mit Stress, depressiven Verstimmungen, psychosomatischen Beschwerden und Einsamkeit sowie in einem positiven Zusammenhang mit der Arbeitszufriedenheit und der Unterstützung durch andere.

**Items zum Optimismus** (aus LOT-R von Glaesmer, Hoyer, Klotsche & Herzberg, 2008)

1. Auch in ungewissen Zeiten erwarte ich immer das Beste.
2. Meine Zukunft sehe ich immer optimistisch.
3. Fast nie entwickeln sich die Dinge nach meinen Vorstellungen (–).
4. Ich zähle selten darauf, dass mir etwas Gutes widerfährt (–).
5. Alles in allem erwarte ich, dass mir mehr gute als schlechte Dinge widerfahren.

## 1.4.2 Selbstwirksamkeitserwartungen

Mit der Variable »Optimismus« sind auch die Selbstwirksamkeitserwartungen einer Person eng verknüpft. Unter Selbstwirksamkeitserwartung versteht man die optimistische Selbstüberzeugung, neue oder schwierige Herausforderungen aufgrund eigener Kompetenzen bewältigen zu können (Bandura, 1977, 1979). Die Selbstwirksamkeitserwartung einer Person entscheidet demnach, ob sie die optimistische Überzeugung besitzt, gewünschte Handlungen erfolgreich ausführen und schwierige Situationen meistern zu können oder, ob sie glaubt, keinen Einfluss auf Geschehnisse und ihre eigene Entwicklung zu haben. Menschen mit einer hohen Selbstwirksamkeitserwartung sind demnach davon überzeugt, dass eine bestimmte Handlung zu dem erhofften

Ergebnis führen wird und fühlen sich selbst in der Lage, diese Handlung auch erfolgreich durchzuführen. Dieser Glaube an die eigenen Ressourcen bestimmt laut der sozialkognitiven Theorie von Bandura (1977, 1979) letztendlich die Motivation, die Emotionen sowie das Verhalten und spiegelt sich demnach im Wohlbefinden einer Person wider (Jonas, Stroebe & Hewstone, 2007). Somit nimmt die Selbstwirksamkeitserwartung einen entscheidenden Einfluss auf die Zielverfolgung und wirkt sich auf die Handlungsbereitschaft einer Person aus. Menschen, die an ihre eigenen Fähigkeiten sowie Kompetenzen glauben, werden demnach eher bereit sein, sich schwierigen Situationen zu stellen und bei der Bewältigung von Anforderungen mehr Ausdauer zeigen als Menschen mit einer geringen Selbstwirksamkeitserwartung. Darüber hinaus scheint die Selbstwirksamkeitserwartung Einfluss auf das Verhalten einer Person zu nehmen, wenn sie eine Diskrepanz zwischen ihren tatsächlich erreichten Ergebnissen (Ist-Wert) und ihren gewünschten Zielen (Soll-Wert) spürt. Laut Bandura kann sich diese Diskrepanz entweder verhaltensmotivierend auswirken, indem eine Person versucht ihre Ausdauer und Anstrengung zu steigern, um das Ziel zu erreichen, oder sie führt zu einer Senkung der Zielhöhe oder je nach Höhe der Selbstwirksamkeitserwartung einer Person dazu, dass das Ziel aufgegeben wird (Jonas, Stroebe & Hewstone, 2007). Aus diesem Grund bewirkt die Selbstwirksamkeitserwartung sowohl das Ausmaß der Anstrengung bei der Zielverfolgung als auch das Durchhalten bei Schwierigkeiten.

Auch zahlreiche Studien konnten bestätigen, dass sich die Selbstwirksamkeitserwartung positiv auf das Denken, Handeln und Fühlen von Menschen auswirkt und somit zum Wohlbefinden beiträgt. Eine erhöhte Selbstwirksamkeit kann die Lebenszufriedenheit und Resilienz fördern (Johann & Möller, 2013). Eine Studie von Klein, König und Kleinmann (2003) konnte zeigen, dass die Teilnehmer eines Selbstmanagement-Trainings nach der Absolvierung des Trainings höhere Werte in den Variablen »Allgemeine Selbstwirksamkeit«, »Berufliche Selbstwirksamkeit« und »Lebenszufriedenheit« aufweisen. Frayne und Latham berichten bereits in ihrer Studie von 1987, dass durch den Einsatz gezielter Selbstmanagement-Techniken sowohl die Selbstwirksamkeit erhöht, als auch die Fehlzeitenquote von Arbeitnehmern verringert werden kann. Außerdem trägt eine hohe Selbstwirksamkeitserwartung zum körperlichen und psychischen Wohlbefinden sowie zur Arbeits- und Lebenszufriedenheit eines Menschen bei (Schwarzer, 2004). So konnten Judge und Bono (2001) in einer Metaanalyse eine mittlere Korrelation zwischen Selbstwirksamkeit und Arbeitszufriedenheit verzeichnen.

Roddenberry und Renk kamen 2010 in einer Befragung von Psychologie-Studenten an der Southeastern University zu dem Ergebnis, dass die generelle Selbstwirksamkeitserwartung signifikant negativ mit dem allgemeinen Stressempfinden sowie mit psychologischen Symptomen wie Angst, psychosomatischen Symptomen und depressiven Verstimmungen korreliert ist. Weiterhin ist die generelle Selbstwirksamkeitserwartung negativ mit körperlichen Erkrankungen korreliert. Eine niedrige Selbstwirksamkeit stellt einen Vulnerabilitätsfaktor für Stresserleben dar. Betroffene sehen schwierige, herausfordernde Aufgaben als eine starke Bedrohung an, der sie sich aufgrund von fehlenden Bewältigungsstrategien ausgesetzt sehen. Misserfolge werden auf die eigene Unfähigkeit bezogen (Jerusalem, 1990). Des Weiteren scheinen Menschen mit einer hohen Selbstwirksamkeitserwartung ihre sozialen Ressourcen in belastenden Situationen besser nutzen zu können als Menschen mit einer geringeren Ausprägung (Uhle & Treier, 2015). Aus diesem Grund lässt sich die Selbstwirksamkeitserwartung auch als Schutzfaktor bezeichnen.

Auch O'Leary (1992) und Schwarzer (1996) konnten zeigen, dass es »bedeutsame Zusammenhänge zwischen dem Ausmaß der Kompetenzerwartung und der Fähigkeit zur Bewältigung von Stress, dem Ertragen von Schmerzen, dem Umgang mit chronischem Leiden, der Entwöhnung von Abhängigkeiten sowie den gesundheitsrelevanten Verhaltensweisen« (zit. nach Uhle & Treier, 2015, S. 75) gibt. So konnte beispielsweise gezeigt werden, dass sich hohe Selbstwirksamkeitserwartungen stressmildernd auswirken, da hohe Anforderungen nicht als Bedrohung, sondern vielmehr als Herausforderung interpretiert werden (Dost, 2014). Diese Annahme bestätigt auch die HBSC-Studie (Jurczyk, 2009), die die Selbstwirksamkeitserwartung von Jugendlichen untersuchte. Hierbei zeigte sich, dass ca. 20 % der befragten Schüler über eine hohe Selbstwirksamkeitserwartung verfügen. Zu betonen ist an dieser Stelle, dass die Schüler schwierige Aufgaben nicht nur als Herausforderung ansahen und ihre Ziele verfolgten, sondern dass sie auch höhere Leistungsergebnisse im Vergleich zu Jugendlichen mit einer niedrigen Selbstwirksamkeitserwartung erzielten (Jurczyk, 2009). Schlussfolgernd konnte bestätigt werden, »dass eine hohe Kompetenzerwartung mit einer besseren körperlichen und psychischen Gesundheit verbunden ist« (Weber & Rammsayer, 2012, S. 98).

**Items zur Selbstwirksamkeitserwartung** (Schwarzer & Jerusalem, 1999)

1. Wenn sich Widerstände auftun, finde ich Mittel und Wege mich durchzusetzen.
2. Die Lösung schwieriger Dinge gelingt mir immer, wenn ich mich darum bemühe.
3. Es bereitet mir keine Schwierigkeiten, meine Absichten und Ziele zu verwirklichen.
4. In unerwarteten Situationen weiß ich immer, wie ich mich verhalten soll.
5. Auch bei überraschenden Ereignissen glaube ich, dass ich gut mit ihnen zurechtkommen kann.
6. Schwierigkeiten sehe ich gelassen entgegen, weil ich meinen Fähigkeiten immer vertrauen kann.
7. Was auch immer passiert, ich werde damit schon klarkommen.
8. Für jedes Problem kann ich eine Lösung finden.
9. Wenn eine neue Sache auf mich zukommt, weiß ich, wie ich damit umgehen kann.
10. Wenn ein Problem auftaucht, kann ich es aus eigener Kraft meistern.

### 1.4.3 Resilienz

Wie bereits erwähnt, unterscheiden sich Menschen dahingehend, wie sie mit Misserfolgen und belastenden Faktoren umgehen. Während manche Personen nach Schicksalsschlägen zusammenbrechen, gibt es andere, die Krisen und Rückschläge relativ gut verkraften und recht schnell wieder zuversichtlich in die Zukunft blicken können. Unter Resilienz versteht man die Fähigkeit auch in belastenden Situationen und Lebensphasen standhaft zu bleiben und sich zu entwickeln (Luitjens & Siegrist, 2011). Resiliente Personen scheinen somit über eine psychische und mentale Widerstandskraft zu verfügen, die ihnen hilft, erfolgreich mit belastenden Lebensumständen und den negativen Folgen von Stress umzugehen.

Das Resilienzkonzept wurde erstmals im Jahr 1971 von Emmy Werner (zit. nach Heller, 2015), einer amerikanischen Entwicklungspsychologin, untersucht. Sie führte auf Hawaii eine Langzeitstudie durch und ging der Frage nach, wieso sich Kinder trotz ähnlicher Ausgangsbedingungen ganz unterschiedlich entwickeln. Auch beobachtete und analysierte sie, wie Menschen trotz schwierigen Lebensumständen wie Armut und Gewalt eine widerstandsfähige Psyche entwickeln konnten (Heller, 2015, S. 9). Durch ihre Langzeitstudie konnten insgesamt sieben Schlüsselfaktoren definiert werden, die dazu beitragen, dass Menschen diese psychische Widerstandsfähigkeit entwickeln. Entscheidend sind die Faktoren Akzeptanz, Optimismus, Verantwortung, Netzwerkorientierung, Lösungsorientierung, Zukunftsorientierung und Selbstwirksamkeit genannt (Heller, 2015).

Auch Martin Seligmann beschäftige sich in seiner Forschung mit Resilienz und führte mit Soldaten der US Armee ein Resilienztraining durch. Ziel dieser Studie war es, die psychische Widerstandsfähigkeit der Soldaten zu trainieren. Nach 15 Monaten Training zeigten die geschulten Truppen erheblich höhere Resilienzwerte als die Gruppe ohne Training. Die Soldaten der Trainingsgruppe zeigten eine größere emotionale und soziale Fitness und dachten weniger selbstzerstörerisch (Berndt, 2013).

Des Weiteren entwickelte Seligman für Kinder und Jugendliche ein Stärkentraining gegen Ängstlichkeit und Depressionen und gab ihm den Namen »Penn Resiliency Program«. Wie zahlreiche Studien belegen, nahmen Ängstlichkeit und Depressionssymptome durch das Programm ab, während der Optimismus der Kinder stieg (Berndt, 2013). Diese empirischen Studien belegen eindrücklich, dass ein Resilienztraining die psychische Gesundheit verbessert und depressive Symptome sinken lässt.

Eine der bekanntesten Studien aus der Resilienz-Forschung ist die Kauai-Längsschnittstudie von Werner und Smith. Sie begleiteten einen gesamten Geburtenjahrgang bestehend aus 698 Kindern aus dem Jahr 1955 über einen Zeitraum von 40 Jahren. 1/3 der Kinder wurden als »high-risk children« klassifiziert, da sie in Verhältnissen aufwuchsen die von Armut, erheblichem Stresserleben, schwierigen familiären Umständen in Form von Disharmonie, elterlichem Alkoholismus und psychischer Erkrankungen gekennzeichnet waren. 2/3 dieser als »high risk children« klassifizierten Kinder zeigten in den folgenden Jahren unter anderem Lern- und Verhaltensdefizite, psychische Probleme und wurden straffällig. 1/3 jedoch zeigten weder Lern- noch Verhaltensprobleme, waren erfolgreich in der Schule und koordinierten mit Erfolg ihren privaten Haushalt und ihr Sozialleben. Im Alter von zehn Jahren zeigten sie bessere Problemlöse- und Kommunikationsfähigkeiten und verfügten über ein positives Selbstkonzept. Ihre Fähigkeiten und Ressourcen wussten sie effektiv einsetzen. Zudem zählten Ausdauerfähigkeit und schulische Leistungsfähigkeit zu ihren Stärken. Sie verfügten über hohe Selbstwirksamkeitsüberzeugungen, ein positives Selbstkonzept, eine optimistische Lebenseinstellung, hohe internale Kontrollüberzeugungen und eine höhere Sozialkompetenz (Werner, 1993; Wustmann, 2005). Die Ergebnisse machen deutlich, dass die Kinder dieser Studie über Ressourcen in Form von Resilienz verfügten. Angesprochen wurden zum Beispiel eine hohe Ausprägung in den Variablen »Problemlösefähigkeit«, »Selbstdisziplin« in Form von Ausdauer und im weitesten Sinne die Variable »Smalltalk« und »Networking«. Zudem kann angenommen werden, dass die resilienteren Kinder dieser Studie über eine ausgeprägte Fähigkeit zur Emotionsregulation verfügten. Somit wird davon ausgegangen, dass Personen, die über effiziente Selbstmanagementkompetenzen verfügen, eine hohe Ausprägung auf der Variable »Resilienz« erzielen.

Leppert, Gunzelmann, Schumacher, Strauß und Brähler (2005) überprüften an einer Stichprobe mit Personen ab einem Alter von 60 Jahren die Auswirkung von Resilienz auf das subjektive körperliche Wohlbefinden sowie auf die allgemeine Lebenszufriedenheit. Im Fokus standen körperliche Beschwerden wie Erschöpfung, Magenbeschwerden, Gliederschmerzen, Herzbeschwerden und Beschwerdedruck. Hinsichtlich aller Kriterien konnten, wenn auch lediglich moderat, signifikant negative Korrelationen gezeigt werden. Zudem weist Resilienz hinsichtlich der allgemeinen Lebenszufriedenheit einen signifikant positiven Zusammenhang auf. Eine weitere Studie zeigt, dass Resilienz den Zusammenhang zwischen einer in der Kindheit erlebten Vernachlässigung und den späteren psychologischen Symptomen moderiert. College-Studierende, die eine geringe Ausprägung auf der Variable »Resilienz« aufwiesen, zeigten in Folge belastender Erlebnisse in der Kindheit höhere Levels von psychologischen Symptomen als Personen mit hoher Resilienzausprägung und vergleichbaren Erlebnissen. Diese zeigten die geringsten Auffälligkeiten von Allen. Übertragen auf den Arbeitskontext kann daraus geschlossen werden, dass resiliente Arbeitnehmer auch nach schwierigen Situationen einem geringeren Risiko ausgesetzt sind, psychologische Symptome auszubilden als weniger resiliente Kollegen (Campbell-Sills, Cohan & Stein, 2006).

**Items zur Resilienz** (RS 13 von Leppert, Koch, Brähler & Strauß, 2008)

1. Wenn ich Pläne habe, verfolge ich sie auch.
2. Normalerweise schaffe ich alles irgendwie.
3. Ich lasse mich nicht so schnell aus der Bahn werfen.
4. Ich mag mich.
5. Ich kann mehrere Dinge gleichzeitig bewältigen.
6. Ich bin entschlossen.
7. Ich nehme die Dinge, wie sie kommen.
8. Ich behalte an vielen Dingen Interesse.
9. Normalerweise kann ich eine Situation aus mehreren Perspektiven betrachten.
10. Ich kann mich auch überwinden, Dinge zu tun, die ich eigentlich nicht machen will.
11. Wenn ich in einer schwierigen Situation bin, finde ich gewöhnlich einen Weg heraus.
12. In mir steckt genügend Energie, um alles zu machen, was ich machen muss.
13. Ich kann es akzeptieren, wenn mich nicht alle Leute mögen.

### 1.4.4 Motivation

Motivation ist das Ergebnis aus dem Zusammenspiel zwischen den Motiven einer Person und den Anreizen einer Situation, die die Motive anregen können. Unter Motiven versteht man dabei stabile Werthaltungen, die charakteristisch für eine Person sind. Die Ausprägung der Motivation hat schließlich einen Einfluss darauf, mit welchem Engagement an eine Aufgabe herangegangen und mit welcher Güte diese verrichtet wird (Kauffeld & Schermuly, 2011). Ein motiviertes Verhalten erkennt man durch die Zielgerichtetheit und die Intensität des Verhaltens. Es führt dazu, dass Verhaltensweisen häufiger und mit einer größeren Ausdauer gezeigt werden (Schmitt & Brunstein, 2005). Motivation ist ein Resultat von trait- und personenspezifischen Motiven und Anreizen der jeweiligen Situation in Wechselwirkung (Schneider & Schmalt, 2000). Dabei werden Theorien der Arbeitsmotivation häufig in Inhalts- und Prozesstheorien aufgeteilt. Maslow (1954), der als populärer Vertreter einer Inhaltstheorie gilt, begründete fünf Klassen von Motiven, die hierarchisch geordnet sind und vom Individuum befriedigt werden wollen. Ähnlich dem Aufbau der Maslow'schen Bedürfnispyramide siedelt Alderfers »Existentielle Bedürfnisse« (E), also physiologische Grundbedürfnisse wie Bezahlung und Sicherheit, als grundlegend an. Diesen folgen »relationale Bedürfnisse« (R), die soziale Aspekte, zum Beispiel Beziehungen zu Kollegen, befriedigen und anschließend »Wachstumsbedürfnisse« (G), welche Selbstverwirklichung und Weiterentwicklung beinhalten. Mit seiner ERG-Theorie gelingt es ihm, die Inhalte der Sozialpsychologie auf den arbeitspsychologischen Kontext zu übertragen und Motivation dahingehend zu erklären, dass sie sich einstellt, wenn alle Ebenen (E,R,G) durch Arbeit und den Arbeitsplatz erfüllt werden können (Schwarzmüller, 2009). Berechtigte Kritik wird an Inhaltstheorien geäußert (vgl. Kauffeld & Schermuly, 2011), da sie sich kaum bestätigen lassen, und die Klassifizierung der Motive keine Eignung zur Vorhersage von Intensität und Ausdauer des Verhaltens bietet. Prozesstheorien wirken dem entgegen, da sie Motivation auch durch dynamische psychologische Prozesse erklären.

So konzeptualisiert Vroom (1964) Motivation als Abwägen von Entscheidungen durch die VIE-Theorie. Zuerst wird die Valenz (V), das ist die Wertigkeit des Ergebnisses, in Kombination mit der Instrumentalität (I), die Variable der notwendigen Handlung, und dann die Wahrscheinlichkeit der Zielerreichung, als Erwartung (E), geprüft. Je nach Zusammenhang dieser Variablen wird Motivation für ein Verhalten aufgewendet. Im Gegensatz zu den Bedürfnisklassen konnte das VIE-Modell vielfach empirisch bestätigt werden. Motivation kann in intrinsische und extrinsische Motivation unterteilt werden. Bei intrinsischer Motivation stehen mehr die Handlung an sich und ihre für das Individuum erfüllenden Komponenten, bei extrinsischer Motivation hingegen die belohnenden Konsequenzen im Vordergrund.

**Items zur Motivation** (Braun, 2015)

1. In den letzten vier Wochen konnte ich mich gut auf mein/e Studium/ Arbeit konzentrieren.

2. In den letzten vier Wochen war ich absolut motiviert.

3. Ich habe in den letzten vier Wochen gute Studien-/Arbeitsleistungen erbracht.
4. Ich konnte in den letzten vier Wochen das umsetzen, was ich mir vorgenommen hatte.
5. Ich habe den Eindruck, dass ich in den letzten vier Wochen richtig viel Power für das Studium/die Arbeit hatte.

### 1.4.5 Emotionsregulation

Der Begriff Emotionsregulation umfasst den individuellen Einfluss einer Person auf ihre Emotionen. Genauer gesagt beschreibt es den Einfluss darauf, welche Emotionen eine Person hat, wie sie sie erlebt und wie sie diese zum Ausdruck bringt. Dabei kann der Prozess der Emotionsregulierung automatisch ablaufen oder willentlich gesteuert werden. Zudem kann dies bewusst oder unbewusst geschehen und sich auf einen oder mehrere Aspekte des Prozesses auswirken. Fünf Emotionsregulierungsprozesse werden in einem Prozessmodell der Emotionsregulation nach Gross (1998) unterschieden: Situationsselektion, Situationsmodifikation, Aufmerksamkeitslenkung, kognitive Umbewertung und Reaktionsmodulation (Gross, 1998; Heber, Lehr, Riper & Berking, 2014). Auch im Arbeitskontext ist eine effektive Emotionsregulation wichtig, um ein produktives Arbeiten zu ermöglichen. In Situationen, in denen die volle Aufmerksamkeit gefordert wird, ist es unabdingbar, sich durch aktive Emotionsregulation gegen emotionsgeladene Gedanken zu schützen, um diese zu gewährleisten. Zudem sind Arbeitnehmer in der sozialen Interaktion mit anderen, wie beispielsweise Kollegen, Vorgesetzten oder Kunden, wiederholt kulturellen Regeln ausgesetzt, die vorgeben, wann und in welchem Ausmaß bestimmte Emotionen gezeigt werden und wann nicht. Weiterhin ist auch in zwischenmenschlichen Beziehungen eine erfolgreiche Regulation der Emotionen wichtig (Gross & Munoz, 1995). Die Verwendung maladaptiver Methoden zur Emotionsregulation ist Bestandteil vieler Persönlichkeitsstörungen, die es dem Betroffenen erschweren Zufriedenheit zu erleben und stabile Beziehungen zu führen. Zudem kann es in kritischen Situationen dazu kommen, dass ein Substanzmissbrauch zur Kompensation negativer Gefühle wahrscheinlicher wird (Braun et al., 2014).

Hochschild (1990) definiert Emotionsarbeit als »Management der eigenen Gefühle, [... das] notwendig ist, um nach außen hin in Mimik, Stimme und Gestik ein bestimmtes Gefühl [nach außen zu tragen]«. Es werden drei unterschiedliche Facetten der Emotionsarbeit nach Zapf (2002) und Hacker (2005) postuliert: Regulationsmöglichkeiten, Regulationsanforderungen und Regulationsprobleme. Im Folgenden werden Regulationsmöglichkeiten und -probleme genauer erläutert. Innerhalb der Regulationsmöglichkeiten findet sich die automatische Regulation, die spontan auftaucht und keiner Anstrengung bedarf. Beim Oberflächenhandeln ist das Vorspielen einer erwarteten Emotion angesiedelt, die nicht dem eigenen Gefühlszustand entspricht. Es wird als eine Art Normanpassung verstanden (Raststetter, 1999). Beim Tiefenhandeln versucht die Person mit Hilfe kognitiver Techniken die erwarteten und erwünschten Gefühle tatsächlich zu empfinden. Eine weitere Möglichkeit innerhalb der Emotionsregulation ist die emotionale Devianz. Hier wird eine meist negative, aber tatsächliche Emotion wie Ärger, gezeigt, die oft aber vom Arbeitgeber nicht gewünscht ist. Regulationsprobleme wie respektive emotionale Dissonanz orientieren sich am Konzept der kognitiven Dissonanz. Sie beschreiben den erlebten Widerspruch zwischen den vom Individuum erwarteten Emotionen gegenüber den eigenen Gefühlen. Je häufiger sich emotionale Dissonanzen ergeben, desto emotional erschöpfter ist die Person. Maslach, Schaufeli und Leiter (2001) haben gezeigt, dass Probleme der Regulation sich auf die Gesundheit, bis hin zum Burnout, auswirken können. Individuelle Maßnahmen, wie beispielsweise Entspannungstrainings, können zur Minderung der Belastungen führen (vgl. Kauffeld & Mertens, 2011).

**Items zur Emotionsregulation** (Braun, 2015)

1. Ich vermag Gefühle so zu beeinflussen, dass diese mich bei der Verfolgung eigener Ziele unterstützen.
2. Ich verstehe es so mit Gefühlen umzugehen, dass diese mich nicht blockieren.
3. Ich weiß sehr genau, wie sich verschiedene Emotionen und Stimmungen in meinem Verhalten äußern.
4. Ich habe gelernt, wie ich mich selbst in eine positive Stimmung versetzen kann.
5. Macht sich schlechte Laune bei mir breit, weiß ich wie ich diese ändern kann.

# 1.5 Langfristige Folgen

## 1.5.1 Arbeitszufriedenheit

Unter Arbeitszufriedenheit versteht man alles, »was Menschen in Bezug auf ihre Arbeit und deren Facetten denken und fühlen. Es ist das Ausmaß, in dem Menschen ihre Arbeit mögen (Zufriedenheit) oder nicht mögen (Unzufriedenheit)« (Kauffeld, 2011, S. 180). Arbeitszufriedenheit ist demnach ein positiv emotionaler Zustand, bei dem eine Person ihre Arbeitssituation mit ihren Wünschen und Erwartungen an die Arbeitstätigkeit abgleicht und bewertet (Ganter, 2009). Hierbei kann eine Person ihre gesamte Arbeitssituation (globale Arbeitszufriedenheit) beurteilen oder aber sich nur auf bestimmte Facetten der Arbeitszufriedenheit (spezifische Arbeitszufriedenheit) beziehen. Einzelne Aspekte der Arbeitszufriedenheit sind beispielsweise die Zufriedenheit mit den Kollegen, die Bezahlung oder mögliche Aufstiegschancen (Kauffeld, 2011).

Das Züricher Modell der Arbeitszufriedenheit von Bruggemann und Kollegen (1975) beschreibt verschiedene Formen der Arbeitszufriedenheit. Ausgangspunkt dieses Modells ist der Vergleich zwischen den eigenen Erwartungen an die Arbeitstätigkeit (Soll-Wert) und der tatsächlichen Arbeitslage (Ist-Wert). Fällt dieser Vergleich positiv aus, so hat eine Person die Möglichkeit, ihr Anspruchsniveau aufrechtzuerhalten, sodass sich ihre Arbeitszufriedenheit stabilisiert. Auch hat sie die Möglichkeit, ihr Anspruchsniveau zu erhöhen, sodass sich eine progressive Arbeitszufriedenheit entwickelt. Fällt dieser Vergleich allerdings negativ aus, kann eine Person ihr Anspruchsniveau senken und es kommt zu einer resignativen Arbeitszufriedenheit, oder aber sie hält ihr Anspruchsniveau aufrecht. In diesem Falle kann hieraus eine Pseudo-Arbeitszufriedenheit (Verfälschung der Situationswahrnehmung), eine fixierte Arbeitsunzufriedenheit (ohne neue Problemlösungsversuche) oder eine konstruktive Arbeitsunzufriedenheit (mit neuen Problemlösungsversuche) entstehen (Ganter, 2009; Kauffeld, 2011).

Ein anderes theoretisches Modell zur Arbeitszufriedenheit ist die Zwei-Faktoren-Theorie nach Herzberg und Kollegen (1959). In dieser wirkt der erste Faktor »Motivation« auf die Zufriedenheit, bedingt durch den Arbeitsinhalt, während der zweite Faktor, der Hygienefaktor, die Arbeitsunzufriedenheit beeinflusst. Problematisch ist, dass beispielsweise

Bezahlung nicht eindeutig als Hygienefaktor zu identifizieren ist. Trotz mehrfacher Kritik an dieser Theorie, ist hervorzuheben, dass sie die Forschung angeregt und ein besseres Verständnis bezüglich der Wirkfaktoren der Arbeitszufriedenheit ermöglicht hat (Kauffeld & Schermuly, 2011).

In einer Studie von Murphy und Ensher (2001) konnte gezeigt werden, dass der Gebrauch von sogenannten Selbstführungsstrategien mit der empfundenen Arbeitszufriedenheit zusammenhängt. Judge und Bono (2011) fanden positive Auswirkungen der Arbeitszufriedenheit auf Persönlichkeitsfaktoren, wie genereller Selbstwirksamkeit, interner Kontrollüberzeugung und emotionaler Stabilität. Konsequenzen von fehlender Arbeitszufriedenheit wirken sich neben zusätzlichen persönlichen Schäden vor allem negativ auf die psychische und physische Gesundheit aus (Weinert, 2004). Aus diesem Grund liegt die Vermutung nahe, dass Menschen, die über ausreichende Selbstmanagementkompetenzen und protektive Ressourcen verfügen, eher mit ihrer Arbeit zufrieden sind, als Menschen mit geringeren Selbstmanagementkompetenzen.

**Items zur Arbeitszufriedenheit** (Braun, 2015)

1. Ich bin mit meiner Arbeit zufrieden.
2. Meine Arbeit macht mir Spaß.
3. Die Erwartungen, die ich an einen Arbeitsplatz habe, werden in dieser Organisation (Unternehmen, Behörde) erfüllt.
4. Ich würde die Organisation, in der ich arbeite (Unternehmen, Behörde) Freunden oder Familienangehörigen als Arbeitgeber weiterempfehlen.
5. Alles in allem bin ich mit meinem Arbeitsplatz zufrieden.

### 1.5.2 Leistung

Die heutige Gesellschaft gilt als Leistungsgesellschaft, in der durch Leistung sozialer Aufstieg aber auch Abstieg möglich wird (Ziegenspeck, 1999). Die Motivation für das Streben nach Leistung rührt unter anderem daher, Anerkennung und Wertschätzung entgegengebracht zu bekommen sowie Selbstbewusstsein und Selbstachtung aufzubauen.

Sacher (1994) beschreibt dies zwar zunächst für den schulischen Kontext, jedoch benennt er Leistungsstreben als ein Grundbedürfnis, wonach der Schluss zulässig erscheint die Annahme auch auf andere Lebens- und Bildungsbereiche zu übertragen.

Studien haben ergeben, dass sich Erfolg im Studium und berufsbezogene Leistungen durch die gleichen Komponenten, nämlich kognitive Fähigkeiten und Gewissenhaftigkeit, vorhersagen lassen (Robbins, Lauver, Le, Langley, Davis & Carlstrom, 2004; Schmidt, Shaffer & Oh, 2008; Trapmann, Hell, Hirn & Schuler, 2007). Dies legt nahe, dass von einer Äquivalenz der Leistung als Outcome in Bildung und Wirtschaft auszugehen ist. Viele Befunde der Bildungspsychologie lassen sich auf das Feld der Arbeits- und Organisationspsychologie übertragen und anders herum (Robbins, Oh, Le & Button, 2009). Ein Austausch der Wissenschaftsdisziplinen birgt also ein großes Potential.

Der Leistungsbegriff ist vielschichtig und sowohl im schulischen, universitären sowie im Arbeitskontext eine zentrale Variable. In Bildungseinrichtungen ist die Note ein Aspekt der Leistung, welche einen ergebnisorientierten und mit Anstrengung verbundenen Indikator darstellt (Ziegenspeck, 1999). Die Noten sind somit ein Instrument der pädagogischen Diagnostik, über die der Könnens- und Wissensstand abgebildet werden kann. Über die Notengebung wird versucht, das Erreichen von Lernzielen und die Überprüfung und Kontrolle des Wissenstandes messbar zu machen (Jürgens, 2000). Dieser Messung liegt ein Merkmal zugrunde, dem Zahlen zugeordnet werden, welche dem Zusammenhang in der Wirklichkeit entsprechen sollten. Eine höhere Leistung sollte somit mit einer besseren Note einhergehen (Mietzel, 2007). Jürgens und Sacher (2000) ziehen eine enge Verbindung von Leistung und Lernen, wonach Leistung auf produkt- und prozessbezogenem Lernen gründet. Außerdem drück sich Leistung durch kooperatives und individuelles, vielfältiges und problemmotiviertes sowie anstrengendes, gekonntes und herausforderndes Lernen aus.

Von Au (2012) beschreibt Leistung im organisationalen Kontext mit Hilfe von drei Leistungsebenen, welche multiplikativ verknüpft und somit voneinander abhängig sind. Alle drei Ebenen müssen für ein erfolgreiches Arbeiten vorhanden sein (siehe Tabelle 1).

Tabelle 1: Leistungsebenen (vgl. von Au, 2012, S. 288-291)

| **Leistungsebenen** | | **Beschreibung der Leistungsebenen** |
|---|---|---|
| Leistungsvermögen | KÖNNEN | Individuelle und organisationale Leistungsfähigkeit (Kompetenzen, Persönlichkeitseigenschaften, Talent) und Leistungsdisposition (Gesundheit, Biorhythmus, Affekt- und Antriebszustand) |
| x Leistungsbereitschaft | WOLLEN | Individuelle Leistungsmotivation |
| x Leistungsbedingungen | DÜRFEN | Situativ-organisationale Gegebenheiten (organisatorische formelle Regelungen, Rahmenbedingungen |
| = tatsächliche Leistung | | |

Individuelle Kompetenzen sind nach dieser Beschreibung also eine Facette des Leistungsvermögens.

Wie man Leistung im organisationalen Rahmen messen kann, zeigen beispielsweise VandeWalle, Brown, Cron und Slocum (1999), die Leistung mit Hilfe der Verkaufsleistung von Mitarbeitern operationalisieren. Dabei werden objektive Variablen wie Anzahl der Verkaufsgespräche, verkaufte Versicherungen, Einnahmen und subjektive Variablen wie die individuelle Zielerreichung mit einbezogen. Sowohl in einer Langzeitfeldstudie als auch in einem Feldexperiment konnte gezeigt werden, dass das Training von Selbstmanagementkompetenzen die Verkaufsleistung von Mitarbeitern steigert (Frayne & Gringer, 2000; VandeWalle et al.,1999). Schmidt, Neubach und Heuer (2007) zeigen in ihrer Studie die Zusammenhänge von Arbeitseinstellung, Wohlbefinden und beruflicher Leistung auf. Zahlreiche andere Studien haben Leistung über Noten in der Schule oder Universitäten operationalisiert (Robbins et al., 2009).

## 1.5.3 Burnout

Nach Riechert (2011) ist Burnout definiert als ein Erschöpfungszustand, der sich sowohl auf emotionaler, körperlicher als auch geistiger Ebene äußert und in Kombination mit einem Mangel an Erholungsfähigkeit auftritt (Riechert, 2011).

Die körperliche Erschöpfung zeigt sich durch einen Mangel an Energie, Müdigkeit und anderen körperlichen Beschwerden, wie beispielsweise einem schwachen Immunsystem, was die Anfälligkeit für Krankheiten erhöht (Bergner, 2007; Litzcke & Schuh, 2012). Die hohe Aktivität am Tag, kann aufgrund von Schlafproblemen häufig nicht in der Nacht ausbalanciert werden. Die Betroffenen sind somit häufiger und schneller krank und versuchen dies oftmals durch übermäßigen Genuss von Zigaretten, Alkohol und Beruhigungsmitteln zu kompensieren, was wenn, nur kurzfristig gelingt (Litzcke & Schuh, 2012; Pines, Aronson & Kafry, 2006). Die geistige Erschöpfung zeigt sich vor allem durch eine negative Einstellung gegenüber sich selbst, der Arbeit und dem Umfeld. Dies führt auch zu einer erhöhten Belastung für soziale Beziehungen (Bergner, 2007). Ein Gefühl der Nutzlosigkeit kann sich breit machen, da sich die Betroffenen den täglichen Anforderungen nicht mehr gewachsen fühlen (Richter & Hacker, 1998).

Die Erschöpfung auf emotionaler Ebene manifestiert sich in Form einer erhöhten Gereiztheit und Nervosität, die bis zu völliger Hoffnungslosigkeit und Verzweiflung führen kann. Es fällt schwer emotional auf die Personen im Umfeld einzugehen, wobei eine umgekehrte emotionale Zuwendung stark gebraucht wird (Litzcke & Schuh, 2012; Richter & Hacker, 1998).

Bergner (2007) nennt drei Burnout-Merkmale, die für das Syndrom zentral sind und zur Diagnosestellung führen: emotionale Erschöpfung, Depersonalisation und abnehmende Leistungsfähigkeit. Das Kern- oder Leitsymptom stellt dabei die Erschöpfung dar, die sich beispielsweise durch ein Gefühl der Leere und Kraftlosigkeit äußern kann (Bergner, 2007). Die Erschöpfung kann sich laut anderen Autoren auf unterschiedlichen Ebenen äußern, was im vorherigen Abschnitt ausführlich erläutert wurde. Kennzeichnend für das Syndrom sind außerdem das hohe Engagement und die gesteigerte Aktivität durch höhere Anforderungen, die vor dem Erschöpfungszustand stehen (Spreiter, 2014). Diese erste Phase wird oftmals von Gefühlen des Ärgers und der

Aggression begleitet, was in der Regel aber hauptsächlich dem Umfeld des Betroffenen auffällt, während er, meist noch frei von Leidensdruck, weiterhin bemüht ist alles zu geben (Bergner, 2007).

In der zweiten Phase zeigt sich Furcht als Leitsymptom. Der Betroffene distanziert sich immer weiter von sich selbst und seinem Umfeld, um Enttäuschungen zu vermeiden und scheinbare Ruhe und Schutz zu erfahren. Auch die Empathiefähigkeit nimmt ab. Im Zentrum steht eine scheinbar plötzlich entstandene Angst. In dieser Phase kommt das zweite Burnout Merkmal der Depersonalisation deutlich zum Tragen. Die Betroffenen entwickeln eine kühle und distanzierte Art, engagieren sich weniger, sind negativ gegenüber Kollegen und Klienten eingestellt und vermeiden gesellschaftliche Kontakte.

In der dritten Phase ist das Leitsymptom die Isolation und die Leitreaktion die Lähmung. Meist ist erst dann der Leidensdruck so hoch, dass Hilfe gesucht wird und Depressivität offensichtlich wird. Sucht spielt in dieser Phase eine häufige Rolle, eventuell entstehen Suizidgedanken. Nicht selten fühlt sich der Betroffene in dieser Phase der Hyperaktivität noch gut und ist überrascht von der Diagnosestellung. Ist das dritte Merkmal der abnehmenden Leistungsfähigkeit schon deutlich bemerkbar, ist die Störung meist schon weit fortgeschritten, da es den meisten lange Zeit gelingt, ihr hohes Engagement aufrechtzuerhalten ohne einzubrechen. Die drei Hauptmerkmale schwanken in ihrer Intensität und Ausprägung stark zwischen den häufig betroffenen Berufsgruppen (Bergner, 2007).

Laut Bergner (2007) ist Burnout nur in den Anfängen eindeutig zu diagnostizieren, da sich die Symptomatik später schwer von anderen psychischen Erkrankungen wie Depression, Angst und Sucht trennen lässt. Sowohl in der »Internationalen Klassifikation der Erkrankungen« (ICD-10) als auch in dem statistischen Handbuch psychischer Störungen (DSM-5) der American Psychiatric Association gilt Burnout nicht als eigenständige Diagnose und ist somit alleinstehend kein Behandlungsgrund. Im Allgemeinen gibt es sehr divergierende Ansichten darüber, ob und inwiefern sich ein Burnout von einer in den Handbüchern aufgeführten depressiven Erkrankung unterscheidet. Selbst bei der Konstruktdefinition besteht Uneinigkeit unter den Experten. Insgesamt gibt es verschiedene Modelle zum Verlauf des Burnoutsyndroms mit drei, sieben oder zwölf Phasen, wobei sich in allen eine Entwicklung von hoher Aktivität und Engagement hin zu völliger Erschöpfung und verminderter Leistungsfähigkeit vollzieht (Lalouschek, 2011). Die Validität psychometrischer Messung in Bezug auf Burnout ist ebenfalls ein kritisches Thema und es besteht bisher nur wenig empirische Evidenz aus Längsschnittdaten (Siegrist, 2013). Trotzdem ist es wichtig das Phänomen ernst und wichtig zu nehmen, da es aufmerksam macht auf eine kollektive Gefahr und auch ein allgemeines Leiden, was die Bedingungen unserer heutigen Arbeitswelt hervorgerufen haben.

Van der Linden et al. (2005) erkannten einen signifikanten Zusammenhang zwischen der Anzahl und Beeinträchtigung durch Burnout Symptomen und der Aufmerksamkeitssteuerung ihrer Versuchspersonen. Dies äußerte sich durch mehr kognitive Versäumnisse im Alltag, Fehler aufgrund mangelnder Inhibition und starken Leistungsschwankungen in Aufgaben zur Aufmerksamkeit (Van der Linden, Keijsers, Eling & Van Schaijk, 2005).

### 1.5.4 Psychosomatische Beschwerden

Bereits Platon erkannte den Zusammenhang zwischen Körper und Geist und sagte: »Dies ist der größte Fehler bei der Behandlung von Krankheiten, dass es Ärzte für den Körper und Ärzte für die Seele gibt, wo doch beides nicht voneinander getrennt werden kann« (Frank, 2015, S. 5). Auch in der Umgangssprache lassen sich zahlreiche Floskeln finden, die auf den Zusammenhang zwischen Körper und Seele hinweisen. Ausdrücke wie »etwas schlägt auf den Magen« oder »man hat einen Kloß im Hals« verdeutlichen dies. Das Konstrukt psychosomatische Beschwerden greift diesen Zusammenhang auf. Unter psychosomatischen Beschwerden versteht man laut ICD-10 wiederkehrende körperliche Beschwerden, für die keine körperliche beziehungsweise pathophysiologische Ursache gefunden werden kann. Beschwerden dieser Art können unter anderem Übelkeit, Erbrechen, Taubheitsgefühl oder Brustschmerzen sein (Weltgesundheitsorganisation, 2008). Dies ist allerdings nur ein kleiner Auszug, da eine regelrechte Masse an Symptomen zu psychosomatischen Beschwerden existiert und sich diese durch hohe Diversität über Individuen hinweg auszeichnen (Faust, 1999).

Häufig sind Stress und unzureichende Gesundheitsvorsorge psychosomatischen Beschwerden vorangestellt. Die Ursachen für eine psychische Erkrankung sind sehr unterschiedlich und können sowohl auf privater als auch auf beruflicher Ebene ausgelöst werden. Arbeitsbedingte Probleme könnten ein wesentlicher Grund für die Entstehung von psychischen Erkrankungen sein. Die Weltgesundheitsorganisation stützt diese These, indem sie behauptet, dass »langanhaltender arbeitsbedingter Stress nicht nur mit körperlichen Erkrankungen und Gesundheitsproblemen einhergeht, sondern auch ein wesentlicher Faktor für das Auftreten depressiver Verstimmungen ist« (Graf, 2012, S. 29). Andere Autoren hingegen sehen den Grund für die Entstehung von psychischen Erkrankungen eher in den fehlenden Selbstmanagementkompetenzen einer Person und halten die Verbindung zwischen Selbstmanagement, psychischen Erkrankungen und der Psychotherapie für unerlässlich (Hansch, 2003). Eine mögliche Folge psychischer Erkrankungen ist Arbeitsunfähigkeit, verbunden mit langen Fehlzeiten (Lademann, Mertesacker & Gebhardt, 2006). Aus diesem Grund ist es wichtig Menschen in ihren Selbstmanagementkompetenzen zu stärken. Hinter Trainingsprogrammen zu dieser Thematik steckt die Annahme, dass verbesserte Selbstmanagementkompetenzen zu mehr Wohlbefinden beitragen und sich positiv auf die psychische Gesundheit auswirken. Aus diesem Grund liegt die Vermutung nahe, dass Menschen, die über ausreichende Selbstmanagementkompetenzen und protektive Ressourcen verfügen, eine geringere Wahrscheinlichkeit haben, eine psychische Störung zu entwickeln als Menschen mit geringeren Selbstmanagementkompetenzen. Es wird demnach angenommen, dass Selbstmanagement die psychische Gesundheit von Menschen positiv beeinflusst und psychischen Erkrankungen vorbeugt.

**Items zu psychosomatischen Beschwerden** (vgl. Franke 2000)

Antwortalternativen: gar keine; eher keine; weder nicht; eher stärker; stark

»Wie sehr litten Sie in den letzten sieben Tagen unter ...«

1. ... Ohnmachts- und Schwindelgefühlen

2. ... Herz- oder Brustschmerzen

3. ... Übelkeit oder Magenverstimmung

4. ... Schwierigkeiten beim Atmen

5. ... Hitzewallungen oder Kälteschauer

6. ... Taubheit oder Kribbeln in einzelnen Körperteilen

7. … erhöhtem Blutdruck
8. … Einschlafstörungen
9. … Durchschlafstörungen

### 1.5.5 Stress

Die Wahrnehmung von Stress kann bei verschiedenen Menschen sehr unterschiedlich sein. Während manche Menschen eine Situation als angenehm empfinden, können andere Personen die gleiche Situation als sehr stressig und unangenehm erleben. Mit diesem Phänomen beschäftigte sich Lazarus und entwickelte das transaktionale Stressmodell (Nerdinger, Blickle & Schaper, 2014). In diesem Modell werden subjektive Beurteilungsprozesse dafür verantwortlich gemacht, ob Menschen Stress empfinden oder nicht. Lazarus ist der Meinung, dass Menschen, die mit einem belastendenden Ereignis (Stressor) konfrontiert werden, insgesamt drei kognitive Bewertungsstufen (primäre Bewertung, sekundäre Bewertung, Neubewertung) durchlaufen. Bei der primären Bewertung überprüft eine Person eine Situation zunächst dahingehend, ob sie potenzielle Stressoren beinhaltet, die für die Person bedrohlich sein könnten. Erst wenn die Person der Meinung ist, dass eine potenzielle Bedrohung vorliegt, erfolgt die sekundäre Bewertung. Bei dieser beurteilt die Person, inwieweit die eigenen Ressourcen und Fähigkeiten ausreichen, um die Anforderungen erfolgreich bewältigen zu können. Hierbei ist anzumerken, dass nicht nur interne Ressourcen wie Fähigkeiten, sondern auch externe Ressourcen wie soziale Unterstützung, helfen können diese Stressoren zu kompensieren. Im Anschluss an die sekundäre Bewertung erfolgt eine Neubewertung der Situation, um einzuschätzen, ob die Anforderungen nun bewältigt werden können, oder ob weiterhin eine Bedrohung vorherrscht. Eine Wiederholung dieser Bewertungsprozesse ist an dieser Stelle möglich (Nerdinger, Blickle & Schaper, 2014). Auf diesen Bewertungsprozess folgt der Bewältigungsprozess. Lazarus unterscheidet hierbei zwischen der instrumentellen und der emotionsbezogenen Bewältigungsform. Bei der instrumentellen Bewältigungsform handelt es sich um aktives Problemlösen, bei der die Person durch den Einsatz von instrumentellen Tätigkeiten direkt handelt. Dies ist vor allem in Situationen möglich, die als kontrollierbar erlebt werden. Die emotionsbezogene Bewältigungsform hingegen kommt vor allem in Situationen zum Einsatz, in der eine Situationskontrolle nicht möglich ist. Aus diesem Grund steht bei ihr die Emotionsregulation im Vordergrund (Lanz, 2010).

Zusammenfassend lässt sich festhalten, dass Stress laut dem transaktionalen Modell von Lazarus dann entsteht, wenn eine Person das Gefühl hat, den Anforderungen in einer Situation nicht gerecht werden zu können, da ihr die benötigten Ressourcen fehlen oder ineffektive Bewältigungsstrategien nutzt (Nerdinger, Blickle & Schaper, 2014).

Wie das transaktionale Modell verdeutlicht, ist Stress demnach keine zwangsläufige Begleiterscheinung der heutigen hektischen Welt, sondern eher ein Zeichen von mangelhaften Ressourcen und ineffektiven Bewältigungsstrategien. Wenn Menschen sich darüber bewusst wären und ihre Stärken und Schwächen kennen würden, wären sie in der Lage, an diesen Schwächen zu arbeiten und neue Kompetenzen aufzubauen. Aus diesem Grund gewinnt das Selbstmanagement immer mehr an Bedeutung. Demnach wäre es denkbar, dass beispielsweise eine Verbesserung des Zeitmanagements, als eine Facette des Selbstmanagements, zu einer Stressreduktion führen könnte. Somit könnte Selbstmanagement als eine Copingstrategie für Stressoren betrachtet werden.

An dieser Stelle ist anzumerken, dass Menschen bei Stress häufig an negativen Stress denken. In der Literatur werden allerdings zwei Arten von Stress unterschieden. Zum einen gibt es den unangenehmen, negativen Stress, der als Belastung wahrgenommen wird. Diese Art von Stress wird in der Literatur als Distress bezeichnet und geht mit negativen Gefühlen wie Wut und Ärger einher. Auch scheint Distress gesundheitsschädliche Folgen zu haben. So wird er beispielsweise häufig mit der psychischen Erkrankung »Burnout« in Zusammenhang gebracht. Aber auch auf physischer Ebene scheint negativer Stress Erkrankungen wie Herzinfarkt oder Schlaganfall zu fördern (Pertl, 2005). Zum anderen hat Stress aber auch eine positive Seite. Diese Art von Stress wird in der Literatur als Eustress bezeichnet. Eustress löst bei Menschen Freude und Begeisterung aus und wird als angenehm erlebt. Auch fördert positiver Stress die Leistungsbereitschaft und ist somit sogar gesundheitsförderlich.

Zusammenfassend lässt sich festhalten, dass häufiges Stresserleben als Zeichen von mangelhaften Ressourcen und ineffektiven Bewältigungsstrategien angesehen werden kann. Aufgrund dessen liegt die Vermutung nahe, dass Menschen, die über ausreichende Selbstmanagementkompetenzen und protektive Ressourcen verfügen, weniger Stress erleben als Menschen, die mangelhafte Selbstmanagementkompetenzen und keine individuellen Schutzfaktoren besitzen (Braun, 2015).

**Items zum Stress** (Braun, 2015)

1. Ich fühle mich im Alltag oft gestresst.
2. Ich habe oft das Gefühl gehetzt zu sein.
3. Ich lebe eigentlich dauernd im Stress.
4. Stress ist mein ständiger Begleiter.
5. Oft fühle ich mich stark angespannt.

### 1.5.6 Depressive Verstimmung

Depressive Verstimmungen beinhalten eine Auswahl der nach ICD-10 klassifizierten Haupt- und Nebenkriterien einer depressiven Störung. Dazu zählen Schwermut, Interessenlosigkeit, Hoffnungslosigkeit und Suizidgedanken. Depressionen zählen zu einer der weit verbreiteten psychischen Erkrankungen. Vor allem durch ihr häufiges Auftreten verursacht sie hohe Kosten und steht gesundheitspolitisch besonders im Mittelpunkt. Die Folgen sind sowohl für Betroffene als auch für ihr Umfeld vielfältig und bedenklich. Depressionen äußern sich unter anderem durch ein Gefühl von Niedergeschlagenheit, häufiges Grübeln sowie Antriebslosigkeit. Um eine depressive Störung diagnostizieren zu können, müssen die typischen Symptome über einen Zeitraum von mindestens zwei Wochen an den meisten Tagen auftreten. Ein weiteres Kriterium ist, dass die Betroffenen sehr unter diesen Symptomen leiden (Wittchen & Hoyer, 2011).

**Items zur depressiven Verstimmung** (vgl. Franke, 2000)

Antwortalternativen: gar keine; eher keine; weder nicht; eher stärker; stark

»Wie sehr litten Sie in den letzten sieben Tagen unter ...«

1. ... Gedanken, sich das Leben zu nehmen

2. ... Einsamkeitsgefühlen
3. ... Schwermut
4. ... dem Gefühl, sich für nichts zu interessieren
5. ... einem Gefühl der Hoffnungslosigkeit angesichts der Zukunft
6. ... dem Gefühl, wertlos zu sein

## 1.5.7 Fehlzeiten und Absentismus

Wie bereits in Kapitel 1.3.9 »Gesundheit und Vitalität« genannt, ist Gesundheit nicht nur als das Freisein von Krankheit und Gebrechen definiert, sondern bezeichnet vor allem einen Zustand des vollkommenen körperlichen, sozialen und geistigen Wohlbefindens (Weltgesundheitsorganisation 22.07.1946). Dieser Zustand scheint in der heutigen Arbeitswelt nicht mehr so einfach und selbstverständlich zu erreichen, wie es noch vor einigen Jahren der Fall war.

Deutliche Hinweise auf die Richtigkeit dieser Aussage geben die Statistiken der Gesundheitsreports der Krankenkassen, die in den vergangenen Jahren veröffentlicht wurden. Schaut man beispielsweise in den aktuellen Preview zum Gesundheitsreport 2016 der Techniker Krankenkasse, so sieht man, dass die Fehltage aufgrund von Krankheit pro Kopf im Jahr 2006 noch bei 11,4 Tagen lagen und nun im vergangenen Jahr 2015 auf durchschnittlich 15,4 Tage gestiegen sind (Techniker Krankenkasse, 2016).

Auffällig ist vor allem auch, dass bei den Top Ten der Erkrankungen nach Krankschreibungstagen 2015, fünf Diagnosen psychischer Störungen vorhanden sind. Diese sind: Depressive Episode, Reaktionen auf schwere Belastungen und Anpassungsstörungen, rezidivierende depressive Störung, andere neurotische Störungen und somatoforme Störungen. Die Statistik bezieht sich auf 1.543 Versicherte, was als eine repräsentative Stichprobe bewertet werden kann (Techniker Krankenkasse, 2016). Man könnte also zusammenfassen, dass sich immer mehr Versicherte in Deutschland massiv und dauerhaft niedergeschlagen und überlastet fühlen. Nebenbei oder auch unabhängig davon empfinden viele Arbeitnehmer offensichtlich Ängste, die sie in ihrem alltäglichen Leben einschränken und arbeitsunfähig machen. Von ökonomischer Seite sind psychische Erkrankungen vor allem deswegen fatal, weil sie nicht wie eine Erkältung mit ein paar Medikamenten und etwas Ruhe in wenigen Tagen ausgeheilt werden können, sondern meist sehr viel langwierigere und kostenintensivere Therapien erfordern. Für die Patienten bedeutet das in den meisten Fällen eine lange, schwere Zeit, in der ihre Lebensqualität eingeschränkt ist. Durchschnittlich dauern die Arbeitsausfälle aufgrund psychischer Erkrankungen 33,2 Tage (Techniker Krankenkasse, 2016). An dieser Stelle sei angemerkt, dass nach dem heutigen Kenntnisstand Psyche und Soma grundsätzlich nicht als voneinander trennbar erachtet werden können. Vielmehr stellen sie zwei interagierende Instanzen dar, die sich in hohem Maße gegenseitig beeinflussen.

Auch der Gesundheitsreport der DAK zeigt, dass psychische Krankheiten mit einem Anteil von 16,2 % an den Gesamtfehltagen der Versicherten eine der häufigsten Ursachen von Arbeitsunfähigkeit darstellen. Im Jahre 1997 gab es pro 100 Versicherte 2,5 Arbeitsunfähigkeitsfälle und 76,7 Arbeitsunfähigkeitstage aufgrund psychischer Erkrankungen. Im Jahre 2015 sind es 6,9 Fälle und 243,7 AU Tage. Die Zahlen sind somit um mehr als 100 % gestiegen. Die mit Abstand häufigsten Erkrankungen sind dabei Depressionen (Rebscher, 2016).

Der Ausfall eines Mitarbeiters kostet im Schnitt pro Jahr 3.900 Euro, wenn man sowohl den Produktionsausfall als auch die ausgefallene Bruttowertschätzung einbezieht (Bundesanstalt für Arbeitsschutz und Arbeitsmedizin, 2014). Ebenso sind die Kosten für die Rekrutierung, Einstellung und Eingliederung eines neuen Mitarbeiters bei frühzeitiger Berentung eines aufgrund psychischer Erkrankung ausfallenden Mitarbeiters nicht außerachtzulassen. Denn auch hier sind psychische Erkrankungen ein häufiger Grund. 2012 gingen 42,1 % der Rentenzugänge aufgrund verminderter Erwerbsfähigkeit auf psychische und Verhaltensstörungen zurück (Bundesanstalt für Arbeitsschutz und Arbeitsmedizin, 2014).

Insgesamt kann man also festhalten, dass die Ausfälle aufgrund psychischer Erkrankungen in den letzten Jahren exponentiell gestiegen sind und dass dies für ein Unternehmen zahlreiche negative und sehr kostspielige Auswirkungen hat.

## 1.6 Literatur

Abele, A. (1995). Stimmung und Leistung. Allgemein- und sozialpsychologische Perspektive. Göttingen: Hogrefe.

Altschuller, G. & Shapiro, R. (1956). About Technical Creativity. Journal: Questions of Psychology, 6, 37-49.

Arnold, P., Kilian, L., Thillosen, A. & Zimmer, G. (2013). Handbuch E-Learning: Lehren und Lernen mit digitalen Medien. Bielefeld: Bertelsmann.

Asgodom, S. (2003). Eigenlob stimmt. Erfolg durch Selbst-PR. Berlin: Econ-Verlag

Bandura, A. (1977). Self-Efficacy: Toward a Unifying Theory of Behavioral Change. Psychological Review, 84 (2), 191-215.

Bandura, A. (1977). Social learning theory. Englewood Cliffs, NJ: Prentice-Hall.

Bandura, A. (1979). Sozial-kognitive Lerntheorie. (dt. Übersetzung) Stuttgart: Klett- Cotta.

Bandura, A. (1997). Self-efficacy: The exercise of control. New York: Freeman.

Bandura, A. & Wood, R. (1989). Effect of perceived controllability and performance standards on self-regulation of complex decision making. Journal of personality and social psychology, 56 (5), 805.

Bannink, F. P. (2012). Praxis der Positiven Psychologie. Göttingen: Hogrefe.

Bastian, J. & Groß, L. (2012). Lerntechniken und Wissensmanagement. Wien: Huter & Roth.

Baumann, N. & Kuhl, J. (2005). Selbstregulation und Selbstkontrolle. In H. Weber & T. Rammsayer (Hrsg.), Handbuch der Persönlichkeitspsychologie und Differentiellen Psychologie (S. 362-373). Göttingen: Hogrefe.

Baumeister, R. & Tierney, J. (2012). Die Macht der Disziplin: Wie wir unseren Willen trainieren können. Campus.

Becker, T. (2014). Medienmanagement als Führungsinstrument. In Medienmanagement und öffentliche Kommunikation (pp. 135-246). Springer Fachmedien Wiesbaden.

Bergner, T. M. H. (2007). Burnout-Prävention. Das 9-Stufen-Programm zur Selbsthilfe. Stuttgart: Schattauer GmbH.

Berndt, C. (2013). Resilienz: Das Geheimnis der psychischen Widerstandskraft. Was uns stark macht gegen Stress, Depressionen und Burn-out. München: Deutscher Taschenbuch Verlag.

Biendarra, I. & Weeren, M. (2009). Gesundheit – Gesundheiten? Eine Orientierungshilfe. Würzburg: Königshausen & Neumann Verlag.

Blickhan, D. (2015). Positive Psychologie: Ein Handbuch für die Praxis. Reihe Fachbuch positive Psychologie. Paderborn: Junfermann Verlag.

Blickle, G. (2004). Einflusskompetenz in Organisationen. Psychologische Rundschau, 55 (2), 82-93.

Bond, M. J. & Feather, N. T. (1988). Some correlates of structure and purpose in the use of time. Journal of Personality and Social Psychology, 55 (2), 321.

Brähler, E. & Felder, H. (1999). Weiblichkeit, Männlichkeit und Gesundheit. Medizinpsychologische und Psychosomatische Untersuchungen. Wiesbaden: Springer Fachmedien.

Braun, O. L. & Weisenburger, N. (2007). Problemlösen im organisationalen Kontext: Evaluation des Trainingsprogramms »Vom Problem zur Lösung«. Unveröffentlichtes Manuskript: Universität Koblenz-Landau: Fachbereich 8.

Braun, O. L. (2015). Das integrative Rahmenmodell und der Selbstmanagementkompetenzen-Fragebogen. Unveröffentlichtes Manuskript, Universität Koblenz – Landau, Campus Landau, Landau.

Braun, O. L., Adjei, M. & Münch, M. (2003). Selbstmanagement und Lebenszufriedenheit. In G. F., Müller (Hrsg.), Selbstverwirklichung im Arbeitsleben (S. 151-170). Lengerich: Pabst Science Publishers.

Braun, O. L., Sauerland, M. & Pitzschel, B. (2014). Selbstmanagement im Arbeitsalltag: Zum Zusammenhang von Selbstmanagement, Optimismus, Arbeitszufriedenheit und psychischer Gesundheit. In M. Sauerland & O. Braun (Hrsg.), Aktuelle Trends in der Personal- und Organisationsentwicklung. Tagungsband, 1. Auflage. Arbeitshefte Führungspsychologie, Band 73. Hamburg: Windmühle Verlag.

Brown, K. W. & Ryan, R. M. (2003). The benefits of being present. Mindfulness and its role in psychological well-being. Journal of Personality and Social Psychology, 84 (4), 822-848.

Bruggemann, A., Groskurth, P. & Ulich, E. (1975). Arbeitszufriedenheit. Bern: Huber.

Bühner, M. & Ziegler, M. (2009). Statistik für Psychologen und Sozialwissenschaftler. München: Pearson Studium.

Bundesanstalt für Arbeitsschutz und Arbeitsmedizin (2014): Sicherheit und Gesundheit bei der Arbeit 2012. Unfallverhütungsbericht Arbeit. Berlin: Bundesministerium für Arbeit und Soziales.

Campbell-Sills, L., Cohan, S. L. & Stein, M. B. (2006). Relationship of resilience to personality, coping, and psychatric symptoms in young adults. Behaviour Research and Therapy, 44 (4), 585-599.

Carr, A. (2004). Positive psychology: The science of happiness and human strengths (2. ed.). London: Routledge.

Carter, E. C., Kofler, L. M., Forster, D. E. & McCullough, M. E. (2015). A series of meta-analytic tests of the depletion effect: Self-control does not seem to rely on a limited resource. Journal of Experimental Psychology: General,144 (4), 796.

Csíkszentmihályi (2010). Flow: Das Geheimnis des Glücks (15. Auflage). Stuttgart: Klett-Cotta.

Claessens, B. J. C., van Eerde, W., Rutte, C. G. & Roe, R. A. (2004). Planning behavior and perceived control of time at work. Journal of Organizational Behavior, 25 (8), 937-950.

Cohen, A. R. & Bradford, D. L. (1990). Influence without authority: The use of alliances, reciprocity, and exchange to accomplish work. Organizational Dynamics, 17 (3), 5-17.

Coldwell, L. (1996). Mit Gesundheit zum Erfolg. Das Selbsthilfeprogramm für Stressresistenz und Leistungsfähigkeit. Wiesbaden: Gabler.

Covey, S. R. (2005). Die 7 Wege zur Effektivität (39. Auflage). Offenbach: Gabal.

Combs, A. W. (1985). Achieving self discipline: Some basic principles. Theory into practice, 24 (4), 260-263.

Dörner, D. (1983). Denken, Problemlösen und Intelligenz. In: G. Lüer (Hrsg.), Bericht über den 33. Kongreß der Deutschen Gesellschaft für Psychologie, Mainz 1982. Göttingen: Hogrefe.

Dost, J. (2014). Arbeit, Führung und Gesundheit. Entwicklung, Überprüfung und Anwendung eines Acht-Faktoren-Modells gesunder Führung. Köln: Josef Eul.

Duckworth, A. L. & Seligman, M. E. (2005). Self-discipline outdoes IQ in predicting academic performance of adolescents. Psychological science, 16 (12), 939-944.

Ebbinghaus, H. (1885). Über das Gedächtnis: Untersuchungen zur experimentellen Psychologie. Duncker & Humblot.

Eby, L. T., Butts, M. & Lockwood, A. (2003). Predictors of success in the era of the boundaryless career. Journal of Organizational Behavior, 24 (6), 689-708.

Enkelmann, N. (2009). Optimismus ist Pflicht! Wie wir mit der richtigen Lebenseinstellung mehr erreichen. Offenbach: GABAL Verlag.

Etrillard, S. (2005). Selbst-PR für Verkäufer – Wie Sie sich und Ihre Leistungen noch besser positionieren. Wiesbaden: Gabler.

Etrillard, S. (2012). 30 Minuten Selbst-PR. Offenbach: GABAL.

Faust, V. (1999). Funktionelle oder Befindlichkeitsstörungen. In: Faust, V. (Hrsg.), Seelische Störungen heute – wie sie sich zeigen und was man tun kann. München: Beck Verlag.

Fernandez, R. M. & Weinberg, N. (1997). Sifting and sorting: Personal contacts and hiring in a retail bank. American Sociological Review, 883-902.

Ferris, G. R., Treadway, D. C., Perrewé, P. L., Brouer, R. L., Douglas, C. & Lux, S. (2007). Political skill in organizations. Journal of Management, 33 (3), 290-320.

Forret, M. L. & Dougherty, T. W. (2004). Networking behaviors and career outcomes: differences for men and women?, Journal of Organizational Behavior, 25 (3), 419-437.

Förster, L. & Kerr-Dineen, C. (2006). Business English – live mit Hör-CD: Live! Hör dich clever. Planegg: Rudolf Haufe Verlag.

Frank, M. (2015). Komplementärmedizin in der Arztpraxis. Akupunktur, Homöopathie und Naturheilverfahren erfolgreich anwenden. Stuttgart: Schattauer GmbH.

Frank, R. (2011). Therapieziel Wohlbefinden: Ressourcen aktivieren in der Psychotherapie. Heidelberg: Springer.

Franke, G. H. (2000). BSI. Brief Symptom Inventory – Deutsche Version. Manual. Göttingen: Beltz.

Frayne, C. A. & Geringer, J. M. (2000). Self-Management Training for Improving Job Performance: A Field Experiment Involving Salespeople. Journal of Applied Psychology, 85 (3), 361-372.

Frayne, C. A. & Latham, G. P. (1987). Application of Social Learning Theory to Employee Self-Management of Attendance. Journal of Applied Psychology, 72 (3), 387-392.

Fredrickson, B. L. (2001). The role of positive emotions in positive psychology: The broaden-and-build theory of positive emotions. American Psychologist, 56, 218-226.

Fredrickson, Barbara L. (2011): Die Macht der guten Gefühle – Wie eine positive Haltung ihr Leben dauerhaft verändert. Frankfurt am Main: Campus Verlag.

Ganter, G. (2009). Arbeitszufriedenheit von Expatriates: Auslandsentsendungen nach China und Korea professionell gestalten. Wiesbaden: Gabler.

GKV-Spitzenverband (2015). Krankenversicherung. Verfügbar unter: www.gkv-spitzenverband.de Zugriff am 08.02.2015.

Glaesmer, H., Hoyer, J. Klotsche, J. & Herzberg, P. Y. (2008). Die deutsche Version des Life-Orientation-Tests (LOT-R) zum dispositionellen Optimismus und Pessimismus. Zeitschrift für Gesundheitspsychologie, 16 (1), 26-31.

Graf, A. (2012). Selbstmanagement-Kompetenz im Unternehmen nachhaltig sichern. Leistung, Wohlbefinden und Balance als Herausforderung. Wiesbaden: Springer Gabler.

Gredler, M. E. (1996). Educational games and simulations: A technology in search of a (research) paradigm. In: D. H. Jonassen (Ed.), Handbook of research on educational communications and technology. NY: Macmillan, 521-540.

Green, C. S. & Bavelier, D. (2006). Enumeration versus multiple object tracking: The case of action video game players. Cognition, 101 (1), 217-245.

Green, C. S. & Bavelier, D. (2008). Exercising your brain: a review of human brain plasticity and training-induced learning. Psychology and Aging, 23, 692-701.

Green, C. S., Li, R. & Bavelier, D. (2010). Perceptual learning during action video game playing. Topics in Cognitive Science, 2, 202-216.

Gross, J. J. & Munoz, R. F. (1995). Emotion Regulation and Mental Health. Clinical Psychology: Science and Practice, 2 (3), 151-164.

Gross, J. J. (1998). The Emerging Field of Emotion Regulation: An Integrative Review. Review of General Psychology, 2 (3), 271-299.

Guillén-Nieto, V. & Aleson-Carbonell, M. (2012). Serious games and learning effectiveness: The case of It's a Deal! Computers & Education, 58, 435-448.

Hacker, W. (2005). Allgemeine Arbeitspsychologie. Psychologische Regulation von Wissens-, Denk-, und körperlicher Arbeit (2. Auflage). Bern: Huber.

Hall, D. T. (1996). Protean careers of the 21st century. The academy of management executive, 10 (4), 8-16.

Hansch, D. (2003). Erste Hilfe für die Psyche: Selbsthilfe und Psychotherapie. Die wichtigsten Therapieformen. Fallbeispiele und Lösungsansätze. Heidelberg: Springer.

Hattie, J. (2008). Visible Learning: A synthesis of over 800 Meta-Analysis Relating to Achievement. New York: Routledge.

Heber, E., Lehr, D., Riper, H. & Berking, M. (2014). Emotionsregulation: Überblick und kritische Reflexion des aktuellen Forschungsstandes. Zeitschrift für Klinische Psychologie und Psychotherapie, 43 (3), 147-161.

Heckhausen, J. & Heckhausen, H. (2010). Motivation und Handeln (4. Auflage). Heidelberg: Springer.

Hefferon, K. (2013). Positive Psychology And The Body: The somatopsychic side to flourishing. Maidenhead: McGraw-Hill Education.

Heller, J. (2015). Resilienz: 7 Schlüssel für mehr innere Stärke (5. Auflage). München: Gräfe und Unzer.

Herzberg, F., Mausner, B. & Bloch, B. (1959). The motivation to work. New York: Wiley.

Hochschild, A. R. (1990). Das gekaufte Herz. Zur Kommerzialisierung der Gefühle. Frankfurt am Main: Campus.

Hofert, S. (2012). Networking für Trainer, Berater, Coachs. Bessere Kontakte. Höhere Bekanntheit. Mehr Umsatz. Offenbach: Gabal Verlag.

Hofmann, E. & Löhle, M. (2012). Erfolgreich Lernen. Effiziente Lern- und Arbeitsstrategien für Schule, Studium und Beruf. Göttingen: Hogrefe.

Hron, J. (2000). Motivationale Aspekte von beruflicher Expertise. Welche Ziele und Motive spornen Experten im Rahmen ihrer Arbeit an? München: Herbert Utz Verlag.

Hussy, W. (1984). Denkpsychologie. Ein Lehrbuch. Band 1. Mainz: Kohlhammer.

Jankisz, E. & Moosbrugger, H. (2008) Planung und Entwicklung von psychologischen Tests und Fragebogen. In H. Mousbrugger & A. Kelava (Hrsg.), Testtheorie und Fragebogenkonstruktion (S.27-72). Berlin: Springer-Verlag.

Jerusalem, M. (1990). Persönliche Ressourcen, Vulnerabilität und Streßerleben. Göttingen: Hogrefe.

Jerusalem, M. (2005). Selbstwirksamkeit-Self Efficacy. In H. Weber & T. Rammsayer (Hrsg.), Handbuch der Persönlichkeitspsychologie und Differentiellen Psychologie. Göttingen: Hogrefe.

Johann, T. & Möller, T. (2013). Positive Psychologie im Beruf, Freude an Leistung entwickeln, fördern und umsetzen. Wiesbaden: Springer Gabler.

Jokisaari, M. & Vuori, J. (2010). Effects of a group intervention on the career network ties of Finnish adolescents. Journal of Career Development, 38 (5), 351-368.

Jonas, K., Stroebe, W. & Hewstone, M. (2007). Sozialpsychologie. Heidelberg: Springer.

Judge, T. A. & Bono, J. E. (2001). Relationship of Core Self-Evaluations Traits – Self-Esteem, Generalized Self Efficacy, Locus of Control, and Emotional Stability – With Job Satisfaction and Job Performance: A Meta-Analysis. Journal of Applied Psychology, 86 (1), 80-92.

Jurczyk, E. (2009). Ausbildung und Gesundheit. Eine empirische Analyse zum Gesundheitsverhalten und Gesundheitserleben von Auszubildenden. Hamburg: Diplomica Verlag GmbH.

Jürgens, E. (2000). Leistung und Beurteilung in der Schule. Eine Einführung in Leistungs- und Bewertungsfragen aus pädagogischer Sicht (5th ed.). Sankt Augustin: Academia.

Jürgens, E. & Sacher, W. (2000). Leistungserziehung und Leistungsbeurteilung. Schulpädagogische Grundlegung und Anregung für die Praxis. Studientexte für das Lehramt (Vol. 6). Weinheim und Basel: Beltz.

Kälin, K., Michel-Alder, E. & Schmid-Keller, S. (1998) Sich selbst managen – Die eigene Entwicklung im beruflichen und privaten Umfeld gestalten. Thun: Ott Verlag.

Kanfer, F. H., Reinecker, H. & Schmelzer, D. (1996). Selbstmanagement-Therapie. Berlin Heidelberg: Springer.

Kauffeld, S. & Hoppe, D. (2011). Arbeit und Gesundheit. In S. Kauffeld (Hrsg.), Arbeits-, Organisations- und Personalpsychologie (S. 241-264). Heidelberg: Springer.

Kauffeld, S. & Mertens, A. (2011). Arbeitsanalyse und -gestaltung. In S. Kauffeld (Hrsg.), Arbeits-, Organisations- und Personalpsychologie (S. 211-240). Heidelberg: Springer.

Kauffeld, S. & Schermuly, C. C. (2011). Personalentwicklung. In S. Kauffeld (Hrsg.). Arbeits-, Organisations- und Personalpsychologie. Heidelberg: Springer.

Kauffeld, S. (2011). Arbeits-, Organisations- und Personalpsychologie für Bachelor. Heidelberg: Springer Medizin Verlag.

Kauffeld, S. & Grote, S. (2014): Personalentwicklung. In: Simone Kauffeld (Hrsg.): Arbeits-, Organisations- und Personalpsychologie für Bachelor. Berlin, Heidelberg: Springer, S. 119-149.

Kehr, H. M. (2004). Integrating motives, goals, and abilities: The compensatory model of work motivation and volition. Academy of Management Review, 29, 479-499.

Kelley, H. H. (1987). Attribution in social interaction. Workshop on attribution theory at University of California, Los Angeles, Aug 1969. Lawrence Erlbaum Associates, Inc.

Kempe, D. (2015). Lernen: Der Weiterbringer mit Lernmethoden, Lerntechniken und Lerntipps. München: BookRix.

Kipnis, D., Schmidt, S. M. & Wilkinson, I. (1980). Intraorganizational influence tactics: Explorations in getting one's way. Journal of applied psychology, 65 (4), 440.

Klein, S., König, C. J. & Kleinmann, M. (2003). Sind Selbstmanagement-Trainings effektiv? Zwei Trainingsansätze im Vergleich. Zeitschrift für Personalpsychologie, 2 (4), 157-168.

Knoblauch, J., Wöltje, H., Hausner, M., Kimmich, M. & Lachmann, S. (2012). Zeitmanagement. München: Haufe.

Koestner, R., Lekes, N., Powers, T. A. & Chicoine, E. (2002). Attaining personal goals: self-concordance plus implementation intentions equals success. Journal of personality and social psychology, 83 (1), 231.

König, C. J. & Kleinmann, M. (2006) Selbstmanagement. In Schuler, H. (Hrsg.), Lehrbuch der Personalpsychologie (S.331-348) (2. Auflg.). Göttingen: Hogrefe.

Koltyn, K. F. (1997). The thermogenic hypothesis. In Morgan W. P. (Ed.), Physical activity and mental health (pp. 213-226). Washington DC: Taylor & Francis.

Kratz, H. J. (2011). Aufschieben – Nein Danke!: Tu's gleich!; Die beste Strategie für mehr Lebensqualität. Walhalla Fachverlag.

Lademann, J., Mertesacker, H. & Gebhardt, B. (2006). Psychische Erkrankungen im Fokus der Gesundheitsreporte der Krankenkassen. Psychotherapeutenjournal, 2, 123-129.

Lalouschek, W. (2011). Burnout – Manual: für Klinik und Praxis. Wien: Verlagshaus der Ärzte.

Langford, P. H. (2000). Importance of relationship management for the career success of Australian managers. Australian Journal of Psychology, 52 (3), 163-168.

Lanz, C. (2010). Burnout aus ressourcenorientierter Sicht im Geschlechtervergleich. Eine Untersuchung im Spitzenmanagement in Wirtschaft und Verwaltung. Wiesbaden: VS Verlag für Sozialwissenschaften.

Leppert, K., Gunzelmann, T., Schumacher, J., Strauß, B. & Brähler, E. (2005). Resilienz als protektives Persönlichkeitsmerkmal im Alter. Psychotherapie Psychosomatik Medizinische Psychologie, 55 (8), 365-369.

Leppert, K., Koch, B., Brähler, E. & Strauß, B. (2008). Die Resilienzskala (RS): Überprüfung der Langform RS-25 und einer Kurzform RS-13. Klinische Diagnostik und Evaluation, 2, 226-243.

Litzcke, S. & Schuh, H. (2012). Belastungen am Arbeitsplatz: Strategien gegen Stress, Mobbing und Burn-out. Köln: Deutscher Instituts Verlag GmbH.

Litzcke, S. M. & Linssen, R. (2008). Studieren lernen – Arbeits- und Lerntechniken, Prüfungen und Studienarbeiten. In Schriftenreihe FH Bund (2. Auflage). Brühl: Fachhochschule des Bundes für öffentliche Verwaltung.

Locke, E. A. & Latham, G. P. (2002). Building a practically useful theory of goal setting and task motivation: A 35-year Odyssey. American Psychologist, 57, 705-717.

Löffler, S., Dominok, E., von Haaren, B., Schellhorn, R. & Gidion, G. (2011). Aktivierung, Konzentration, Entspannung: Interventionsmöglichkeiten zur Förderung Fitnessrelevanter Kompetenzen im Studium. Oktober: KIT Scientific Publishing.

Luitjens, M. & Siegrist, U. (2011). 30 Minuten Resilienz. Offenbach: Gabal Verlag.

Macan, T. H., Shahani, C., Dipboye, R. L. & Peek Phillips, A. (1990). College Student's Time Management: Correlations With Academic Performance and Stress. Journal of Eductional Psychology, 82 (4), 760-768.

Mantzicopoulos, P. Y. M., D. (1995). A comparison of boys and girls with attention problems: Kindergarten through second grade. American Journal of Orthopsychiatry, 64, 522-533.

Manz, C. C. (1986). Self-leadership: Toward an expanded theory of self-influence processes in organizations. Academy of Management review, 11 (3), 585-600.

Maslach, C., Schaufeli, B. & Leiter, M. (2001). Job Burnout. Annual Review of Psychology, 52, 397-422.

Maslow, A. H. (1954). Motivation and Personality. New York: Hearper & Row.

Meier, R. & Engelmeyer, E. (2009). Zeitmanagement. Grundlagen, Methoden und Techniken. Offenbach: Gabal.

Mietzel, G. (2007). Pädagogische Psychologie des Lernens und Lehrens. Hogrefe.

Muraven, M., Tice, D. M. & Baumeister, R. F. (1998). Self-control as a limited resource: Regulatory depletion patterns. Journal of personality and social psychology, 74 (3), 774.

Murphy, S. E. & Ensher, E. A. (2001). The role of mentoring support and self-management strategies on reported career outcomes. Journal of Career Development, 27 (4), 229-246.

Nerdinger, F., Blickle, G. & Schaper, N. (2014). Arbeits- und Organisationspsychologie. Berlin: Springer.

Neuburger, R. (2010). BusinessUpdate. Zeitmanagement. München: Compact Verlag.

Nonis, S. A. & Sager, J. K. (2003). Coping strategy profiles used by salespeople: Their relationships with personal characteristics and work outcomes. Journal of Personal Selling & Sales Management, 23 (2), 139-150.

Orpen, C. (1996). Dependency as a moderator of the effects of networking behavior on managerial career success. The Journal of Psychology, 130 (3), 245-248.

Pertl, K. (2005). Karrierefaktor Selbstmanagement. Freiburg i. Br.: Rudolf Haufe.

Pines, A. M., Aronson, E. & Kafry, D. (2006). Ausgebrannt: Vom Überdruß zur Selbstentfaltung (Vol. 10). Stuttgart: Klett-Cotta.

Portner, J. (2000). 30 Minuten für perfekten Small Talk. Offenbach: GABAL Verlag GmbH.

Pscherer, J. (2015). Selbstmanagement-Grundlagen und aktuelle Entwicklung. Organisationsberatung Supervision Coaching, 22 (1), 5-17.

Raststetter, D. (1999). Emotionsarbeit. Arbeit, 8, 374-388.

Reber, A. S. (1989). Implicit learning and tacit knowledge. Journal of experimental psychology: General, 118 (3), 219.

Rebscher, H. (2016). DAK – Gesundheit – Beiträge zur Gesundheitsökonomie und Versorgungsforschung (Band 13). Heidelberg: medhochzwei Verlag GmbH.

Reed, J. & Ones, D. S. (2006). The effect of acute aerobic exercise on positive activated affect: A meta-analysis. Psychology of Sport and Exercise, 7 (5), 477-514.

Richter, P. & Hacker, W. (1998). Belastung und Beanspruchung: Streß, Ermüdung und Burnout im Arbeitsleben. Heidelberg: Roland Asanger Verlag.

Riechert, I. (2011). Psychische Störungen bei Mitarbeitern: Ein Leitfaden für Führungskräfte und Personalverantwortliche – von der Prävention bis zur Wiedereingliederung. Hamburg: Springer.

Robbins, S. B., Lauver, K., Le, H., Langley, R., Davis, D. & Carlstrom, A. (2004). Do psychosocial and study skill factors predict college outcomes? A meta-analysis. Psychological Bulletin, 130, 261-288.

Robbins, S. B., Oh, I. S., Le, H. & Button, C. (2009). Intervention effects on college performance and retention as mediated by motivational, emotional, and social control factors: integrated meta-analytic path analyses. Journal of Applied Psychology, 94 (5), 1163.

Roddenberry, A. & Renk, K. (2010). Locus of Control and Self-Efficacy: Potential Mediators of Stress, Illness, and Utilization of Health Services in College Students. Child Psychiatric Hum Dev., 41 (4), (353-370).

Rudolph, U. (2004). Karrierefaktor Networking. Haufe-Lexware.

Rudow, B. (2014). Die gesunde Arbeit: Psychische Belastungen, Arbeitsgestaltung und Arbeitsorganisation. München: Oldenburg Wissenschaftsverlag GmbH.

Sacher, W. (1994). Prüfen – beurteilen – benoten: theoretische Grundlagen und praktische Hilfestellungen für den Primar- und Sekundarbereich. Klinkhardt.

Sauerland, M. & Reich, S. (2014). Dysfunctional Job-Cognitions: über die Folgen (dys-) funktionalen Denkens im Arbeitskontext.
In M. Sauerland & O. Braun (Hrsg.), Aktuelle Trends in der Personal- und Organisationsentwicklung. Hamburg: Windmühle.

Sauerland, M. (2015). Design your mind – Denkfallen entlarven und überwinden: Mit zielführendem Denken die eigenen Potenziale voll ausschöpfen. Wiesbaden: Springer.

Scheier, M. F. & Carver, C. S. (1992). Effects of Optimism on Psychological and Physical Well-Being: Theoretical Overview and Empirical Update. Cognitive Therapy and Research, 16, 201-228.

Scheier, M. F., Weintraub, J. K. & Carver, C. S. (1986). Coping With Stress: Divergent Strategies of Optimists and Pessimists. Journal of Personalitiy and Social Psychology, 53 (6), 1257-1264.

Schmidt, F. L., Shaffer, J. A. & Oh, I.-S. (2008). Increased accuracy of range restriction corrections: Implications for the role of personality and general mental ability in job and training performance. Personnel Psychology, 61, 827-868.

Schmidt, K. H., Neubach, B. & Heuer, H. (2007). Arbeitseinstellungen, Wohlbefinden und Leistung: Eine Zusammenhangsanalyse auf Organisationsebene. Zeitschrift für Arbeits- und Organisationspsychologie A&O, 51 (1), 16-25.

Schmitt, C. H. & Brunstein, J. C. (2005). Motive. In H. Weber & T. Rammsayer (Hrsg.), Handbuch der Persönlichkeitspsychologie und Differentiellen Psychologie. Göttingen: Hogrefe.

Schmitz, D. (2013). Finanzielles Selbstmanagement: Der Zusammenhang von Umgang mit Geld und Wohlbefinden. Bachelorarbeit, Universität Koblenz-Landau, Landau.

Schneider, K. & Schmalt, H. D. (2000). Motivation (3. überarbeitete und erweiterte Auflage). Stuttgart: Kohlhammer.

Schwarzer R., Jerusalem M. (Hrsg.) (1999). Skalen zur Erfassung von Lehrer- und Schülermerkmalen. Dokumentation der psychometrischen Verfahren im Rahmen der Wissenschaftlichen Begleitung des Modellversuchs Selbstwirksame Schulen. Berlin: Freie Universität Berlin.

Schwarzer, R. (2004). Psychologie des Gesundheitsverhaltens – Einführung in die Gesundheitspsychologie. (3. Auflg.) Göttingen: Hogrefe.

Schwarzmüller, T. (2009). Motivationstheorien – Auf die Praxis übertragen. In M. Sauerland & J. Weikamp (Eds.), Zündstoff Motivation: Motivierungsmethoden für Mitarbeiter, Führungskräfte und Organisationen (253-274). Hamburg: Dr. Kovač.

Sedano, C. I., Sutinen, E., Vinni, M. & Laine, T. H. (2012). Designing Hypercontextualized Games: A Case Study with LieksaMyst. Educational Technology & Society, 15 (2), 257-270.

Seiwert, L. J. (2006). Noch mehr Zeit für das Wesentliche. München: Hugendubel.

Seligman, M. (1991). Pessimisten küsst man nicht. München: Droemer Knaur.

Seligman, M. (2011). Flourish. A Visionary New Understanding of Happiness and Wellbeing. New York: Free Press.

Seligman, M. (2012). Flourish – Wie Menschen aufblühen: Die Positive Psychologie des gelingenden Lebens. München: Kösel-Verlag.

Sembill, D., Schumacher, L., Wolf, K. D., Wuttke, E. & Santjer-Schnabel, I. (2001). Förderung der Problemlösefähigkeit und der Motivation durch selbstorganisiertes Lernen. In Lehren und Lernen in der beruflichen Erstausbildung (pp. 257-281). VS Verlag für Sozialwissenschaften.

Siegrist, J. (2013). Burn-out und Arbeitswelt. Psychotherapeut, 2 (58), 110-116.

Spreiter, M. (2014). Burnoutprävention für Führungskräfte. Freiburg: Haufe-Lexware GmbH & Co. KG.

Spurk, D., Kauffeld, S., Barthauer, L. & Heinemann, N. S. (2015). Fostering networking behavior, career planning and optimism, and subjective career success: An intervention study. Journal of Vocational Behavior, 87, 134-144.

Steinebach, C., Jungo, D. & Zihlmann, R. (2012). Positive Psychologie in der Praxis: Anwendung in Psychotherapie, Beratung und Coaching. Weinheim Basel: Beltz.

Stollreiter, M. & Völgyfy, J. (2001). Selbstdisziplin: Handeln statt aufschieben. GABAL Verlag GmbH.

Sturges, J., Guest, D., Conway, N. & Davey, K. M. (2002). A longitudinal study of the relationship between career management and organizational commitment among graduates in the first ten years at work. Journal of Organizational Behavior, 23 (6), 731-748.

Taylor, A. F., Kuo, F. E. & Sullivan, W. C. (2002). Views of nature and self-discipline: Evidence from inner city children. Journal of environmental psychology, 22 (1), 49-63.

Techniker Krankenkasse (2016): Gesundheitsreport 2016. Preview Fehlzeiten. Hg. v. Techniker Krankenkasse.

Thomas, P. & Macredie, R. (1994). Games and the Design of Human & Computer Interfaces. Programmed Learning and Educational Technology, 31 (2), 134-142.

Thompson, J. A. (2005). Proactive personality and job performance: a social capital perspective. Journal of Applied Psychology, 90 (5), 1011.

Toates, F. M. (2011). Biological psychology (3rd ed.). Harlow, Essex, New York: Prentice Hall/Pearson.

Tracy, B. (2004). Ziele: Setzen. Verfolgen. Erreichen. Campus Verlag.

Tracy, B. (2011). Keine Ausreden!: Die Kraft der Selbstdisziplin. GABAL.

Trapmann, S., Hell, B., Hirn, J.-O. W. & Schuler, H. (2007). Metaanalysis of the relationship between the Big Five and academic success at university. Zeitschrift für Psychologie, 215, 132-151.

Uhle, T. & Treier, M. (2015). Betriebliches Gesundheitsmanagement. Gesundheitsförderung in der Arbeitswelt – Mitarbeiter einbinden, Prozesse gestalten, Erfolge messen. Heidelberg: Springer.

Ulrich, U. & Ferstl, O. K. (2005). Entwicklung von Experimentierumgebungen für den Erwerb von Problemlösefähigkeit. In O. K. Ferstl, E. Sinz, S. Eckert & T. Isselhorst (Hrsg), Wirtschaftsinformatik 2005 – eEconomy, eGovernment, eSociety (807-826). Heidelberg: Physica-Verlag.

Van der Linden, D., Keijsers, G. P. J., Eling, P. & Van Schaijk, R. (2005). Work stress and attentional difficulties: An initial study on burnout and cognitive failures. Work & Stress, 19 (1), 23-36.

van der Meer, J., Jansen, E. & Torenbeek, M. (2010). »It's almost a mindset that teachers need to change«: first-year students' need to be inducted into time management. Studies in Higher Education, 35, 777-791.

VandeWalle, D., Brown, S. P., Cron, W. L. & Slocum Jr, J. W. (1999). The influence of goal orientation and self-regulation tactics on sales performance: A longitudinal field test. Journal of Applied Psychology, 84 (2), 249.

Von Au, C. (2012). Leistungsförderliche Organisationsstruktur und -kultur. In: Reinhardt, R. (Hrsg.): Wirtschaftspsychologie und Organisationserfolg. Tagungsband zur 16. Fachtagung der »Gesellschaft für angewandte Wirtschaftspsychologie«. Lengerich: Pabst Science Publishers. S. 287-297.

Vroom, V. H. (1964). Work and motivation. New York, NY: Wiley.

Waschull, S. B. (2005). Predicting Succes in Online Psychology Courses: Self-Discipline and Motivation. Teaching of Psychology, 33 (3), 190-192.

Weber, H. & Rammsayer, T. (2012). Differentielle Psychologie – Persönlichkeitsforschung. Göttingen: Hogrefe.

Weinert, A. B. (2004). Organisations- und Personalpsychologie. Lehrbuch. Weinheim: Beltz.

Wells, G. (2012). Superbodies: Peak Performance Secrets from the World's Best Athletes. Toronto: HarperCollins Publishers.

Weltgesundheitsorganisation (22.07.1946): Verfassung der Weltgesundheitsorganisation. WHO. Online verfügbar unter https://www.admin.ch/opc/de/classified-compilation/19460131/201405080000/0.810.1.pdf.

Weltgesundheitsorganisation; Dilling H., Mombour, W. & Schmidt, M. H. (Hrsg.)(2008). Internationale Klassifikation psychischer Störungen – ICD-10 Kapitel V (F) – Klinisch-diagnostische Leitlinien (6. Auflg.). Bern: Verlag Hans Huber.

Werner, E. E. (1993). Risk, resilience, and recovery: Perspectives from the Kauai Longitudinal Study. Development and Psychopathology, 5, 503-515.

WHO (1946). Official records of the World Health Organisation, Nr. 2, p. 100, Online verfügbar unter: www.who.int/about/definition/en/print.html Zugriff am 08.02.2015.

Wiese, B. S. (2008). Selbstmanagement im Arbeits- und Berufsleben. Zeitschrift für Personalpsychologie, 7 (4), 153-169.

Wiggins, R. R. & Ruefli, T. W. (2002). Sustained Competitive Advantage: Temporal Dynamics and the Incidence and Persistence of Superior Economic Performance. Organization Science, 13 (1), 81-105.

Wittchen, H.-U. & Hoyer, J. (2011). Klinische Psychologie & Psychotherapie. Heidelberg: Springer.

Wolff, H. G. & Moser, K. (2006). Entwicklung und Validierung einer Networkingskala. Diagnostica, 52 (4), 161-180.

Wolff, H. G. & Moser, K. (2009). Effects of networking on career success: a longitudinal study. Journal of Applied Psychology, 94(1), 196.

Wolff, H. G. & Muck, P. M. (2009). Persönlichkeit und networking: Eine analyse mittels interpersonalem circumplex. Zeitschrift für Personalpsychologie, 8(3), 106-116.

Wustmann, C. (2005). Die Blickrichtung der neuen Resilienzforschung. Wie Kinder Lebensbelastungen bewältigen. Zeitschrift für Pädagogik, 41 (2), 192-206.

Zajonc, R. B. (1968). Attitudinal effects of mere exposure. Journal of personality and social psychology, 9, 1-27.

Zanzi, A., Arthur, M. B. & Shamir, B. (1991). The relationships between career concerns and political tactics in organizations. Journal of Organizational behavior, 12 (3), 219-233.

Zapf, D. (2002). Emotion work and psychological well-being: A review of the literature and some conceptual considerations. Human Ressource Management Review, 12, 237- 268.

Ziegenspeck, J. & Lehmann, J. (1999). Handbuch Zensur und Zeugnis in der Schule: historischer Rückblick, allgemeine Problematik, empirische Befunde und bildungspolitische Implikationen; ein Studien- und Arbeitsbuch. Bad Heilbrunn, Germany: Klinkhardt.

# 2 Empirie

Im Kapitel 1 ist das Modell des Positiven Selbstmanagements dargestellt worden. Außerdem wurde der Bezug zu Kompetenzmodellen, wie sie in Unternehmen mehr und mehr Verbreitung finden, deutlich gemacht. Im zweiten Kapitel des Buches soll es nun um die empirische Bestätigung des Modells gehen. In Kapitel 2 werden Korrelationsstudien berichtet, während es in Kapitel 3 um die Förderung von Selbstmanagementkompetenzen in Präsenzseminaren und ihre Evaluation geht.

## 2.1 Selbst-PR und Co.: Zum Zusammenhang ausgewählter Selbstmanagementkompetenzen mit mentaler Stärke – Eine Korrelationsstudie

Ottmar L. Braun und Sven Simek

### 2.1.1 Theorie, Fragestellung und Hypothesen

In diesem Kapitel wird eine Überprüfung der zugrundeliegenden Annahmen des Modells des Positiven Selbstmanagements vorgenommen. Es werden die Korrelationen zwischen den Selbstmanagementkompetenzen (Zeitmanagement und Arbeitstechniken, Selbst-PR, Problemlösetechniken, Einschränkende Überzeugungen und Gesundheitsvorsorge) mit den kognitiven, motivationalen und emotionalen Konsequenzen (Emotionsregulation, Optimismus, Resilienz, Selbstwirksamkeit und Motivation) sowie den langfristigen Folgen (Stress, Arbeits-/Studienzufriedenheit, depressive Verstimmungen und psychosomatische Beschwerden) untersucht.

Leithypothese 1: Es wird erwartet, dass die Selbstmanagementkompetenzen Zeitmanagement und Arbeitstechniken, Selbst-PR, Problemlösetechniken und Gesundheitsvorsorge positiv mit den kognitiven, motivationalen und emotionalen Konsequenzen (Emotionsregulation, Optimismus, Resilienz, Selbstwirksamkeit und Motivation) korrelieren. Einschränkende Überzeugungen sollten negativ mit den kognitiven, motivationalen und emotionalen Konsequenzen korrelieren.

Leithypothese 2: Es wird erwartet, dass die kognitiven, motivationalen und emotionalen Konsequenzen positiv mit Arbeitszufriedenheit und negativ mit Stress, depressiven Verstimmungen und psychosomatischen Beschwerden korrelieren.

Leithypothese 3: Es wird erwartet, dass Selbstmanagementkompetenzen, Zeitmanagement und Arbeitstechniken, Selbst-PR, Problemlösetechniken und Gesundheitsvorsorge positiv mit Arbeitszufriedenheit und negativ mit Stress, depressiven Verstimmungen und psychosomatischen Beschwerden korrelieren.

### 2.1.2 Methode

Die Datenerhebung erfolgte online. Die Bearbeitungsdauer des Fragebogens betrug ungefähr 15 Minuten. Es wurde im privaten Umfeld rekrutiert sowie über verschiedene Online-Plattformen. Der Link zur Studie wurde zusätzlich von Teilnehmern per Schnellballsystem an deren Bekannte weiterverteilt.

### 2.1.3 Befragungspersonen

Insgesamt konnten die Daten von 204 Personen ausgewertet werden. 111 davon waren weiblich, 69 männlich. Der Rest hat das eigene Geschlecht nicht angegeben.

Drei Befragungspersonen waren 19 Jahre alt oder jünger, 86 Personen zwischen 20 und 29, 32 Personen zwischen 30 und 39, 29 Personen zwischen 40 und 49, 27 Personen zwischen 50 und 59 und acht Personen älter als 60.

Zwei Personen besaßen einen Hauptschulabschluss, 23 Personen die mittlere Reife, 29 Personen die fachgebundene Hochschulreife und 29 Personen die allgemeine Hochschulreife. Einen Hochschulabschluss besaßen 88 Personen und zwei Personen haben promoviert.

Fünf Personen waren Schüler, sechs Personen befanden sich in einer Ausbildung, 47 Personen studierten. 117 Personen waren Angestellte, neun befanden sich in einem Beamtenverhältnis, sieben waren selbstständig, arbeitslos waren zwei und fünf Personen waren in Rente. Sechs Personen machten keine Angabe zum momentanen Beschäftigungsverhältnis.

## 2.1.4 Fragebogen

Der Fragebogen bestand aus insgesamt 14 Skalen. Diese waren Zeitmanagement und Arbeitstechniken (10 Items), Selbst-PR (10 Items), Problemlösetechniken (10 Items), Einschränkende Überzeugungen (10 Items), Gesundheitsvorsorge (10 Items), Emotionsregulation (7 Items), Optimismus (5+5 Items; 5 Items waren Dummy-Items), Selbstwirksamkeitserwartungen (10 Items), Resilienz (13 Items), Stress (10 Items), Motivation (10 Items), Arbeits-/Studienzufriedenheit (13 Items), Depressive Verstimmungen (6 Items) sowie Psychosomatische Beschwerden (9 Items).

Das Antwortformat bei allen Skalen war 5-stufig. 1 entsprach »Stimmt gar nicht«, 5 entsprach »Stimmt völlig«. Für die Skalen Depressive Verstimmungen und Psychosomatische Beschwerden änderte sich das Antwortformat in 1 »Keine« und 5 »Stark«.

Die Quellenangaben zu den einzelnen Skalen finden sich in den vorangegangenen Kapiteln.

## 2.1.5 Ergebnisse

In Tabelle 2.1.1 finden sich die Reliabilität, Mittelwerte und Standardabweichungen der verschiedenen Skalen.

Tabelle 2.1.1: Interne Konsistenz, Mittelwerte und Standardabweichungen der Skalen (N = 204)

| **Skalen des Fragebogens** | **Cronbachs Alpha** | **Mittelwert der Skala** | **Standard-abweichung** |
|---|---|---|---|
| Zeitmanagement und Arbeitstechniken | .74 | 3.26 | .65 |
| Selbst-PR | .76 | 3.37 | .53 |
| Problemlösetechniken | .81 | 3.52 | .61 |
| Einschränkende Überzeugungen | .81 | 2.71 | .71 |
| Gesundheitsvorsorge | .75 | 3.48 | .73 |
| Emotionsregulation | .78 | 3.42 | .66 |
| Optimismus | .78 | 3.67 | .73 |
| Selbstwirksamkeitserwartungen | .90 | 3.56 | .66 |
| Resilienz | .84 | 3.91 | .53 |
| Motivation | .90 | 3.48 | .71 |
| Stress | .90 | 2.42 | .81 |
| Arbeits-/Studienzufriedenheit | .93 | 3.74 | .76 |
| Depressive Verstimmungen | .85 | 1.61 | .76 |
| Psychosomatische Beschwerden | .76 | 1.62 | .58 |

Die Korrelationen zwischen den Stufen des Modells des Positiven Selbstmanagements finden sich in den nachfolgenden drei Tabellen.

Tabelle 2.1.2: Korrelationen zwischen den Selbstmanagementkompetenzen und den kognitiven, motivationalen und emotionalen Konsequenzen (N = 204)

| | (2) EmoReg | (2) Opt | (2) Swe | (2) Resi | (2) Moti |
|---|---|---|---|---|---|
| **(1) ZeiMa** | .23** | .12 | .23** | .33** | .37** |
| **(1) S-PR** | .50** | .40** | .57** | .51** | .43** |
| **(1) ProTechn** | .45** | .24** | .47** | .47** | .32** |
| **(1) EinÜber** | –.30** | –.56** | –.49** | –.42** | –.36** |
| **(1) Gesu** | .20** | .27** | .28** | .37** | .16* |

Anmerkungen:

ZeiMa = Zeitmanagement und Arbeitstechniken
S-PR = Selbst-PR
ProTechn = Problemlösetechniken
EinÜber = Einschränkende Überzeugungen
Gesu = Gesundheitsvorsorge

EmoReg = Emotionsregulation
Opt = Optimismus
Swe = Selbstwirksamkeitserwartungen
Resi = Resilienz
Moti = Motivation

Die Zahlen in Klammern signalisieren die Position der Skala im Modell des Positiven Selbstmanagements, (1) Teil der Selbstmanagementkompetenzen, (2) Teil der kognitiven, motivationalen und emotionalen Konsequenzen.

* $p < .05$; ** $p < .01$

Tabelle 2.1.3: Korrelationen zwischen den kognitiven, motivationalen und emotionalen Konsequenzen und den langfristigen Konsequenzen (N = 204)

| | (3) Str | (3) Zufr | (3) DeprVe | (3) PsychBe |
|---|---|---|---|---|
| **(2) EmoReg** | –.35** | .18* | –.29** | –.27** |
| **(2) Opt** | –.53** | .37** | –.52** | –.35** |
| **(2) Swe** | –.46** | .40** | –.45** | –.31** |
| **(2) Resi** | –.40** | .36** | –.52** | –.37** |
| **(2) Moti** | –.38** | .45** | –.62** | –.40** |

Anmerkungen:

EmoReg = Emotionale Regulation
Opt = Optimismus
Swe = Selbstwirksamkeitserwartungen
Resi = Resilienz
Moti = Motivation

Str = Stress
Zufr = Zufriedenheit
DeprVe = Depressive Verstimmungen
PsychBe = Psychosomatische Beschwerden

Die Zahlen in Klammern signalisieren die Position der Skala im Modell des Positiven Selbstmanagements, (2) Teil der kognitiven, motivationalen und emotionalen Konsequenzen, (3) Teil der langfristigen Konsequenzen.

* $p < .05$; ** $p < .01$

Tabelle 2.1.4: Korrelationen zwischen den Selbstmanagementkompetenzen und den langfristigen Konsequenzen (N = 204)

| | (3) Str | (3) Zufr | (3) DeprVe | (3) PsychBe |
|---|---|---|---|---|
| **(1) ZeiMa** | .02 | .17* | –.13 | –.13 |
| **(1) S-PR** | –.24** | .28** | –.32** | –.23** |
| **(1) ProTechn** | –.12 | .16* | –.23** | –.07 |
| **(1) EinÜber** | .53** | –.27** | .47** | .31** |
| **(1) Gesu** | –.28** | .16* | –.21** | –.22** |

Anmerkungen:

ZeiMa = Zeitmanagement und Arbeitstechniken
S-PR = Selbst-PR
ProTechn = Problemlösetechniken
EinÜber = Einschränkende Überzeugungen
Gesu = Gesundheitsvorsorge;

Str = Stress
Zufr = Zufriedenheit
DeprVe = Depressive Verstimmungen
PsychBe = Psychosomatische Beschwerden

Die Zahlen in Klammern signalisieren die Position der Skala im Modell des Positiven Selbstmanagements, (1) Teil der Selbstmanagementkompetenzen, (3) Teil der langfristigen Konsequenzen.

* $p < .05$; ** $p < .01$

## 2.1.6 Zusammenfassung und Diskussion der Ergebnisse

Es wurde erwartet, dass die Selbstmanagementkompetenzen, Zeitmanagement und Arbeitstechniken, Selbst-PR, Problemlösetechniken und Gesundheitsvorsorge, positiv mit den kognitiven, motivationalen und emotionalen Konsequenzen (Emotionsregulation, Optimismus, Resilienz, Selbstwirksamkeit und Motivation) korrelieren. Dies hat sich gezeigt. Nahezu alle Korrelationen waren signifikant positiv. Die Hypothese, dass Einschränkende Überzeugungen negativ mit den kognitiven, motivationalen und emotionalen Konsequenzen korrelieren, wurde ebenfalls bestätigt. Somit kann man Leithypothese 1 als bestätigt ansehen.

Es wurde auch erwartet, dass die kognitiven, motivationalen und emotionalen Konsequenzen positiv mit Arbeitszufriedenheit und negativ mit Stress, depressiven Verstimmungen und psychosomatischen Beschwerden korrelieren. Auch dies hat sich gezeigt. Emotionsregulation, Optimismus, Selbstwirksamkeitserwartungen, Resilienz und Motivation korrelieren durchgehend signifikant positiv mit Zufriedenheit. Gleichzeitig korrelieren sie signifikant negativ mit den Faktoren Stress, Depressive Verstimmung sowie Psychosomatischen Beschwerden. Leithypothese 2 gilt somit ebenfalls als bestätigt.

Es wurde weiterhin erwartet, dass die Selbstmanagementkompetenzen, Zeitmanagement und Arbeitstechniken, Selbst-PR, Problemlösetechniken und Gesundheitsvorsorge, positiv mit Arbeitszufriedenheit und negativ mit Stress, depressiven Verstimmungen und psychosomatischen Beschwerden korrelieren. Einschränkende Überzeugungen sollten negativ mit den langfristigen Konsequenzen korrelieren. Bezüglich der Korrelationen von Selbst-PR, Gesundheitsvorsorge sowie Einschränkenden Überzeugungen lässt sich die Hypothese bestätigen. Jedoch korrelieren die anderen Selbstmanagementkompetenzen nicht signifikant mit Stress und Psychosomatischen Beschwerden. Die Leithypothese 3 gilt demnach als teilweise bestätigt.

Die Untersuchung bestätigt somit weitgehend die Grundannahmen des Modells des Positiven Selbstmanagements, welches besagt, dass es signifikante Korrelationen zwischen Selbstmanagementkompetenzen und kognitiven, motivationalen und emotionalen Konsequenzen gibt. Gleichzeitig gibt es signifikante Korrelationen zwischen kognitiven, motivationalen und emotionalen Konsequenzen mit langfristigen Konsequenzen. Dementsprechend müsste eine Veränderung bei einer Selbstmanagementkompetenz zu Veränderungen bei Variablen führen, die mit diesem korreliert sind; vorausgesetzt, die Kausalrichtungen laufen so, wie im Modell angenommen.

Wie ist die Studie methodisch zu bewerten? Es handelte sich bei der Studie um eine Korrelationsstudie, welche zur Kausalrichtung noch nicht viel auszusagen vermag, jedoch über einige wichtige Merkmale verfügt. Die Stichprobe ist mit über 200 Personen sehr groß, die Skalen besitzen eine hohe interne Konsistenz von mindestens .74, wobei viele im Bereich von .80 verortet sind. Die Ergebnisse sind mit ein paar einzelnen Ausreißern hoch signifikant. Die Studie wurde im Feld durchgeführt, weshalb man Verfälschungen durch ein Laborsetting ausschließen kann. Dadurch besitzt die Studie eine hohe externe Validität. Eine hohe Objektivität ist ebenfalls gegeben, da es sich um eine Online-Studie handelt, damit sind Versuchsleitereinflüsse auszuschließen.

Bezüglich der Anwendungsmöglichkeiten erschließt sich ein weites Feld. Beispielsweise wäre es eine Möglichkeit, in der Personalauswahl im Bewerbungsgespräch oder durch Tests auch die Selbstmanagementkompetenzen zu erheben. Außerdem könnten die gewonnenen Erkenntnisse Eingang in Maßnahmen der Personalentwicklung finden. Auf diese Überlegung wird aber später noch im Zusammenhang mit den Interventionsstudien eingegangen.

Welche Fragen sollen in der zukünftigen Forschung beantwortet werden?

Ein großes Fragezeichen steht noch über den kausalen Wirkrichtungen des Modells des positiven Selbstmanagements. Eine Korrelation kann natürlich darüber keine Auskunft geben und es ist gut vorstellbar, dass sich die drei Teile des Modells des Positiven Selbstmanagements, ähnlich wie bei Fredricksons Broaden-and-Build-Theory (2001), gegenseitig positiv beeinflussen und so in einer »Aufwärtsspirale« münden.

Die vorliegende Studie deckt einen großen Teil der Selbstmanagementkompetenzen des Modells des positiven Selbstmanagements ab, jedoch nicht alle. Ergebnisse zu weiteren Selbstmanagementkompetenzen finden sich im nächsten Kapitel.

### 2.1.7 Literatur

Fredrickson, B. L. (2001). The role of positive emotions in positive psychology: The broaden-and-build theory of positive emotions. American Psychologist 56, 218-226.

## 2.2 Positive Psychologie, Zielklarheit und Co.: Zum Zusammenhang ausgewählter Selbstmanagementkompetenzen mit mentaler Stärke – Eine Korrelationsstudie

Sven Simek und Ottmar L. Braun

### 2.2.1 Theorie, Fragestellung und Hypothesen

Die vorliegende Studie wurde zeitgleich mit der Studie des vorangehenden Kapitels durchgeführt. Wie auch dort wird eine Überprüfung von

Hypothesen vorgenommen, die aus dem Modell des Positiven Selbstmanagements abgeleitet wurden. Der Unterschied ist, dass andere Selbstmanagementkompetenzen betrachtet werden. Es werden die Korrelationen zwischen den Selbstmanagementkompetenzen Positive Psychologie, Zielklarheit, Selbstdisziplin, Smalltalk und Networking, Anwendung von Lerntechniken und Finanzielles Selbstmanagement mit den kognitiven, motivationalen und emotionalen Konsequenzen (Optimismus, Resilienz, Selbstwirksamkeit und Motivation) sowie den langfristigen Folgen (Stress, Arbeits-/Studienzufriedenheit, depressive Verstimmungen und psychosomatische Beschwerden) untersucht.

Leithypothese 1: Es wird erwartet, dass die Selbstmanagementkompetenzen Positive Psychologie, Selbstdisziplin, Smalltalk und Networking, Anwendung von Lerntechniken, Finanzielles Selbstmanagement und Zielklarheit positiv mit den kognitiven, motivationalen und emotionalen Konsequenzen (Optimismus, Resilienz, Selbstwirksamkeit und Motivation) korrelieren.

Leithypothese 2: Es wird erwartet, dass die kognitiven, motivationalen und emotionalen Konsequenzen positiv mit Zufriedenheit und negativ mit Stress, depressiven Verstimmungen und psychosomatischen Beschwerden korrelieren.

Leithypothese 3: Es wird erwartet, dass die Selbstmanagementkompetenzen Positive Psychologie, Selbstdisziplin, Smalltalk und Networking, Anwendung von Lerntechniken, Finanzielles Selbstmanagement und Zielklarheit positiv mit Zufriedenheit und negativ mit Stress, depressiven Verstimmungen und psychosomatischen Beschwerden korrelieren.

### 2.2.2 Methode

Die Datenerhebung erfolgte online. Die Bearbeitungsdauer des Fragebogens betrug ungefähr 15 Minuten. Die Befragungspersonen wurden im privaten Umfeld rekrutiert sowie über verschiedene Online-Plattformen. Der Link zur Studie wurde zusätzlich von Teilnehmern per Schneeballsystem an deren Bekannte weiter verteilt.

### 2.2.3 Befragungspersonen

Insgesamt wurden die Daten von 199 Personen ausgewertet. 116 davon waren weiblich, 54 männlich, der Rest hat das eigene Geschlecht nicht angegeben. 25 Probanden waren 19 Jahre alt oder jünger, 105 Personen zwischen 20 und 29, 14 Personen zwischen 30 und 39, zwölf Personen zwischen 40 und 49, 21 Personen zwischen 50 und 59 und sieben Personen älter als 60. 15 machten keine Angaben zum Alter.

Sechs Personen besaßen einen Hauptschulabschluss, 38 Personen die mittlere Reife, 35 Personen die fachgebundene Hochschulreife und 35 Personen die allgemeine Hochschulreife. Einen Hochschulabschluss besaßen 80 Personen und zwei Personen haben promoviert. Zwei Personen hatten keinen Abschluss und eine Person machte keine Angaben. Sechs Personen waren Schüler, 52 Personen befanden sich in einer Ausbildung, 58 Personen haben studiert. 44 Personen waren Angestellte. 14 waren selbstständig, drei Personen waren in Rente und 22 machten eine Angabe unter »Sonstige«.

### 2.2.4 Fragebogen

Der Fragebogen bestand aus insgesamt 14 Skalen. Diese waren Smalltalk und Networking (10 Items), Selbstdisziplin (10 Items), Anwendung von Lerntechniken (10 Items), Finanzielles Selbstmanagement (10 Items), Zielklarheit (10 Items), Positive Psychologie (10 Items), Optimismus (5 + 5 Items; 5 Items waren Dummy-Items), Selbstwirksamkeitserwartungen (10 Items), Resilienz (13 Items), Stress (10 Items), Motivation (10 Items), Arbeits-/Studienzufriedenheit (13 Items), Depressive Verstimmungen (6 Items), und Psychosomatische Beschwerden (9 Items).

Das Antwortformat bei allen Skalen war 5-stufig. 1 entsprach »Stimmt gar nicht«, 5 entsprach »Stimmt völlig«. Für die Skalen Depressive Verstimmungen und Psychosomatische Beschwerden änderte sich das Antwortformat in 1 »Gar keine« und 5 »Sehr stark«.

Die Quellenangaben zu den einzelnen Skalen finden sich in den vorangegangenen Kapiteln.

## 2.2.5 Ergebnisse

In Tabelle 2.2.1 finden sich die Reliabilitäten, Mittelwerte und Standardabweichungen der verschiedenen Skalen.

Tabelle 2.2.1: Interne Konsistenz, Mittelwerte und Standardabweichungen der Skalen (N = 199)

| Skalen des Fragebogens | Cronbachs Alpha | Mittelwert der Skala | Standardabweichung |
|---|---|---|---|
| Positive Psychologie | .74 | 3.41 | .61 |
| Selbstdisziplin | .79 | 3.02 | .63 |
| Anwendung von Lerntechniken | .83 | 3.75 | .66 |
| Finanzielles Selbstmanagement | .84 | 3.46 | .82 |
| Smalltalk und Networking | .73 | 3.26 | .60 |
| Zielklarheit | .82 | 3.61 | .69 |
| Optimismus | .81 | 3.56 | .80 |
| Selbstwirksamkeitserwartungen | .86 | 3.64 | .58 |
| Resilienz | .82 | 3.96 | .52 |
| Motivation | .90 | 3.46 | .76 |
| Stress | .92 | 2.42 | .92 |
| Arbeits-/Studienzufriedenheit | .92 | 3.69 | .78 |
| Depressive Verstimmungen | .88 | 1.82 | .87 |
| Psychosomatische Beschwerden | .84 | 1.83 | .81 |

Die Korrelationen zwischen den Stufen des Modells des Positiven Selbstmanagements finden sich in den nachfolgenden drei Tabellen.

Tabelle 2.2.2: Korrelationen zwischen den Selbstmanagementkompetenzen und den kognitiven, motivationalen und emotionalen Konsequenzen (N = 199)

| | (2) Moti | (2) Opt | (2) Swe | (2) Resi |
|---|---|---|---|---|
| **(1) PoPsy** | .35** | .47** | .51** | .54** |
| **(1) Smallt** | .19** | .19** | .30** | .28** |
| **(1) Lernt** | .31** | .44** | .28** | .38** |
| **(1) Finanz** | .21** | .10 | .18* | .22** |
| **(1) Zielkl** | .35** | .28** | .46** | .52** |
| **(1) Sedisz** | .35** | .21** | .22** | .32** |

Anmerkungen:

PoPsy = Positive Psychologie
Smallt = Smalltalk
Lernt = Anwendung von Lerntechniken
Finanz = Finanzielles Selbstmanagement
Zielkl = Zielklarheit
Sedisz = Selbstdisziplin

Moti = Motivation
Opt = Optimismus
Swe = Selbstwirksamkeitserwartungen
Resi = Resilienz

Die Zahlen in Klammern signalisieren die Position der Skala im Modell des Positiven Selbstmanagements, (1) Teil der Selbstmanagementkompetenzen, (2) Teil der kognitiven, motivationalen und emotionalen Konsequenzen.

* p < .05; ** p < .01

Tabelle 2.2.3: Korrelationen zwischen den kognitiven, motivationalen und emotionalen Konse-quenzen und den langfristigen Konsequenzen (N = 199)

| | (3) Str | (3) Zufr | (3) DeprVe | (3) PsychBe |
|---|---|---|---|---|
| **(2) Moti** | –.31** | .53** | –.37** | –.23** |
| **(2) Opt** | –.49** | .30** | –.58** | –.37* |
| **(2) Swe** | –.28** | .20* | –.43** | –.21** |
| **(2) Resi** | –.38** | .30** | –.49** | –.33** |

Anmerkungen:

Moti = Motivation
Opt = Optimismus
Swe = Selbstwirksamkeitserwartungen
Resi = Resilienz

Str = Stress
Zufr = Zufriedenheit
DeprVe = Depressive Verstimmungen
PsychBe = Psychosomatische Beschwerden

Die Zahlen in Klammern signalisieren die Position der Skala im Modell des Positiven Selbstmanagements, (2) Teil der kognitiven, motivationalen und emotionalen Konsequenzen, (3) Teil der langfristigen Konsequenzen.

* p < .05; ** p < .01

Tabelle 2.2.4: Korrelationen zwischen den Selbstmanagementkompetenzen und den langfristigen Konsequenzen (N = 199)

| | (3) Str | (3) Zufr | (3) DeprVe | (3) PsychBe |
|---|---|---|---|---|
| **(1) PoPsy** | −.19** | .25** | −.35** | −.14* |
| **(1) Smallt** | .04 | .10 | −.10 | .02 |
| **(1) Lernt** | −.25** | .30** | −.38** | −.25** |
| **(1) Finanz** | −.05 | .13 | −.12 | −.06 |
| **(1) Zielkl** | −.13 | .31** | −.34** | −.12 |
| **(1) Sedisz** | −.08 | .26** | −.27** | −.13 |

Anmerkungen:

PoPsy = Positive Psychologie
Smallt = Smalltalk
Lernt = Anwendung von Lerntechniken
Finanz = Finanzielles Selbstmanagement
Zielkl = Zielklarheit
Sedisz = Selbstdisziplin

Str = Stress
Zufr = Zufriedenheit
DeprVe = Depressive Verstimmungen
PsychBe = Psychosomatische Beschwerden

Die Zahlen in Klammern signalisieren die Position der Skala im Modell des Positiven Selbstmanagements, (1) Teil der Selbstmanagementkompetenzen, (3) Teil der langfristigen Konsequenzen.

* $p < .05$; ** $p < .01$

## 2.2.6 Zusammenfassung und Diskussion der Ergebnisse

In Leithypothese 1 wurde erwartet, dass die Selbstmanagementkompetenzen, Positive Psychologie, Selbstdisziplin, Smalltalk und Networking, Anwendung von Lerntechniken, Finanzielles Selbstmanagement und Zielklarheit, positiv mit den kognitiven, motivationalen und emotionalen Konsequenzen (Optimismus, Resilienz, Selbstwirksamkeit und Motivation) korrelieren. Dies hat sich gezeigt. Alle Korrelationen, bis auf eine Ausnahme, waren signifikant positiv. Somit kann man Leithypothese 1 als bestätigt ansehen.

In Leithypothese 2 wurde erwartet, dass die kognitiven, motivationalen und emotionalen Konsequenzen positiv mit Zufriedenheit und negativ mit Stress, depressiven Verstimmungen und psychosomatischen Beschwerden korrelieren. Auch dies hat sich gezeigt. Optimismus, Selbstwirksamkeitserwartungen, Resilienz und Motivation korrelieren durchgehend signifikant positiv mit Zufriedenheit. Gleichzeitig korrelieren sie signifikant negativ mit den Faktoren Stress, Depressive Verstimmung sowie Psychosomatischen Beschwerden. Leithypothese 2 gilt somit ebenfalls als bestätigt.

In der dritten Leithypothese wurde erwartet, dass die Selbstmanagementkompetenzen, Positive Psychologie, Selbstdisziplin, Smalltalk und Networking, Anwendung von Lerntechniken, Finanzielles Selbstmanagement und Zielklarheit, positiv mit Zufriedenheit und negativ mit Stress, depressiven Verstimmungen und psychosomatischen Beschwerden korrelieren. Hierfür ergibt sich ein sehr durchwachsenes Bild. Bezüglich den Konstrukten Positive Psychologie sowie Lerntechniken, kann man feststellen, dass die Hypothese bestätigt wurde. Bezüglich Smalltalk und Finanziellem Selbstmanagement ließ sich keine signifikante Korrelation finden. Zielklarheit und Selbstdisziplin korrelieren signifikant positiv mit Zufriedenheit als auch signifikant negativ mit Depressiver Verstimmung. Bezüglich Stress und Psychosomatischen Beschwerden gab es keine signifikante Korrelation. Zusammenfassend lässt sich somit sagen, dass Leithypothese 3 als teilweise bestätigt angesehen werden kann.

Die Untersuchung bestätigt somit die Grundannahme des Modells des Positiven Selbstmanagements, welches besagt, dass es signifikante Korrelationen zwischen Selbstmanagementkompetenzen und kognitiven, motivationalen und emotionalen Konsequenzen gibt. Gleichzeitig gibt es signifikante Korrelationen zwischen kognitiven, motivationalen und emotionalen Konsequenzen mit langfristigen Konsequenzen.

Wie ist die Studie methodisch zu bewerten? Es handelte sich bei der Studie um eine Korrelationsstudie, die nichts über die Kausalrichtungen aussagt. Dennoch wissen wir, wie die Dinge miteinander zusammenhängen. Die Stichprobe ist mit 199 Personen sehr groß, die Skalen besitzen eine hohe interne Konsistenz von mindestens .73, wobei viele im .80er Bereich verortet sind. Die Studie wurde im Feld durchgeführt und man kann Verfälschungen durch ein Laborsetting somit ausschließen. Dadurch besitzt die Studie eine hohe externe Validität.

Bezüglich der Anwendungsmöglichkeiten ist zunächst die Personalauswahl zu nennen. Insbesondere in einer Zeit, in der Empowerment und Selbständigkeit eine immer größere Bedeutung erfährt, wäre es sinnvoll, den Selbstmanagementkompetenzen eine hohe Beachtung zu schenken.

Wenn die Selbstmanagementkompetenzen von den Bewerbern nicht mitgebracht werden, ist es nötig, diese im Rahmen von Personalentwicklungsmaßnahmen zu trainieren. Auch hier erschließt sich ein weites Anwendungsfeld. Die Förderung von positiven Selbstmanagementkompetenzen könnte sich unter anderem in einer höheren Lebensqualität niederschlagen. Wie Trainings zur Steigerung dieser Kompetenzen aussehen, findet der Leser weiter hinten in diesem Buch.

Welche Fragen sollen in der zukünftigen Forschung beantwortet werden?

Zukünftige Forschung hat vor allem die Frage zu beantworten, wie sparsame Interventionen aussehen, die dennoch einen Kompetenzzuwachs bei den Selbstmanagementkompetenzen und den kognitiven, motivationalen und emotionalen Kompetenzen nach sich zieht. Gesucht sind Interventionen, die Aufwärtspiralen im Sinne von Fredricksons Broaden-and-Build-Theory (2001) in Gang bringen.

Wie eingangs erwähnt, wurde die vorliegende Studie zeitgleich mit der Studie durchgeführt, die in Kapitel 2.1 vorgestellt wurde. Sie deckt einen anderen Teil der Selbstmanagementkompetenzen ab und ergänzt sie somit.

### 2.2.7 Literatur

Fredrickson, B. L. (2001). The role of positive emotions in positive psychology: The broaden-and-build theory of positive emotions. American Psychologist 56, 218-226.

## 2.3 Positive Psychologie und psychische Gesundheit

Kristina Bader und Nadine Balzer

### 2.3.1 Fragestellung und Hypothesen

In der folgenden Untersuchung wurden Studierende (erstes Semester) der Hochschule der Polizei des Landes Rheinland-Pfalz mittels eines Fragebogens zu ihren Selbstmanagementkompetenzen (Braun, 2015), ihrem Stresserleben, ihrer Motivation, ihrer Arbeitszufriedenheit, ihrer depressiven Verstimmung sowie ihren psychosomatischen Beschwerden befragt. Ziel dieser Studie war es, mögliche Stärken und Schwächen der Studierenden hinsichtlich der erfassten Selbstmanagementkompetenzen aufzudecken, um bei Bedarf mögliche Förderungsmaßnahmen abzuleiten. Auch lag der Fokus darauf, das aus vorangegangenen Forschungsergebnissen abgeleitete theoretische Rahmenmodell mit Hilfe der vorliegenden Studie zu überprüfen. Hierbei wurde angenommen, dass die Selbstmanagementkompetenzen einer Person mit ihrer Selbstwirksamkeit, ihrem Optimismus und ihrer Resilienz positiv korrelieren. Des Weiteren wurde vermutet, dass die Faktoren Selbstwirksamkeit, Optimismus und Resilienz einerseits positiv mit Arbeitszufriedenheit und Motivation zusammenhängen, andererseits negativ mit Stresserleben, depressiven Verstimmungen und psychosomatischen Beschwerden. In einem weiteren Schritt wurde anhand des Datensatzes überprüft, ob die Faktoren Resilienz, Optimismus und Selbstwirksamkeitserwartung einen vermittelten Einfluss auf diesen Zusammenhang nehmen und somit als Mediator anzusehen sind. Entsprechend wurde kontrolliert, ob Menschen, die über ausreichende Selbstmanagementkompetenzen und protektive Ressourcen verfügen, eher mit ihrer Arbeit zufrieden und motivierter sind sowie weniger Stress erleben, und weniger unter depressiver Verstimmung und psychosomatischen Beschwerden leiden, als Menschen mit geringeren Selbstmanagementkompetenzen.

## 2.3.2 Methode

Die Erhebung fand im Rahmen eines Gesamtprojektes der Universität Koblenz-Landau und der Hochschule der Polizei Rheinland-Pfalz statt. Der Fragebogen wurde im Rahmen einer Präsenzveranstaltung im Bachelorstudiengang ausgeteilt und bearbeitet. Die Befragung erfolgte im Paper-Pencil-Format. In der Einleitung des Fragebogens wurde den Studierenden das Antwortformat erklärt und darüber informiert, dass ihre Daten anonym verwendet werden. Für die Beantwortung der Fragebögen erhielten die Versuchspersonen jeweils eine halbe Stunde Zeit.

### 2.3.3 Befragungspersonen

Im Rahmen dieser Studie wurden insgesamt 260 Studierende der Hochschule der Polizei des Landes Rheinland-Pfalz befragt. Bei allen Teilnehmern handelte es sich um Erstsemester, die im Jahr der Studiendurchführung ihr Studium aufgenommen hatten. Bei dem Studium handelt es sich um einen dreijährigen Bachelorstudiengang, der sich in Studienblöcke, in denen die Studierenden am Campus Hahn studieren, und in Praxisblöcke, in denen die Studierenden ein Praktikum an einer Dienststelle absolvieren, gliedert. Zum Zeitpunkt der Erhebung befanden sich alle Erstsemester im ersten Studienblock und hatten noch keine praktischen Erfahrungen innerhalb des Studiums gesammelt. Ein Großteil der Studierenden wohnt in den Wohnheimen auf dem Campus, sodass sie viel Zeit miteinander verbringen können und keine weite Anreise haben.

Von den insgesamt 260 Befragten waren 186 (73 %) männlich und 70 (27 %) weiblich. 4 Personen machten keine Angabe zu ihrem Geschlecht. Das Durchschnittsalter lag zwischen 20 bis 24 (58 %) Jahren. Kein Teilnehmer war 40 Jahre und älter. Der Anteil der bis 19 Jährigen lag bei 21 % und der der 25 bis 29 Jährigen bei 17 %. Die restlichen Teilnehmer verteilten sich auf die Altersgruppe 30 bis 39 Jahre (4 %). Als höchster Bildungsabschluss wurde mit 73 % (186) meist die Allgemeine Hochschulreife angegeben. Die Übrigen 27 % setzten sich in abnehmender Reihenfolge aus der Fachgebundenen Hochschulreife (18 %), dem Hochschulabschluss (5 %), der Mittleren Reife (4 %) sowie einer Promotion (< 1 %) zusammen. Keiner der Studierenden gab an, einen Hauptschulabschluss oder keinen Abschluss zu besitzen.

### 2.3.4 Fragebogen

Der Fragebogen bestand aus insgesamt 20 Skalen. Die Skalen die eingesetzt wurden, waren Positive Psychologie (10 Items), Ziele und Zielklarheit (5 Items), Selbstdisziplin (5 Items), Zeitmanagement & Arbeitstechniken (5 Items), Selbst-PR (5 Items), Smalltalk und Networking (5 Items), Einschränkende Überzeugungen (5 Items), Emotionsregulation (5 Items), Problemlösetechniken (5 Items), Gesundheitsvorsorge & Vitalität (5 Items), Anwendung von Lerntechniken (5 Items), Finanzielles Selbstmanagement (5 Items), Selbstwirksamkeitserwartungen (10 Items), Optimismus (5 Items), Resilienz (13 Items), Stress (5 Items), Motivation (5 Items), Arbeitszufriedenheit (5 Items), Depressive Verstimmung (6 Items), sowie Psychosomatische Beschwerden (9 Items).

Das Antwortformat bei allen Skalen war 5-stufig. 1 entsprach »Stimmt gar nicht«, 5 entsprach »Stimmt völlig«. Für die Skalen Psychosomatische Beschwerden sowie depressive Verstimmung änderte sich das Antwortformat in 1 »Gar keine« und 5 »Stark«.

### 2.3.5 Ergebnisse

Für die verschiedenen Subskalen wurden zunächst die Reliabilitäten geprüft (vgl. Tab. 2.3.1). Hinsichtlich der durch Cronbachs $\alpha$ geschätzten Reliabilitäten zeigte sich, dass diese bei den meisten Skalen bei mindestens $\alpha = .70$ liegt. Bei den Skalen mit einer internen Konsistenz knapp unter $\alpha = .70$ kann jedoch davon ausgegangen werden, dass die Items die zugrundeliegende latente Dimension angemessen repräsentieren.

Tabelle 2.3.1: Anzahl der Items und Cronbachs Alpha ($\alpha$) der zur Erfassung verwendeten Skalen

| Skalen | Anzahl der Items | Cronbachs Alpha |
|---|---|---|
| Positive Psychologie | 10 | .60 |
| Zielklarheit | 5 | .78 |
| Selbstdisziplin | 5 | .83 |
| Zeitmanagement und Arbeitstechniken | 5 | .72 |
| Selbst-PR | 5 | .70 |
| Smalltalk und Networking | 5 | .71 |
| Einschränkende Überzeugungen | 5 | .71 |
| Emotionsregulation | 5 | .67 |
| Problemlösetechniken | 5 | .75 |
| Gesundheitsvorsorge und Vitalität | 5 | .71 |
| Anwendung von Lerntechniken | 5 | .80 |
| Finanzielles Selbstmanagement | 5 | .78 |
| Selbstwirksamkeitserwartung | 10 | .83 |
| Optimismus | 5 | .68 |
| Resilienz | 13 | .83 |
| Stress | 5 | .90 |
| Motivation | 5 | .82 |
| Arbeitszufriedenheit | 5 | .90 |
| Depressive Verstimmung | 6 | .80 |
| Psychosomatische Beschwerden | 9 | .67 |

In einem weiteren Schritt wurden mithilfe des vorliegenden Datensatzes die statistischen Kennwerte der verschiedenen Skalen betrachtet. Berichtet werden eine 4-Punkte Zusammenfassung sowie die Standardabweichungen der jeweiligen Skalenmittelwerte.

Tabelle 2.3.2: Deskriptive Statistiken der Skalen (N = 260)

| Skalen | Min | Median | M | SD | Max |
|---|---|---|---|---|---|
| Positive Psychologie | 2.40 | 3.60 | 3.57 | .37 | 4.70 |
| Zielklarheit | 2.40 | 4.20 | 4.11 | .55 | 5.00 |
| Selbstdisziplin | 1.00 | 3.40 | 3.46 | .70 | 5.00 |
| Zeitmanagement und Arbeitstechniken | 1.20 | 3.20 | 3.16 | .73 | 5.00 |
| Selbst-PR | 2.00 | 3.60 | 3.60 | .53 | 5.00 |
| Smalltalk und Networking | 1.40 | 3.80 | 3.73 | .57 | 5.00 |
| Einschränkende Überzeugungen | 1.40 | 2.80 | 2.94 | .74 | 5.00 |
| Emotionsregulation | 2.00 | 3.80 | 3.79 | .53 | 5.00 |
| Problemlösetechniken | 2.00 | 3.60 | 3.63 | .55 | 5.00 |
| Gesundheitsvorsorge und Vitalität | 2.00 | 4.20 | 4.08 | .69 | 5.00 |
| Anwendung von Lerntechniken | 1.60 | 3.80 | 3.67 | .67 | 5.00 |
| Finanzielles Selbstmanagement | 1.40 | 3.80 | 3.66 | .75 | 5.00 |
| Selbstwirksamkeitserwartung | 2.30 | 3.80 | 3.82 | .43 | 5.00 |
| Optimismus | 1.60 | 3.80 | 3.77 | .56 | 5.00 |
| Resilienz | 2.69 | 4.15 | 4.20 | .38 | 5.00 |
| Stress | 1.00 | 2.00 | 2.19 | .73 | 4.80 |
| Motivation | 1.60 | 4.00 | 3.91 | .66 | 5.00 |
| Arbeitszufriedenheit | 2.40 | 4.33 | 3.31 | .56 | 5.00 |
| Depressive Verstimmung | 1.00 | 1.17 | 1.28 | .44 | 3.50 |
| Psychosomatische Beschwerden | 1.00 | 1.11 | 1.23 | .30 | 3.00 |

Die deskriptiven Daten zeigen, dass die Studierenden die höchsten Werte auf den Selbstmanagementkompetenzen Zielklarheit (M = 4.11, SD = 0.55) und Gesundheitsvorsorge und Vitalität (M = 4.08, SD = 0.69) aufwiesen. Ferner stimmten die Studierenden auch in weiteren Variablen wie in der Anwendung von Lerntechniken, Problemlösetechniken, Smalltalk und Networking, Positive Psychologie, Finanzielles Selbstmanagement und der Emotionsregulation den Aussagen im Durchschnitt eher zu und schätzten sich somit als kompetent auf diesen Variablen ein. Darüber hinaus hatten die Studierenden bei den Skalen Zeitmanagement und Arbeitstechniken (M = 3.16, SD = 0.73), Selbstdisziplin (M = 3.46, SD = 0.70) und Einschränkende Überzeugungen (M = 2.94, SD = 0.74) im Mittel ebenfalls weder zu- noch dagegen gestimmt. Dort wiesen sie bezüglich der Kompetenzen die geringsten Werte auf.

Ebenfalls erhöhte Mittelwerte weist die Skala Resilienz (M = 4.20, SD = 0.38) auf. Im Gegensatz dazu ergeben sich bei den Skalen Stress (M = 2.19, SD = 0.73), depressive Verstimmung (M = 1.28, SD = 0.44) und psychosomatische Beschwerden (M = 1.23, SD = 0.30) geringere Ausprägungen. Bei Betrachtung der Verteilung der Antworten fällt auf, dass die Streuung insgesamt recht gering ist. Das Minimum der Standardabweichung liegt dabei bei psychosomatischen Beschwerden, während die Streuung anderer Skalen, wie dem Zeitmanagement und Arbeitstechniken, Finanzielles Selbstmanagement und Stress, vergleichsweise hoch ausfällt.

Anschließend folgte die Testung des theoretischen Rahmenmodells. Hierfür wurden Produkt-Moment-Korrelationen berechnet. Die Annahme war, dass die Selbstmanagementkompetenzen einer Person positiv mit ihren individuellen Ressourcen (Selbstwirksamkeitserwartung, Optimismus, Resilienz) korrelieren. Auch wurde eine positive Korrelation zwischen den Ressourcen einer Person und ihrer Arbeitszufriedenheit erwartet. Es wurde auch erwartet, dass die Ressourcen einer Person negativ mit ihrem Stresserleben, ihrer depressiven Verstimmung sowie ihren psychosomatischen Beschwerden zusammenhängen.

Wie Abbildung 2.3.1 eindrücklich verdeutlicht, konnten zwischen den Selbstmanagementkompetenzen und der Variable Selbstwirksamkeitserwartung hoch signifikante Zusammenhänge aufgedeckt werden. Die Korrelationen reichten von r = .22 bis r = .47 und können als mittlere Effekte betrachtet werden. Ein gewünschter signifikant negativer Zusammenhang konnte im Hinblick auf die Variable Einschränkende

Überzeugungen registriert werden. Darüber hinaus wiesen die Zusammenhänge zwischen der Selbstwirksamkeitserwartung und den Skalen Stress (r = -.20, p < .001), Motivation (r = .29, p < .001), Arbeitszufriedenheit (r = .35, p < .001), Depressive Verstimmungen (r = –.24, p < .001) und Psychosomatische Beschwerden (r = –.19, p < .01) ebenfalls signifikante Ergebnisse in die jeweils erwartete Richtung auf.

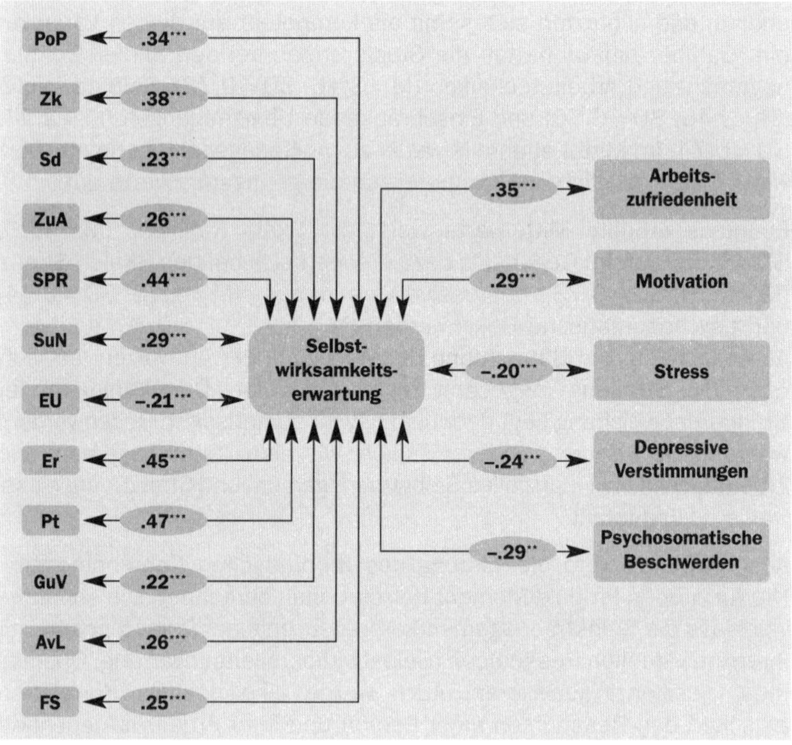


Abbildung 2.3.1: Korrelationen hinsichtlich der Variable Selbstwirksamkeitserwartung

Anmerkungen:

PoP = Positive Psychologie
Zk = Zielklarheit
Sd = Selbstdisziplin
ZuA = Zeitmanagement und Arbeitstechniken
SPR = Selbst-PR
SuN = Smalltalk und Networking
EU = Einschränkende Überzeugungen
Er = Emotionsregulation
Pt = Problemlösetechniken
GuV = Gesundheitsvorsorge und Vitalität
AvL = Anwendung von Lerntechniken
FS = Finanzielles Selbstmanagement

* p < 0.05, ** p < 0.01, *** p < 0.001

Abbildung 2.3.2 zeigt die Zusammenhänge zwischen der Mediatorvariable, Optimismus, und den Selbstmanagementkompetenzen sowie der unter Verhalten gefassten Variablen. Auch hier zeigten sich durchweg signifikante Zusammenhänge in die angenommene Richtung. Zwischen dem Mediator, Optimismus, und den Selbstmanagementkompetenzen, Positive Psychologie, Zielklarheit, Selbstdisziplin, Zeitmanagement und

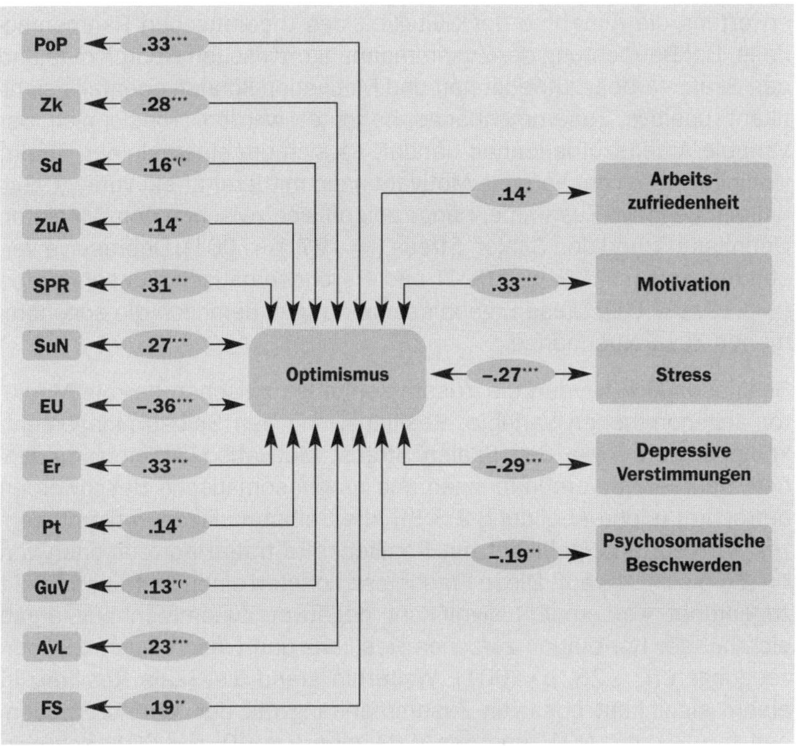


Abbildung 2.3.2: Korrelationen hinsichtlich der Variable Optimismus

Anmerkungen:

PoP = Positive Psychologie
Zk = Zielklarheit
Sd = Selbstdisziplin
ZuA = Zeitmanagement und Arbeitstechniken
SPR = Selbst-PR
SuN = Smalltalk und Networking
EU = Einschränkende Überzeugungen
Er = Emotionsregulation
Pt = Problemlösetechniken
GuV = Gesundheitsvorsorge und Vitalität
AvL = Anwendung von Lerntechniken
FS = Finanzielles Selbstmanagement

* $p < 0.05$, ** $p < 0.01$, *** $p < 0.001$

Arbeitstechniken, Selbst-PR, Smalltalk und Networking, Emotionsregulation, Problemlösetechniken, Gesundheit und Vitalität, Anwendung von Lerntechniken und Finanzielles Selbstmanagement, bestanden signifikant positive Zusammenhänge. Die Korrelation zwischen Einschränkende Überzeugungen und Optimismus wies einen signifikant negativen Zusammenhang auf ($r = -.36$, $p < .001$). Diese Ergebnisse stützen entsprechend der Ergebnisse bezüglich der Skala Selbstwirksamkeitserwartung die Annahme der Gültigkeit des theoretischen Rahmenmodells. Bei Betrachtung der Zusammenhänge zwischen Optimismus und den Skalen Arbeitszufriedenheit und Motivation können ebenfalls signifikant positive Zusammenhänge berichtet werden. Hinsichtlich der Variable Arbeitszufriedenheit handelt es sich um einen kleinen Effekt, wohingegen bei der Variable Motivation ein mittlerer Effekt vorliegt. Signifikant negative Zusammenhänge zeigen sich zwischen dem Mediator, Optimismus, und den Skalen Stress ($r = -.27$, $p < .001$), Depressive Verstimmungen ($r = .29$, $p < .001$) und Psychosomatische Beschwerden ($r = -.19$, $p < .01$). Diese Ergebnisse bestätigen demnach die angenommenen Zusammenhänge.

Schlussendlich werden die Zusammenhänge zwischen der als Mediator angenommenen Variable, Resilienz, und den Selbstmanagementkompetenzen sowie den Skalen Stress, Motivation, Arbeitszufriedenheit, depressive Verstimmungen und psychosomatische Beschwerden betrachtet (siehe Abbildung 2.3.3). Alle Selbstmanagementkompetenzen korrelierten signifikant mit Resilienz. Es traten Korrelationen von $r = .25$ bis $r = .44$ auf. Diese Ergebnisse konnten einem mittleren Effekt zugeordnet werden. Ein signifikant negativer Zusammenhang ergab sich bei der Korrelation zwischen Resilienz und Einschränkende Überzeugungen ($r = -.26$, $p < .001$). Weiterhin stand die Skala Resilienz in einem signifikant positiven Zusammenhang mit der Arbeitszufriedenheit ($r = .39$, $p < .001$) und der Motivation ($r = .40$, $p < .001$) sowie in einem signifikant negativen Zusammenhang mit den Skalen Stress ($r = -.31$, $p < .001$), depressive Verstimmungen ($r = -.39$, $p < .001$) und psychosomatische Beschwerden ($r = -.25$, $p < .001$).

Zusammenfassend kann festgehalten werden, dass alle erfassten Selbstmanagementkompetenzen signifikant mit denen als Mediatoren angenommenen Variablen, Optimismus, Selbstwirksamkeitserwartung und Resilienz, korrelieren. Weiterhin können zwischen den Mediatorvariablen und den Skalen, Arbeitszufriedenheit, Motivation, Stress, Depressive Verstimmungen und Psychosomatische Beschwerden,

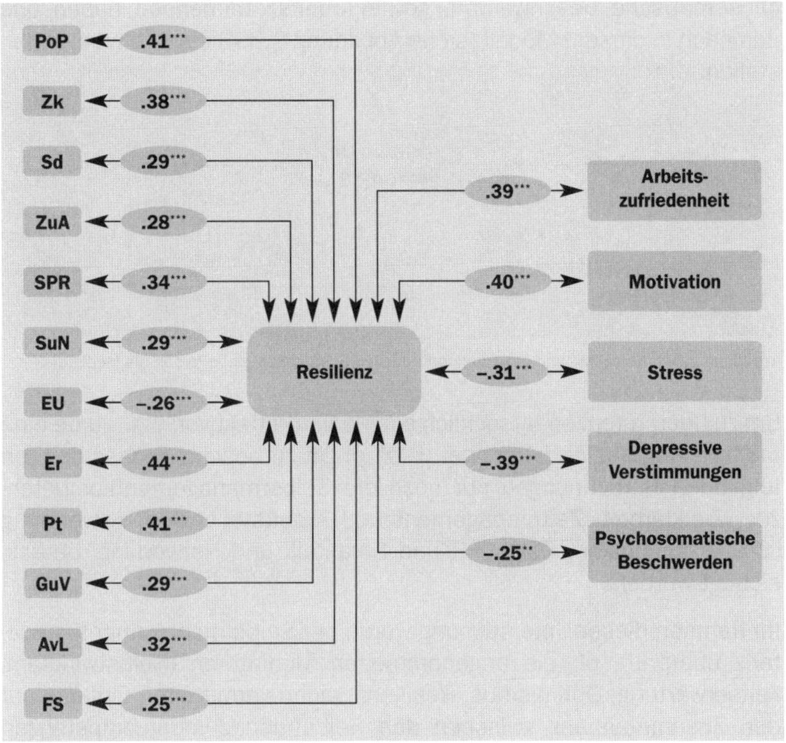

Abbildung 2.3.3: Korrelationen hinsichtlich der Variable Resilienz

Anmerkungen:

PoP = Positive Psychologie
Zk = Zielklarheit
Sd = Selbstdisziplin
ZuA = Zeitmanagement und Arbeitstechniken
SPR = Selbst-PR
SuN = Smalltalk und Networking
EU = Einschränkende Überzeugungen
Er = Emotionsregulation
Pt = Problemlösetechniken
GuV = Gesundheitsvorsorge und Vitalität
AvL = Anwendung von Lerntechniken
FS = Finanzielles Selbstmanagement

* $p < 0.05$, ** $p < 0.01$, *** $p < 0.001$

ebenfalls signifikante Ergebnisse berichtet werden, sodass das theoretische Rahmenmodell als bestätigt angesehen werden kann.

Zur weiteren Prüfung des Rahmenmodells wurde zudem kontrolliert, ob die individuellen Ressourcen einer Person (Selbstwirksamkeitserwartung, Optimismus, Resilienz) einen vermittelnden Effekt auf den Zusammenhang zwischen den Selbstmanagementkompetenzen und den Auswirkungen, wie Stresserleben, depressive Verstimmung, psychosomatische Beschwerden, sowie Arbeitszufriedenheit haben und demnach in diesem Modell (siehe Abbildung 2.3.4) einen Mediator darstellen.

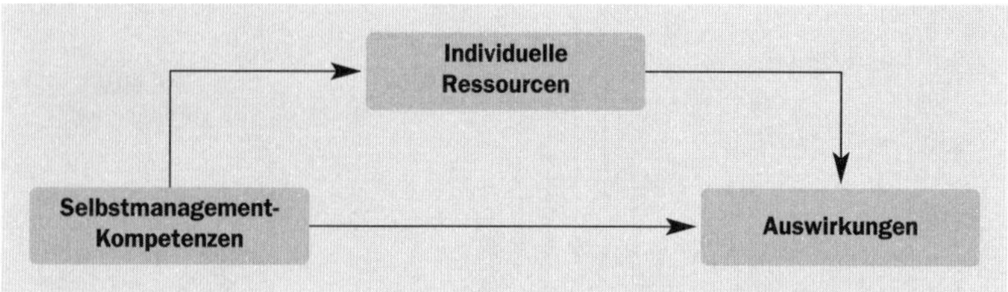


Abbildung 2.3.4: Modellannahme mit den individuellen Ressourcen einer Person als Mediator

Um zu überprüfen, ob tatsächlich ein Mediatoreffekt vorliegt, wurde eine multiple Regression berechnet. Hierbei gilt zu beachten, dass bei den folgenden Berechnungen nur noch die Selbstmanagementkompetenzen, Zielklarheit, Zeitmanagement und Arbeitstechniken, Anwendung von Lerntechniken, Selbst-PR und Smalltalk und Networking, berücksichtigt wurden.

Im Rahmen dieser Untersuchung wurde per Selbstmanagementkompetenz überprüft, ob die angenommenen Mediatoren (Selbstwirksamkeitserwartung, Optimismus, Resilienz) einen vermittelten Einfluss auf den Zusammenhang zwischen den Selbstmanagementkompetenzen und den möglichen Auswirkungen nehmen. Da eine Auflistung aller Ergebnisse den Rahmen dieses Kapitels sprengen würde, wird nun das Vorgehen exemplarisch anhand des Zusammenhangs zwischen Zielklarheit und Stresserleben dargestellt. Im Folgenden ist immer die Sprache von einer vollständigen Mediation, wenn nur der Mediator signifikant wurde, während die unabhängige Variable keinen signifikanten Beitrag zur Vorhersage der abhängigen Variable leistete (Albers, Klapper, Konradt, Walter & Wolf, 2009). Bezogen auf diese Untersuchung bedeutet dies, dass die individuellen Ressourcen einer Person den Zusammenhang zwischen den Selbstmanagementkompetenzen und den möglichen Auswirkungen vollständig vermitteln und die Selbstmanagementkompetenzen keinen Einfluss auf die Auswirkungen nehmen. Auch wäre es denkbar, dass die individuellen Ressourcen und die Selbstmanagementkompetenzen, also beide Prädiktoren, einen Beitrag zur Vorhersage der Auswirkungen leisten, sodass von einer partiellen Mediation gesprochen wird.

Bezogen auf den Zusammenhang zwischen Zielklarheit und Stresserleben wurde ersichtlich (siehe Abbildung 2.3.5), dass Zielklarheit und Stresserleben nicht signifikant zusammenhängen. Es zeigte sich aber, dass Zielklarheit mit allen drei möglichen Mediatoren in positiver, signifikanter Beziehung zueinandersteht. Auch wurde deutlich, dass alle drei Mediatoren einen negativen signifikanten Einfluss auf das Stresserleben nehmen. Mittels der multiplen Regression wurde anschließend der Einfluss der Zielklarheit auf das Erleben von Stress unter Einbindung des Mediators, Selbstwirksamkeitserwartung, untersucht. Hierbei wurde ersichtlich, dass nur die Selbstwirksamkeitserwartung ($t(254) = -3.37$, $\beta = -.219$, $p = .001^{**}$) signifikant wurde, während die Zielklarheit ($t(254) = .125$, $\beta = .008$, $p = .900$) keinen Beitrag zur Vorhersage des Stresserlebens leistete. Aus diesem Grund kann von einer vollständigen Mediation ausgegangen werden.

Auch bei dem Mediator, Optimismus, konnte eine vollständige Mediation nachgewiesen werden, da nur Optimismus das Erleben von Stress signifikant ($t(253) = -4.02$, $\beta = -.253$, $p < .001^{**}$) vorhersagte, während die Zielklarheit keinen Beitrag zur Vorhersage des Stresserlebens leistete ($t(253) = -.017$, $\beta = -.001$, $p = .986$).

Unter Einbindung des Mediators, Resilienz, zeigte sich ebenfalls, dass nur die Variable Resilienz ($t(254) = -5.49$, $\beta = -.347$, $p < .001^{**}$) signifikant wurde, während die Zielklarheit ($t(254) = .865$, $\beta = .055$, $p = .388$) keinen Beitrag zur Vorhersage des Stresserlebens leistete.

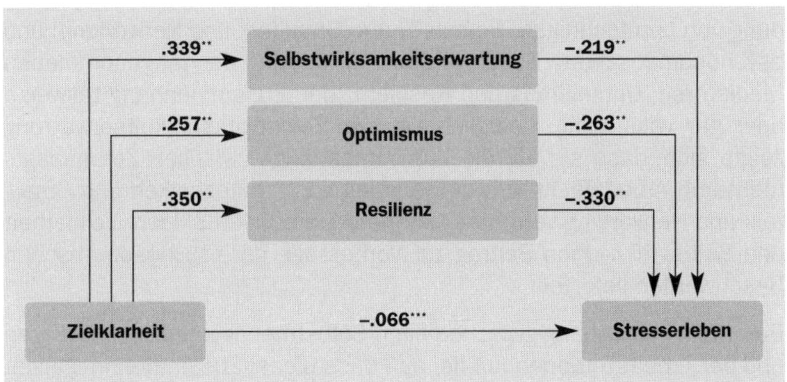


Abbildung 2.3.5: Der Zusammenhang zwischen Zielklarheit und Stresserleben mit den möglichen Mediatoren Selbstwirksamkeitserwartung, Optimismus und Resilienz. Berichtet sind die standardisierten Regressionskoeffizienten, $^{*}p < .05$; $^{**}p < .01$

Zusammenfassend kann festgehalten werden, dass alle drei Mediatoren den Zusammenhang zwischen Zielklarheit und Stresserleben vollständig vermitteln. In einem weiteren Schritt wurde diese Analyse für den Zusammenhang zwischen weiteren Selbstmanagementkompetenzen und Stresserleben durchgeführt. Hierbei zeigte sich, dass der Zusammenhang zwischen den Selbstmanagementkompetenzen (Zielklarheit, Zeitmanagement und Arbeitstechniken, Anwendung von Lerntechniken) und dem Erleben von Stress ebenfalls von allen drei Mediatoren (Selbstwirksamkeitserwartung, Optimismus, Resilienz) vollständig mediiert wird. Im Gegensatz dazu scheinen alle drei Mediatoren den Zusammenhang zwischen Selbst-PR sowie Smalltalk und Networking und der Variable Stress nur partiell zu vermitteln.

Bei Betrachtung der Zusammenhänge zwischen den Selbstmanagementkompetenzen und der depressiven Verstimmung zeigte sich, dass der Zusammenhang zwischen Zielklarheit und depressiver Verstimmung nicht von der Selbstwirksamkeitserwartung, aber von Optimismus und Resilienz vermittelt wird. Im Gegensatz dazu werden die Zusammenhänge zwischen den Kompetenzen Zeitmanagement und Arbeitstechniken sowie der Anwendung von Lerntechniken mit der depressiven Verstimmung vollständig von allen drei Mediatoren mediiert. Bei den Skalen Selbst-PR und Smalltalk und Networking zeigte sich ebenfalls, dass der Zusammenhang durch die Mediatoren vermittelt wird.

Auch beim Zusammenhang zwischen den Selbstmanagementkompetenzen (Zielklarheit, Zeitmanagement und Arbeitstechniken, Anwendung von Lerntechniken, Selbst-PR und Smalltalk und Networking) und psychosomatischen Beschwerden vermitteln die angenommenen Mediatoren, Optimismus und Resilienz, den Zusammenhang teilweise oder gar vollständig. Lediglich bei der Selbstwirksamkeitserwartung zeigte sich, dass sie nur die Zusammenhänge zwischen Zeitmanagement und Arbeitstechniken, Anwendung von Lerntechniken und Smalltalk und Networking vermittelt, während sie bei den Skalen Zielklarheit und Selbst-PR keinen Beitrag zur Vorhersage der psychosomatischen Beschwerden lieferten.

Beim Zusammenhang zwischen allen Selbstmanagementkompetenzen und der Arbeitszufriedenheit fiel auf, dass dieser Zusammenhang nicht von Optimismus, aber von Selbstwirksamkeitserwartung und Resilienz vermittelt wird. Während die Zusammenhänge zwischen den Skalen Selbst-PR und Smalltalk und Networking und der Arbeitszufriedenheit vollständig von der Selbstwirksamkeitserwartung und Resilienz vermittelt werden, mediieren diese Mediatoren den Zusammenhang zwischen Zielklarheit sowie Anwendung von Lerntechniken und der Arbeitszufriedenheit nur partiell. Optimismus hingegen hat keinen vermittelnden Effekt auf den Zusammenhang zwischen Selbstmanagementkompetenzen und der Arbeitszufriedenheit.

### 2.3.6 Zusammenfassung und Diskussion

Das Ziel der Studie bestand unter anderem darin Stärken und Schwächen von Studierenden an der Hochschule der Polizei im Hinblick auf erfasste Selbstmanagementkompetenzen zu identifizieren. Die deskriptiven Daten zeigten, dass sich die Studierenden im Durchschnitt eher positiv hinsichtlich der Selbstmanagementkompetenzen einschätzten. Sie stimmten den Aussagen im Mittel eher zu. Niedrigere Ausprägungen wurden im Durchschnitt bei den Kompetenzen Zeitmanagement und Arbeitstechniken sowie Einschränkenden Überzeugungen erreicht. Zusammenfassend kann demnach angenommen werden, dass sich die Studierenden in einigen Selbstmanagementkompetenzen bereits als kompetent einschätzen, allerdings gerade das Zeitmanagement betreffend Förderungsbedarf besteht. Ebenfalls betrachtet wurde das in Kapitel 1 beschriebene theoretische Rahmenmodell. Dabei lag das Interesse auf der Prüfung der Gültigkeit der dort getroffenen Annahmen. Überprüft wurden die Zusammenhänge der Selbstmanagementkompetenzen mit den individuellen Ressourcen Selbstwirksamkeitserwartung, Optimismus und Resilienz. Zudem sollte der Effekt dieser auf die Arbeitszufriedenheit, die Motivation, den Stress und die psychische Gesundheit überprüft werden. Deckend mit den im Modell getroffenen Annahmen zeigten sich signifikante Zusammenhänge zwischen den Selbstmanagementkompetenzen und den Skalen Selbstwirksamkeit, Optimismus und Resilienz in die erwarteten Richtungen. Auch der Zusammenhang zwischen den individuellen Ressourcen und dem Erleben von Stress, depressiver Verstimmung und psychosomatischen Beschwerden war – wie vermutet – negativ und signifikant. Es zeigte sich zudem, dass die individuellen Ressourcen mit einer hohen Arbeitszufriedenheit und Motivation einhergehen. Sowohl die vermuteten Zusammenhänge zwischen den Selbstmanagementkompetenzen und den individuellen Ressourcen als auch die Zusammenhänge zwischen den individuellen Ressourcen und den Variablen Arbeitszufriedenheit,

Motivation, Stress, depressive Verstimmungen und psychosomatischen Beschwerden haben sich somit bestätigt. Das theoretische Rahmenmodell kann also auf Basis der Korrelationen als gültig betrachtet werden.

In einem weiteren Schritt wurde das Modell anhand von Mediatoranalysen überprüft. Hierbei zeigte sich, dass der Zusammenhang zwischen den Selbstmanagementkompetenzen und dem Erleben von Stress durch alle drei individuellen Ressourcen vollständig bzw. partiell vermittelt wird. Bei den Zusammenhängen zwischen den Facetten des Selbstmanagements und depressiver Verstimmung sowie den psychosomatischen Beschwerden zeigte sich ein ähnliches Muster. Allerdings konnte nicht bei allen Zusammenhängen ein Mediatoreffekt nachgewiesen werden. Des Weiteren wurde ersichtlich, dass Optimismus den Zusammenhang zwischen den Selbstmanagementkompetenzen und der Arbeitszufriedenheit in keinem Fall mediiert.

Im Hinblick auf die Studie ergeben sich einige Einschränkungen. Zur Erfassung der Selbstmanagementkompetenzen sowie der psychischen Gesundheit wurde ein Paper-Pencil-Fragebogen verwendet, den die Studierenden im Rahmen einer Pflichtveranstaltung in Form von Selbstauskünften ausfüllen sollten. Diese Umstände können dazu geführt haben, dass in einem besonderen Maße sozial erwünscht geantwortet wurde. Es wäre demnach möglich, dass Studierende lieber Antworten gaben, von denen sie glaubten, dass sie eher auf Zustimmung stoßen als ihre wahrheitsgetreue Antwort. Zudem könnte der Eindruck entstanden sein, dass eine Teilnahme an der Studie verpflichtend ist und zur Wahrnehmung einer Freiheitseinschränkung geführt haben, sodass Reaktanz ausgelöst wurde, was ebenfalls mit einer Antwortverfälschung einhergehen kann. Des Weiteren neigen Menschen bei Fragebögen mit fünfstufigen Items dazu, die mittlere Möglichkeit zu wählen. Dies nennt man die »Tendenz zur Mitte« (Moosbrugger & Kelava, 2012). Folgen können eine geringe Itemvarianz und Verzerrungen darstellen (Jankisz & Moosbruger, 2008). Die Motivation der Teilnehmer ist ebenfalls ein entscheidender Aspekt. Das Ausmaß der Motivation hat Auswirkungen auf die Genauigkeit der Itembeantwortung (Bühner, 2006). Dabei ist die Motivation nicht nur zu Beginn der Untersuchung entscheidend, sondern während der gesamten Testbearbeitung. So kann die Länge des Fragebogens von 20 Skalen über die Bearbeitungszeit hinweg zu einer Abnahme der Motivation geführt haben, wodurch beispielsweise Items im letzten Drittel des Tests mit geringer Genauigkeit beantwortet wurden. Im Vergleich dazu stellt sich jedoch zusätzlich die Frage, ob die geringe Anzahl der Items (z. B. fünf zur Erfassung der Zielklarheit) die jeweiligen Konstrukte ausreichend erfassten. Zudem ist gerade die Arbeitszufriedenheit abhängig von der akuten Stimmung der Teilnehmer. Eine positive Stimmung führt tendenziell dazu, dass die Arbeitszufriedenheit positiver eingeschätzt wird, als wenn sich die Person in einer negativen Stimmung befindet (Kauffeld & Schermuly, 2011). Im Hinblick auf die Stichprobegröße kann bei 258 Teilnehmern, davon ausgegangen werden, dass der Hypothesenprüfung eine ausreichend große Stichprobe zugrunde gelegt werden konnte. Auffällig ist jedoch, dass deutlich mehr männliche als weibliche Studierende vertreten waren, sodass die Repräsentativität dieser Stichprobe in Frage zu stellen ist. Betrachtet man darüber hinaus die Zusammensetzung der Stichprobe, so lässt sich feststellen, dass ausschließlich Studierende der Hochschule der Polizei des Landes Rheinland-Pfalz (Campus Hahn) an der Umfrage teilgenommen haben. Da diese Studierenden bereits während ihrer Ausbildung ein geregeltes Einkommen erhalten und den Beamtenstatus genießen, befinden sie sich in einer besonderen beruflichen Situation, die nicht unbedingt mit der Arbeitswelt der Allgemeinbevölkerung vergleichbar ist. Sie streben demnach einen Beruf an, der durch die Verbeamtung bereits Sicherheiten und Privilegien bietet. Aus diesem Grund wäre es denkbar, dass Studierende der Polizei weniger Ängste haben, ihren Arbeitsplatz zu verlieren, als Menschen anderer Berufsgruppen. Auch lässt sich durch die Wahl eines krisensicheren Berufs vermuten, dass Studierende der Hochschule der Polizei optimistischer durchs Leben gehen können als andere Personen. Bezogen auf den Zusammenhang zwischen den Selbstmanagementkompetenzen und der Arbeitszufriedenheit könnte dies bedeuten, dass andere Faktoren, wie beispielsweise situative Einflüsse, die Arbeitszufriedenheit der Studierenden mehr beeinflussen als der Optimismus selbst. Auch wäre es möglich, dass die Arbeitsplatzsicherheit selbst für die Arbeitszufriedenheit schon so ausschlaggebend ist, dass der Optimismus wenig Einfluss auf die Arbeitszufriedenheit nimmt.

Wie die Ergebnisse dieser Studie eindrucksvoll zeigen, scheint es Zusammenhänge zwischen den Selbstmanagementkompetenzen einer Person und ihrer psychischen Gesundheit zu geben. Demnach müsste eine Verbesserung der Selbstmanagementkompetenzen zu einer Steigerung des Wohlbefindens und der psychischen Gesundheit führen. Dieses Ergebnis legt die Vermutung nahe, dass es möglich sein müsste,

Menschen in ihren Selbstmanagementkompetenzen zu trainieren, was sich positiv auf ihr Stresserleben, ihre depressive Verstimmung, ihre psychosomatischen Beschwerden und ihre Arbeitszufriedenheit auswirken müsste. Wenn Menschen ihre Selbstmanagementkompetenzen eigenständig trainieren könnten, hätte dies zur Folge, dass sie selbst Einfluss auf ihre psychische Gesundheit nehmen können. Dies hat direkte Implikationen auf den klinischen Bereich sowie die Arbeitswelt. Während sich im klinischen Bereich bereits Selbstmanagement-Trainings durchgesetzt haben und als sehr effektiv gelten, finden sie in der Arbeitswelt noch wenig Anwendung. Aus diesem Grund wäre es wünschenswert, wenn sich die Erkenntnisse aus der klinischen Forschung auf die Arbeitswelt übertragen ließen. Um nun zu überprüfen, ob ein Selbstmanagement-Training zu einer Verbesserung der psychischen Gesundheit beiträgt, wäre es sinnvoll ein Selbstmanagement-Training durchzuführen und anschließend zu evaluieren. Sollte sich dies als erfolgsversprechend erweisen, könnten viele Unternehmen großes Interesse daran haben, ihre Mitarbeiter in den Selbstmanagementkompetenzen zu schulen. Da die Selbstmanagementkompetenzen einer Person auch mit ihren individuellen Ressourcen korrelierten, müsste eine Verbesserung der Selbstmanagementkompetenzen ebenfalls zu einer Stärkung der individuellen Ressourcen führen. Demnach scheinen Menschen mit erhöhten Selbstmanagementkompetenzen auch über eine höhere Selbstwirksamkeitserwartung, einen höheren Optimismus sowie eine höhere Resilienz zu verfügen. Aus diesem Grund kann geschlussfolgert werden, dass sich ein Selbstmanagementtraining nicht nur positiv auf die psychische Gesundheit auswirkt, sondern auch die Ressourcen einer Person stärkt. Wie die Resultate der Mediatoranalyse zeigen, scheinen die individuellen Ressourcen einer Person häufig den Zusammenhang zwischen ihren Selbstmanagementkompetenzen und ihrem Stresserleben, ihrer depressiven Verstimmung, ihren psychosomatischen Beschwerden sowie ihrer Arbeitszufriedenheit zu vermitteln.

Aus den Ergebnissen ergeben sich demnach interessante Implikationen, die in zukünftigen Forschungen überprüft werden sollten. Zum einen sollte die Wirksamkeit eines Kompetenztrainings überprüft werden. Dabei wäre besonders ein Vergleich zwischen einer Experimentalgruppe mit Kompetenztraining und einer Kontrollgruppe ohne Training ansprechend. Zudem könnten die Auswirkungen eines Kompetenztrainings auf die Leistungen beispielsweise in Form von Klausuren überprüft werden. Solche Längsschnitt-Designs könnten schließlich dazu genutzt werden, mögliche Kausalzusammenhänge aufzudecken, was in dieser Korrelationsstudie nicht möglich war. Des Weiteren wäre eine Wiederholung der Studie an einer nicht studentischen Stichprobe sinnvoll, um die Übertragbarkeit auf den Arbeitskontext zu prüfen. Beispielsweise wäre es ideal mit Organisationen und Unternehmen zusammenzuarbeiten und deren Mitarbeiter zu befragen.

### 2.3.7 Literatur

Albers, S., Klapper, D., Konradt, U., Walter, A. & Wolf, J. (2009). Methodik der empirischen Forschung. Wiesbaden: Gabler Verlag.

Braun, O. L. (2015). Fragebogen zum Selbstmanagement. Unveröffentlichter Forschungsbericht Universität Koblenz-Landau.

Bühner, M. (2006). Einführung in die Test- und Fragebogenkonstruktion. (2. Aufl.) München: Pearson Studium.

Jankisz, E. & Moosbrugger, H. (2008) Planung und Entwicklung von psychologischen Tests und Fragebogen. In H. Mousbrugger & A. Kelava (Hrsg.), Testtheorie und Fragebogenkonstruktion (S.27-72). Berlin: Springer-Verlag.

Kauffeld, S. & Schermuly, C. C. (2011). Personalentwicklung. In S. Kauffeld (Hrsg.). Arbeits-, Organisations- und Personalpsychologie. Heidelberg: Springer.

Moosbrugger, H. & Kelava, A. (2012). Testtheorie und Fragebogenkonstruktion. Heidelberg: Springer.

## 2.4 Selbstmanagement und Leistung

Theresa Pfleghar

### 2.4.1 Fragestellung und Hypothesen

In diesem Kapitel wird der Frage nachgegangen, ob es einen Zusammenhang zwischen ausgewählten Selbstmanagementkompetenzen einerseits und mündlichen und schriftlichen Prüfungsleistungen andererseits gibt. Dazu wurden folgende Leithypothesen formuliert:

Leithypothese 1: Es besteht ein Zusammenhang zwischen folgenden Selbstmanagementkompetenzen und Prüfungsleistung: Positive Psychologie (positiver Zusammenhang), Selbstdisziplin (positiver Zusammenhang), Zeitmanagement & Arbeitstechniken (positiver Zusammenhang), Lerntechniken (positiver Zusammenhang), Dysfunktionale Kognitionen (negativer Zusammenhang).

Leithypothese 2: Die Leistung der Personengruppe mit überdurchschnittlichen Werten in den Selbstmanagementkompetenzen Positive Psychologie, Selbstdisziplin, Zeitmanagement & Arbeitstechniken und Lerntechniken sind besser, als die Leistungen der Personengruppe mit unterdurchschnittlichen Werten in den entsprechenden Selbstmanagementkompetenzen.

### 2.4.2 Methode

Die Erhebung fand im Zuge eines Forschungsprojektes der Universität Koblenz-Landau und der Landespolizeischule Rheinland-Pfalz statt. Der Fragebogen wurde im Rahmen einer Präsenzveranstaltung im Bachelorstudiengang ausgeteilt und bearbeitet. Die Befragung erfolgte im Paper-Pencil-Format. In der Einleitung des Fragebogens wurde den Studierenden das Antwortformat erklärt und darüber informiert, dass ihre Daten anonym verwendet werden. Für die Beantwortung der Fragebögen erhielten die Versuchspersonen jeweils eine halbe Stunde Zeit. Als Leistungsvariable wurden die Prüfungsergebnisse der Studierenden verwendet. Es gab Prüfungsnoten zu den schriftlichen Prüfungen in den Fächern Strafrecht, Methoden wissenschaftlichen Arbeitens, Lehre von Führung und Zusammenarbeit, Psychologie und Polizeirecht. Diese Prüfungen wurden zu einem Leistungsindex »schriftliche Prüfung« zusammengefasst. Außerdem gab es eine mündliche Prüfung zu unterschiedlichen Aspekten aller schriftlichen Prüfungen.

### 2.4.3 Befragungspersonen

Die Stichprobe der vorliegenden Untersuchung setzt sich aus Studierenden der Polizeihochschule Hahn des Landes Rheinland-Pfalz zusammen. Insgesamt wurden 191 Studierende in die Analysen einbezogen. Diese haben sowohl den Fragebogen zu den Selbstmanagementkompetenzen ausgefüllt und die Prüfungen absolviert. 136 Personen waren männlich (71,2 %), 55 Personen weiblich (28,8 %). Das Alter wurde in Kategorien erhoben. In der ersten Kategorie bis 19 Jahre ist N = 45 (23,6 %), in der zweiten mit dem Alter von 20-24 Jahren N = 101 (52,9 %), in der dritten mit dem Alter von 25-29 Jahren ist N = 38 (19,9 %), in der vierten Kategorie von 30-34 Jahren ist N = 6 (3,1 %) und in der letzten von 35-39 Jahren N = 1 (0,5 %). Die meisten Personen (N = 139, 72,8 %) haben die allgemeine Hochschulreife als höchsten Bildungsabschluss angegeben, die fachgebundene Hochschulreife wurde von 35 Personen angegeben (18,3 %). 11 Personen (5,8 %) haben bereits einen Hochschulabschluss und 6 Personen haben mittlere Reife (3,1 %).

### 2.4.4 Fragebogen

Der Fragebogen bestand aus insgesamt 20 Skalen. Die Skalen die verwendet wurden, waren Positive Psychologie (10 Items), Ziele und Zielklarheit (5 Items), Selbstdisziplin (5 Items), Zeitmanagement & Arbeitstechniken (5 Items), Selbst-PR (5 Items), Smalltalk und Networking (5 Items), Einschränkende Überzeugungen (5 Items), Emotionsregulation (5 Items), Problemlösetechniken (5 Items), Gesundheitsvorsorge & Vitalität (5 Items), Anwendung von Lerntechniken (5 Items), Finanzielles Selbstmanagement (5 Items), Selbstwirksamkeitserwartungen (10 Items), Optimismus (5 Items), Resilienz (13 Items), Stress (5 Items), Motivation (5 Items), Arbeitszufriedenheit (5 Items), Depressive Verstimmung (6 Items) sowie Psychosomatische Beschwerden (9 Items).

Das Antwortformat bei allen Skalen war 5-stufig. 1 entsprach »Stimmt gar nicht«, 5 entsprach »Stimmt völlig«. Für die Skalen Psychosomatische Beschwerden sowie depressive Verstimmung änderte sich das Antwortformat in 1 »Gar keine« und 5 »Stark«.

Die Quellenangaben zu den einzelnen Skalen finden sich in den vorangegangenen Kapiteln. Für die nachfolgenden Analysen wurden die Selbstmanagementkompetenzen Positive Psychologie, Selbstdisziplin, Zeitmanagement und Arbeitstechniken, Lerntechniken und Auflösung blockierender Gedanken herausgegriffen.

## 2.4.5 Ergebnisse

Wie Tabelle 2.4.1 zeigt, messen die eingesetzten Skalen hinreichend genau, da bei allen Skalen, außer der Positiven Psychologie, Cronbachs Alpha der Konvention $\alpha \geq .70$ entspricht (Hussy, Schreier & Echterhoff, 2010).

Tabelle 2.4.1: Cronbachs Alpha der Fragebogenskalen

| **Skalen** | **Anzahl der Items** | **Cronbachs Alpha (α)** |
|---|---|---|
| Positive Psychologie | 10 | .64 |
| Selbstdisziplin | 5 | .88 |
| Zeitmanagement und Arbeitstechniken | 5 | .76 |
| Lerntechniken | 5 | .85 |
| Auflösung blockierender Gedanken | 5 | .78 |

Die schriftlichen Prüfungen wurden zu einem Leistungsindex »schriftliche Prüfung« zusammengefasst. Der Mittelwert lag bei $M = 9$, die Standardabweichung $SD = 1.92$ und Cronbachs Alpha ist $\alpha = .62$. Bei der mündlichen Prüfung war der Mittelwert $M = 9.8$ und die Standardabweichung $SD = 3.1$. Beim Vergleich der beiden Prüfungsmodalitäten zeigte sich ein signifikanter Unterschied zwischen der schriftlichen Prüfung und der mündlichen Prüfung. Die schriftliche Prüfung hat einen Mittelwert von $M = 8.8$, die mündliche Prüfung $M = 9.8$; $t(236) = 5.36$,

$p < .001$. Insofern werden die beiden Prüfungsformen im weiteren Verlauf getrennt betrachtet.

Tabelle 2.4.2: Deskriptive Statistik auf Skalenniveau (N = 190)

| Skala | Min | Max | M | SD |
|---|---|---|---|---|
| Positive Psychologie | 1.9 | 4.5 | 3.6 | .83 |
| Selbstdisziplin | 3.0 | 3.5 | 3.3 | .22 |
| Zeitmanagement und Arbeitstechniken | 2.3 | 3.9 | 3.1 | .65 |
| Lerntechniken | 3.5 | 3.9 | 3.7 | .18 |
| Dysfunktionale Kognitionen | 2.3 | 3.1 | 2.7 | .32 |
| Emotionsregulation | 3.6 | 4.1 | 3.7 | .20 |
| Motivation | 3.5 | 3.8 | 3.7 | .13 |

Die Überprüfung der ersten Leithypothese ergab die Korrelationen aus Tabelle 2.4.3.

Tabelle 2.4.3: Korrelative Zusammenhänge mit der Prüfungsleistung

| Selbstmanagement-kompetenzen | Prüfungsleistung Mündlich (N = 188) | Prüfungsleistung Schriftlich (N = 181) |
|---|---|---|
| Positive Psychologie | –.08 | .21** |
| Selbstdisziplin | .11 | .28** |
| Zeitmanagement & Arbeitstechniken | .12 | .23** |
| Dysfunktionale Kognitionen | –.20** | .01 |
| Lerntechniken | .22** | .28** |

Um die Personen mit über- und unterdurchschnittlicher Ausprägung in den Selbstmanagementkompetenzen vergleichen zu können, wurden die Personen in Gruppen unterteilt. Die Gruppeneinteilung in niedrige beziehungsweise hohe Ausprägung in den Selbstmanagementkompetenzen wurde anhand des Mittelwerts durchgeführt. Die Varianzen in den Gruppen waren bei allen Selbstmanagementkompetenzen homogen. Die Abbildung 2.4.1 zeigt die Gruppenunterschiede in Form von

Balkendiagrammen. Die dazugehörigen statistischen Kennwerte sind in Tabelle 2.4.4 abzulesen. Diese Analysen beziehen sich auf die schriftliche Prüfungsleistung.

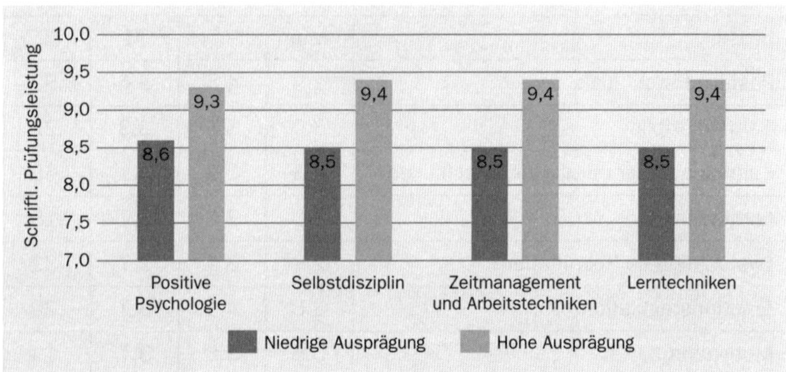


Abbildung 2.4.1: Gruppenvergleiche der Selbstmanagementkompetenzen

Tabelle 2.4.4: Statistische Kennwerte des Gruppenvergleichs

| **Selbstmanagement-kompetenzen** | **Gruppengröße** | **t-Wert** |
|---|---|---|
| Positive Psychologie | N (niedrig) = 88<br>N (hoch) = 93 | t (179) = 2,36; p<.05 |
| Selbstdisziplin | N (niedrig) = 80<br>N (hoch) = 101 | t (179) = 3,15; p<.01 |
| Zeitmanagement & Arbeitstechniken | N (niedrig) = 84<br>N (hoch) = 97 | t (179) = 3,06; p<.01 |
| Lerntechniken | N (niedrig) = 86<br>N (hoch) = 95 | t (179) = 3,48; p<.01 |

In einem weiteren Analyseschritt wurde untersucht, ob sich die Personen, welche in allen verwendeten Selbstmanagementkompetenzen eine niedrige beziehungsweise hohe Ausprägung haben, noch deutlicher in ihrer Prüfungsleistung unterscheiden. Nach der Ermittlung der Gruppen über Kreuztabellen ergab die Gruppengröße in beiden Gruppen N = 37. Der Mittelwert für die Gruppe mit der niedrigen Ausprägung ist M = 8.1 für die hohe Ausprägung M = 9.4. Dabei ist t(72) = 3.24 mit p < .01. Es zeigt sich also ein Unterschied von über einem Notenpunkt.

Im Anschluss der Überprüfung der Hypothesen wurde eine hierarchische Regressionsanalyse für die schriftliche Prüfungsleistung als abhängige Variable gerechnet. Die Prädiktoren, welche in die Analyse miteinbezogen wurden, waren Positive Psychologie, Selbstdisziplin, Zeitmanagement & Arbeitstechniken, Lerntechniken. Die Selbstmanagementkompetenzen wurden blockweise unter Einschluss in die Gleichung mitaufgenommen, um die Vorhersageleistung der Prädiktoren zu ermitteln.

Lerntechniken kristallisiert sich in dieser Analyse als der ausschlaggebende Prädiktor heraus. Die Aufnahme der weiteren Variablen führte zu keiner signifikant besseren Erklärungskraft. Lerntechniken alleine erklärt 7 Prozent der Varianz an der schriftlichen Prüfungsleistung ($F(1,176) = 15.17$, $p < .001$). Das Betagewicht der Lerntechniken ist $\beta = .28$ ($p < .001$).

Auch bei der hierarchischen Regression mit Lerntechniken und Dysfunktionalen Kognitionen in Bezug auf die mündliche Prüfungsleistung sind Lerntechniken der einzige signifikante Prädiktor mit einem Betagewicht von $\beta = .22$ ($p < .01$). Für Dysfunktionale Kognitionen ergibt sich ein Betagewicht von $\beta = -.14$ ($p = .05$). Die Änderung in F des Modelltests ist für beide Modelle signifikant. Insofern leisten beide Prädiktoren zusammen einen signifikanten Beitrag an der Varianzaufklärung der mündlichen Prüfungsleistung über die Lerntechniken alleine hinaus. Für das Modell 1, welches nur die Lerntechniken einschließt ist die Varianzaufklärung bei 4 Prozent ($F(1,186) = 9.23$, $p < .01$). Das Modell, welches Lerntechniken und Dysfunktionale Kognitionen einbezieht klärt 7 Prozent der Varianz an der mündlichen Prüfungsleistung auf ($F(1,187) = 6.57$, $p < .01$).

## 2.4.6 Zusammenfassung und Diskussion

Der in Leithypothese 1 angenommene positive Zusammenhang der Selbstmanagementkompetenzen, Positive Psychologie, Selbstdisziplin, Zeitmanagement & Arbeitstechniken und Lerntechniken, konnte für die schriftliche Prüfungsleistung bestätigt werden. Der angenommene negative Zusammenhang mit Dysfunktionalen Kognitionen zeigte sich nur bei der mündlichen Prüfungsleistung. Die mündliche Prüfungsleistung hing außerdem noch positiv mit Lerntechniken zusammen. Die Leithypothese 1 konnte also bestätigt werden, jedoch mit der Einschränkung, dass nur Lerntechniken mit beiden Prüfungsmodalitäten zusammenhing. Bei den anderen Selbstmanagementkompetenzen kam es folglich auf die Prüfungsmodalität an.

Die Leithypothese 2 bestätigt, dass die Personengruppe mit überdurchschnittlichen Werten in den Selbstmanagementkompetenzen, Positive Psychologie, Selbstdisziplin, Zeitmanagement und Arbeitstechniken und Lerntechniken, bessere Prüfungsleistungen erzielen, als die Personengruppe mit unterdurchschnittlichen Werten in den entsprechenden Selbstmanagementkompetenzen. Die Prüfungsleistung, auf die hier Bezug genommen wurde, ist die schriftliche Leistung. Beim Vergleich der beiden Gruppen in denen entweder alle in dieser Hypothese genannten Selbstmanagementkompetenzen über- oder unterdurchschnittlich ausgeprägt waren, wurde der Unterschied in der Note noch etwas größer.

Die hierarchische Regressionsanalyse zeigt, dass die Fähigkeit Lerntechniken einzusetzen, sowohl bei der mündlichen als auch bei der schriftlichen Leistung der ausschlaggebende Prädiktor ist. Die Ergebnisse der hierarchischen Regressionen sowie die Ergebnisse der Leithypothese 1 legen demzufolge die Vermutung nahe, dass die Fähigkeit Lerntechniken anzuwenden, eine zentrale Selbstmanagementkompetenz in Bezug auf Leistung ist.

Was insgesamt bei der Betrachtung der Ergebnisse zu den Hypothesen auffällt ist, dass es Unterschiede je nach Prüfungsmodalität gibt. Ob eine Prüfung also mündlich oder schriftlich abläuft, scheint mit unterschiedlichen Kompetenzen zusammenzuhängen. Die einzige Ausnahme sind Lerntechniken. Die eher studienbezogenen Fähigkeiten (Selbstdisziplin, Zeitmanagement und Arbeitstechniken, Lerntechniken) hängen signifikant mit der schriftlichen Prüfungsleistung zusammen, wohingegen die Dysfunktionalen Kognitionen nur mit der mündlichen Prüfungsleistung zusammenhängen. Die Positive Psychologie wiederum nur mit der schriftlichen Prüfungsleistung.

Die Frage ist, woher der Unterschied der mündlichen und schriftlichen Prüfungsleistung in Bezug auf die Selbstmanagementkompetenzen kommt. Eine denkbare Erklärung wäre der unterschiedliche Fokus auf die Person. Eventuell spielen dysfunktionale Gedanken im Sinne der Angst davor, von Angesicht zu Angesicht zu versagen, bei mündlichen Prüfungen eher eine Rolle als bei schriftlichen Prüfungen. In diesen arbeitet man für sich und muss nicht ad hoc Antworten geben und Präsenz zeigen. Im vorliegenden Fall waren zwei Prüfer in der mündlichen Prüfung anwesend. Insofern könnte die wahrgenommene Belastung oder der wahrgenommene Stress bei der mündlichen Prüfung höher gewesen sein. Die Ergebnisse zeigen, dass die Prüfungsleistung bei der schriftlichen Prüfung durchschnittlich schlechter als bei der mündlichen Prüfung war, obwohl bei der mündlichen Prüfung zu allen schriftlich geprüften Fächern Fragen gestellt wurden. Insofern scheint die Schwierigkeit bei der mündlichen Prüfung nicht höher gewesen zu sein.

Die interne Konsistenz der Fragebogenskalen ist auch in der vorliegenden Arbeit zufriedenstellend. Somit misst der Fragebogen die verwendeten Konstrukte zuverlässig. Einzig die Skala zur Positiven Psychologie könnte nochmals hinsichtlich der Reliabilität verbessert werden. Der Leistungsindex zur schriftlichen Prüfungsleistung hatte mit $\alpha = .62$ ebenfalls ein geringes Cronbachs Alpha. Allerdings ist dies nicht weiter verwunderlich, wenn man bedenkt, dass hier Prüfungen von unterschiedlichen Fächern und somit Inhalten zusammengefasst wurden. Dieses Vorgehen wurde dennoch gewählt, da die inhaltliche Aussage in Bezug auf Leistung im Allgemeinen größer ist, wenn man die Prüfungen zusammenfasst. Ansonsten wären nur sehr spezifische Aussagen möglich gewesen, wie beispielsweise Polizeirecht mit Selbstdisziplin zusammenhängt. Insofern ist dies ein Aspekt, den man bei der Ergebnisbetrachtung einbeziehen sollte. Der Anteil der Varianz, der durch tatsächliche Unterschiede in der Leistung aufgeklärt wird und nicht auf Messfehler zurückgeht, ist durch diesen Index nicht optimal. Demzufolge kommt es jedoch eher zu einer Unter- als Überschätzung der Kennwerte. Zudem führt die Korrelation der Selbstmanagementkompetenzen untereinander dazu, dass diese Messungen nicht ganz trennscharf sind. Die korrelative Betrachtung der Daten lässt zudem keine kausalen Schlüsse zu.

In dieser Studie stand die Leistung als Ergebnisvariable im Mittelpunkt. Es wurde deutlich, dass höhere Selbstmanagementkompetenzen mit besserer Leistung zusammenhängen. Dies legt die Vermutung nahe, dass durch ein Training entsprechender Selbstmanagementkompetenzen die Leistung ansteigt. Eine kausale Aussage diesbezüglich kann anhand der vorliegenden Arbeit jedoch nicht getroffen werden.

Vor allem Lerntechniken wären für ein Training geeignet um die Leistung zu fördern, da diese bei den Ergebnissen die stärkste Aussagekraft haben. Hierbei ist jedoch zu beachten, dass in der vorliegenden Arbeit

Prüfungsdaten verwendet wurden, um Leistung zu operationalisieren. Ob Lerntechniken auch im organisationalen Kontext eine solch zentrale Rolle spielen, muss erst überprüft werden. Allerdings wird vor dem Hintergrund der steigenden Relevanz des eigenverantwortlichen und lebenslangen Lernens die Bedeutung dieser Selbstmanagementkompetenz deutlich. Vor allem in Schulen, Hochschulen und Universitäten sollte neben der Wissensvermittlung auch der Erwerb von Selbstmanagementkompetenzen im Fokus stehen. Der Ausbau der Fähigkeiten sollte im anschließenden Ausbildungs- und Arbeitsleben weiter gefördert werden. Durch die steigenden Anforderungen an die Mitarbeiter erscheint eine frühe Ausbildung der Selbstmanagementkompetenzen sinnvoll.

## 2.4.7 Literatur

Hussy, W., Schreier, M. & Echterhoff, G. (2010). Forschungsmethoden in Psychologie und Sozialwissenschaften. Heidelberg: Springer.

# 3 Förderung von Selbstmanagementkompetenzen

Es gibt verschiedene Herangehensweisen, wie man Selbstmanagementkompetenzen fördern kann. Klassische Präsenzseminare oder Kurse, Blended-Learning, das Lesen von Büchern oder Hören von Hörbüchern sind nur einige Möglichkeiten. In diesem Kapitel werden Evaluationsstudien von Präsenzseminaren vorgestellt. Da in diesen Seminaren das Quizbrettspiel »CareerGames – spielend trainieren!« zum Einsatz kam und eine wesentliche Rolle spielt, wird zunächst auf die Rolle von Spielen in der Erwachsenenbildung eingegangen.

## 3.1 Spiele in der Erwachsenenbildung

Yulia Elsner

Die Forschung und pädagogische Praxis nennen Lernspiele als eine effektive und kostensparende Lernmethode der Aus- und Weiterbildung (Kriz & Nöbauer, 2003; Goertz, 2011; Guillén-Nieto & Aleson-Carbonell, 2012; Schwegele, Zürn & Trautwein, 2014).

Das Spiel »CareerGames – spielend trainieren!« kann als Methode zum Trainieren von Selbstmanagementkompetenzen eingesetzt werden. Bevor das verwendete Spiel kritisch reflektiert wird, soll in diesem Kapitel zunächst auf die bestehende Forschung bezüglich des spielbasierten Lernens, auf generelle Spielcharakteristiken sowie ihre Auswirkungen auf den Lernprozess eingegangen werden.

### 3.1.1 Definition von Spielen

Nach Huizinga (1950) bedeutet das Spielen eine freie Tätigkeit, die sich außerhalb der gewöhnlichen Lebenssituation vollzieht, weil sie nicht ernst gemeint ist, aber zur gleichen Zeit die volle Aufmerksamkeit der Spieler absorbiert. Es ist eine Tätigkeit ohne materielles Interesse oder Gewinn. Sie bewegt sich in eigenen Grenzen innerhalb einer gewissen Zeit und eines gewissen Raums nach festen Regeln und in einer vorgesehenen Art und Weise. Es gibt jedoch nur wenig Konsens in der Bildungsliteratur, wie das Spiel selbst definiert werden soll. Das klassische Modell des Spiels nach Juul (2003) listet sechs Attribute auf, die notwendig und ausreichend sind, um eine Tätigkeit als Spiel zu beschreiben: Jedes Spiel ist nach bestimmten Regeln (1) aufgebaut. Das Ergebnis (2) des Spiels ist variabel (3). Den möglichen Ergebnissen des Spiels sind verschiedene Werte (4) zugewiesen, sowohl positive als auch negative. Die Spieler können bei einer gewissen Anstrengung die Ergebnisse des Spiels beeinflussen (5). Und letztendlich sollen die Ergebnisse des Spiels verhandelbar (6) sein. Die Spieler sollten also selbst bestimmen, ob das Spiel nun Konsequenzen für die Mitwirkenden hat oder nicht und welche Konsequenzen das sind.

Oft werden Spiele mit Simulationen gleichgesetzt, weil beide interaktiv sind und den gleichen Zweck haben, nämlich ein spezifisches Ergebnis in einem spezifischen Kontext zu erreichen (Wilson et al., 2009). Das Hauptmerkmal der Simulation besteht darin, dass sie eine Abbildung von einigen Aspekten der Wirklichkeit für Teilnehmer darstellen (Crookall & Saunders, 1989). Spiele haben nicht die Absicht, ein reales Weltsystem abzubilden, sondern vielmehr die eigene Selbstwirksamkeit im Rahmen des Spiels mit vorgegebenen Regeln und Mitteln zu überprüfen. Spiele und Simulationen sind sich in vielen Dimensionen sehr ähnlich, sodass die Forschungsergebnisse meist in gleichem Maß auf beide Aktivitäten übertragbar sind (Feinstein, 2002).

### 3.1.2 Spielen aus einer Lehr-/Lernperspektive

Mit einem Spiel verbindet man üblicherweise eine aktive Tätigkeit, die für alle Beteiligten amüsant und unterhaltsam ist. Die Lerntheorien der letzten 40 Jahre befürworten aktive kognitive Verarbeitungsprozesse als Voraussetzung für erfolgreiches Lernen (Chi et al., 1994; Mayer, 2001; Wittrock, 1974). Andere Lernarten, wie z. B. Lernen durch Beobachtung nach Bandura (1977), sind am effektivsten, wenn Schüler sich aktiv im Lernprozess engagieren. Eine aktive Beteiligung der Lernenden am Lernprozess fördert eine bessere Integration von neuem Wissen in das bereits erworbene Vorwissen und sorgt für einen höheren Transfer (Chi et al., 1994; Renkl & Atkinson, 2002; Roy & Chi, 2005). In dieser Hinsicht kann eine Lernumgebung, die eine aktive kognitive Arbeit der Lernenden in Form von z. B. learning-by-doing oder von selbstständig durchgeführten Experimenten stimuliert, das effektive Lernen fördern. Im Gegensatz dazu sind Aufgaben, in denen Lernende nicht explizit aufgefordert werden, sich aktiv im Lernprozess zu engagieren (z. B. Lesen eines argumentativen Textes oder Vorbereitung zu einer Vorlesung) vergleichsweise weniger fördernd (Wouters et al., 2013). Spiele erfordern eine aktive Teilnahme von allen Spielern und wirken gleichzeitig höchst motivierend auf die Beteiligten. Diese und weitere Aspekte erschaffen eine günstige Umgebung für einen produktiven Lernprozess.

Im Bereich des spielerischen Lernens basieren die Lerntheorien auf dem Input-Process-Outcome Spielmodell von Garris, Ahlers und Drickell (2002). Diese sind wiederum auf dem traditionellen Input-Process-Outcome Modell des Lernens aufgebaut.

Das Modell besteht aus drei Komponenten – Input, Spielprozess und Spielergebnis. Der Input eines Lernprogramms enthält einen instruktionellen Inhalt. Zusätzlich enthält er bestimmte Spielattribute, die Teilnehmer zum Spielen motivieren sowie die zweite Komponente – den Spielprozess – in Schwung bringen. Ein wichtiger Bestandteil des Spielprozesses ist ein Spielzyklus, der durch spezielle Charakteristika ausgelöst wird (vgl. Abbildung 3.1.1). Während dieser Phase findet der Lernprozess statt.

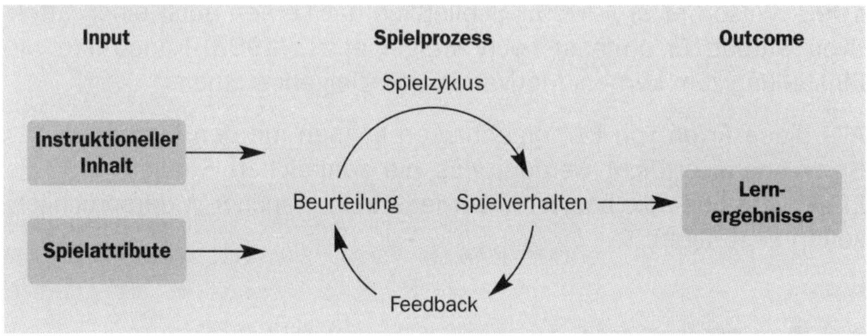


Abbildung 3.1.1: Input-Process-Outcome Spielmodell (Garris, Ahlers & Driskell, 2002)

Der Spielzyklus besteht aus der Beurteilung der Spielergebnisse durch den Spieler, die sich in Reaktionen wie Freude oder Interesse zeigen. Die gefallenen Urteile wirken sich auf das Spielverhalten aus, indem das Spiel weitergespielt wird. Das Spielverhalten resultiert in einem Spielergebnis. Dadurch erhält der Spieler ein Feedback, welches wiederum zu einem erneuten Einschätzen der Ergebnisse durch den Teilnehmer führt. Der Spielprozess wird als ein Zirkel dargestellt, weil das wertvollste Merkmal eines jeden Spiels darin besteht, dass man es wieder und wieder spielen will. Als »Nebeneffekt« des Spielens entsteht der Lerneffekt eines Spiels: Durch stetige Wiederholung des Spielzyklus wird der Stoff gelernt.

Das Endziel jedes Trainings ist dessen Outcome. Kraiger, Ford und Salas (1993) unterscheiden drei Formen: kognitive, skill-basierte und affektive Lernergebnisse. Kognitive Lernergebnisse unterteilen sich in das deklarative, das prozedurale und das strategische Wissen. Deklaratives Wissen wird dem Faktenwissen gleichgestellt. Dieser Typ von Lernergebnis ist für die spätere Erkennung und Wiedergabe des Wissens erforderlich. Prozedurales Wissen bezieht sich auf die Frage »wie« eine Aufgabe gelöst wird (Klauser, 2000). Letztlich beinhaltet das strategische Wissen stillschweigend Informationen über Gründe eines Vorgehens, räumlich-zeitlichen Kontext und andere situationsbezogene Beschreibungen (Reber, 1989; Saint-Onge, 1996). Strategisches Wissen fördert die Anwendung von gelernten Prinzipien auf die neuen Kontexte. Skill-basierte Lernergebnisse sind auf die Entwicklung von psychomotorischen Fertigkeiten ausgerichtet. Sie sind durch eine Zielorientierung und systematische Organisation des Verhaltens in einer fortlaufenden und hierarchischen Weise gekennzeichnet (Kraiger et al., 1993; Wilson et al., 2009). Schließlich hat Lernen auch einen affektiven Output. Er umfasst nach Kraiger et al. (1993) Konstrukte wie Einstellung zum Lernen, Motivation und Zielgerichtetheit.

Alle diese Arten von Lernergebnissen können mit den Methoden des Spiellernens erreicht werden, was die zahlreichen Studien über die Effektivität des spielbasierten Lernens trotz mancher Widersprüchlichkeiten bestätigen.

### 3.1.3 Effektivität des Lernens mit Spielen

Eine Fülle pädagogischer Literatur und Veröffentlichungen zum spielerischen Lernen weist darauf hin, dass der Einsatz von Lernspielen zur allgemeinen Steigerung der Lernfähigkeit, der Motivation und des Engagements führt (Gosenpud & Miesing, 1992; Vogel et al., 2006; Wouters et al., 2013; Barzilai & Blau, 2014; Blunt, 2007). Beispielsweise untersuchten Vogel et al. (2006) in ihrer Metaanalyse sowohl kognitive als auch motivationale Effekte des Lernens mittels Computerspielen und fanden heraus, dass digitale Lernspiele unabhängig vom Alter der Spieler einen höheren kognitiven Effekt aufweisen als konventionelle

Lernmethoden. Blunt (2007) untersuchte in seiner Studie drei Spiele in den unterschiedlichen Lernbereichen des Handels, der Wirtschaft und des Managements in ihrer Auswirkung auf das Lernen. In jedem der Bildungsbereiche erzielten Studenten, die spielbasiert lernen durften, deutlich bessere Ergebnisse als die Gruppe mit konventionellen Lernmitteln. Andererseits mussten die Autoren feststellen, dass die positiven Effekte nur für Teilnehmer unter 40 Jahren signifikant waren, was den Einsatz der Lernspiele wesentlich einschränkt (mehr dazu Bredemeier & Greenblat, 1981; Ausführlicher zur Lerntypen vgl. Kolb & Boyatzis, 2000). Die Metaanalyse von Wouters et al. (2013) bestätigte eine mittlere Effektstärke von serious games in Hinsicht auf Lernen von Kindern und Jugendlichen, fand aber keine signifikante Verbesserung bei Erwachsenen. Randel et al. (1992) konnten in ihrer umfassenden Rundschau von 68 Studien zum Vergleich von digitalen und konventionellen Lernmethoden berichten, dass nur in 22 Studien Lernspiele und Simulationen eine positive Wirkung auf die Lernleistung hatten.

Zusammenfassend kann man sagen, dass die Forschungsergebnisse zum Vergleich von traditionellen und neuen computerbasierten Lernumgebungen im Hinblick auf ihre Effektstärken noch widersprüchlich sind. Nichtsdestotrotz bestätigen viele Studien, dass serious games in einigen Aspekten des Lernens, wie bessere Aufmerksamkeit zu den Inhalten des Trainings, bessere Speicherung des Gelernten (Ricci, Salas & Cannon-Bowers, 1996), Verhaltensänderung, Erwerb von Sozialkompetenzen (Connolly et al., 2012) und andere (Clark, Lanphear & Riddick, 1987; Dustman et al., 1992; Goldstein et al., 1997; Connolly et al., 2012; Bedwell et al., 2012; Barzilai & Blau, 2014), zumindest genauso gut einsetzbar sind wie konventionelle Medien.

### 3.1.4 Motivationale Effekte des Spielens

Motivation ist wichtig, um dem Lernprogramm nachhaltig und ohne Abbruch zu folgen. Das Problem des Unter- oder Abbrechens betrifft am stärksten Erwachsene, die für den zusätzlichen Aufwand, in Form einer Weiterbildung, neben dem Beruf und der Familie einen Platz finden müssen. Es kommt daher auf die Motivation an, ob man die Übung fortsetzen will und sie auch durchhalten kann.

Nach der Theorie von Lawler und Porter (1967) unterscheidet man eine intrinsische und eine extrinsische Motivation. Im Gegensatz zu extrinsischer Motivation ist intrinsische Motivation durch positive Konnotation bedingt (Lawler & Porter, 1967). Ein Mitarbeiter ist intrinsisch motiviert, wenn er beim Lernen ein angenehmes Gefühl empfindet, sich weiterzuentwickeln und fühlt sich mit jeder abgeschlossenen Trainingsstunde kompetenter. Ein Mitarbeiter, der sich neues Wissen aneignet, weil er auf seinem Arbeitsplatz befördert werden will, ist extrinsisch motiviert. Wenn allerdings das Endziel ein selbstorganisierter und selbst-motivierter Trainee ist, sind beide Formen des Motivierens wichtig (Garris et al., 2002).

Eine motivierende Wirkung der Lernspiele ist in der Literatur zum größten Teil anerkannt (Druckmann, 1995; Randel et al., 1992; Hays, 2005; Vogel et al., 2006). Nach einer Studie von Huang, Huang und Tschopp (2010) erklären motivationale Prozesse bis zu 43,4 % der Leistungsvarianz. Es ist daher essentiell, eine motivierende Lernumgebung zu schaffen.

Malone und Lepper (1987) unterscheiden vier Faktoren – challenge, control, curiosity und fantasy – die notwendig sind, um in einem Menschen eine intrinsische Motivation zu erzeugen und aufrechtzuerhalten. Alle vier Faktoren müssen in einem Spiel präsent sein und in einer Balance zueinanderstehen. Nachweislich kann zum Beispiel zu viel oder zu wenig Kontrolle die intrinsische Motivation der Spieler deutlich reduzieren (Cordova & Lepper, 1996). Die Aufgaben des Spiels sollen Teilnehmer nicht unter- bzw. überfordern, sonst verschwindet der spielerische Effekt und das Spielen wandelt sich in ein Lernprogramm um (Malone, 1980). Bei den Computerspielen können Spieler durch zahlreiche simultane visuelle und auditive Stimuli kognitiv überfordert werden, was eine demotivierende Wirkung haben kann (Garris, et al., 2002). Eine ausbalancierte Implementierung dieser Komponente ist für intrinsische Motivation entscheidend.

Auch wenn für eine motivierende Umgebung gesorgt wird, bedeutet dies nicht, dass hochmotivierende Lernmethoden notwendigerweise zum effizienten Lernen führen. Anders ausgedrückt, ist motiviertes Spielen nicht gleich effektives Lernen. So konnten Admiraal et al. (2011) in ihrer Studie zum Flow-Erleben im spielbasierten Lernen keinen signifikanten Effekt auf das Lernergebnis bestätigen. Flow-Erleben ist ein Zustand des völligen Vertieftseins in eine Tätigkeit, die als besonders angenehm empfunden wird (Csikszentmihalyi, 1991). Man kann sagen, dass Flow-Erleben die höchste Stufe intrinsischer Motivation verkörpert. Auch wenn Studenten sich engagiert in dem spielbasierten Lernvorgang gezeigt haben und das Spiel als sehr amüsant erlebten, hat sich dies nicht durch ein besseres Testergebnis widerspiegeln können (Admiraal et al., 2011; Jackson & McNamara, 2013). Letztendlich gehört die entscheidende Rolle bei der Wissensaneignung nicht den motivationalen Prozessen, sondern der kognitiven Verarbeitung des Lernmaterials. Je nachdem, wie erfolgreich die Information verarbeitet wird, werden Lernende entweder erneut bestärkt oder frustriert (Huang, 2010).

### 3.1.5 Kognitive Effekte des Spielens

Kognitive Verarbeitung und motivationale Prozesse weisen einen engen Zusammenhang auf: Motivation sorgt für die Aufrechterhaltung von kognitiver Arbeit, während erfolgreiche kognitive Verarbeitung Lernende erneut motiviert (Keller, 2008; Ang, Zaphiris & Mahmood, 2007).

Experimentelle Studien an jungen Erwachsenen bestätigen kognitive Effekte von digitalen Lernspielen (vgl. Achtman et al., 2008; Green & Bavelier, 2008; Green, Li & Bavelier, 2010). Green und Bavelier (2006) konnten in ihrer Querschnittstudie feststellen, dass Spieler, die in einem Spiel viele sich voneinander unabhängig bewegende Objekte verfolgen mussten, bessere visuell-räumliche Aufmerksamkeitsfunktionen aufwiesen. Basak et al. (2008) beobachteten weitere positive Folgen des Spielens, wie allgemeine Steigerung der Aufmerksamkeit und Verbesserung des Gedächtnisses sowie exekutiver Funktionen, zu denen Planung, Organisation, Ablaufsteuerung und Abstrahierung gehören (Duke & Kaszniak, 2000). Bei den älteren Erwachsenen konnte man wenige Wochen nach dem regelmäßigen Training mit Videospielen im Vergleich zur Kontrollgruppe verbesserte Reaktionszeiten (vgl. Clark et al., 1987; Goldstein et al., 1997), verbesserte visuomotorische Koordination (Dustman et al., 1992) und exekutive Funktionen, wie beispielsweise schnelleres Wechseln von einer Aufgabe zu einer anderen, Arbeitsgedächtnis, visuelles Kurzzeitgedächtnis und Argumentationskraft feststellen (Basak et al., 2008).

Abgesehen von diesen Effekten konnte man jedoch keine direkte Kausalität zwischen dem Spielen von Videospielen und der Verbesserung kognitiver Funktionen nachweisen (Green & Bavelier, 2008; Maillot, Perrot & Hartley, 2012). Die Erkenntnisse zu kognitiven Effekten des Spielens sind zum heutigen Standpunkt nicht systematisch erfasst. Die erzielten Effekte könnten mit verschiedenen Aspekten des Trainings, der Schwierigkeit der Aufgaben, der Motivation der Teilnehmer, mit der allgemeinen Aufregung während des Spiels und letztendlich mit dem positiven Feedback zusammenhängen (Herzog & Fahle, 1997; Maillot et al., 2012). Die Unklarheit der Ergebnisse beruht teilweise auf der Tatsache, dass nicht genau bekannt ist, wie der Lernprozess während des Spielens abläuft, aus welchen Elementen dieser Prozess besteht und in welchem Verhältnis solche Elemente zueinanderstehen.

### 3.1.6 Spielmerkmale für effektives Lernen

Die bestehende Literatur listet zahlreiche Spieleigenschaften auf, die als wichtigste Komponente jedes spannenden Spiels vorkommen (Malone, 1980; de Felix & Johnston, 1994; Gredler, 1996; Garris et al., 2002; Ritterfeld et al., 2009; Giannakos, 2013). Im Rahmen eines Forschungsprojektes an der Universität Koblenz-Landau im Jahr 2014 wurde eine umfassende Literaturrecherche mithilfe der internationalen wissenschaftlichen Datenbanken durchgeführt, die themenrelevante Publikationen (insgesamt 54) zum spielbasierten Lernen im Zeitraum von 2010 bis 2015 ausführlich studiert. Diese genaue Untersuchung der 54 relevanten Veröffentlichungen ergab im Endeffekt eine Liste aus sechs Eigenschaften, die in der Literatur am häufigsten als spiel- und lernfördernd genannt wurden.

Danach lässt sich ein gutes Spiel durch folgende Elemente beschreiben:

1. Das Spiel will Spieler heraus-, aber nicht überfordern. Es besteht eine Balance zwischen dem Herausforderungsniveau und den Fähigkeiten der Spieler.

2. Das Spiel beinhaltet Elemente einer Fantasiewelt. Im Kontext einer Fantasie lernen Teilnehmer nachweislich besser.

3. Das Spiel bindet die Aufmerksamkeit der Spieler an sich und macht sie neugierig. Neugier ist ein wichtiger intrinsischer Motivator, der zum Wissenserwerb stark beiträgt.

4. Das Spiel hat klare Regeln und eindeutige Ziele. Das optimale Ziel verfolgt entweder praktischen Nutzen für die Teilnehmer oder es ist ein Fantasieziel.

5. Das Gefühl der Kontrolle hat eine direkte Auswirkung auf das menschliche Verhalten. Selbstbestimmte Fortschritte in die Zielrichtung wirken positiv auf das Gefühl der Selbstwirksamkeit der Spieler.
6. Ein Spieler erhält direkt nach einer Handlung eine Rückmeldung über die Folgen seiner Aktivität. Sowohl positive als auch negative Feedbacks erzielen in einer ausgeglichenen Form den höchsten Effekt auf die Lernleistung.

Die Hauptwirkung aller dieser Merkmale besteht darin, dass jede Eigenschaft in ihrer eigenen Art und Weise Spieler motiviert, das Spiel weiterzuspielen. Motivation treibt den Spieler dazu, den Spielzyklus erneut in Gang setzen. Durch stetige Wiederholung des Spielzyklus werden auch die Lerninhalte wiederholt und so findet der Lernprozess statt.

Die Annahme, dass in einem guten Lernspiel alle sechs Merkmale gleichzeitig impliziert sein sollten, trügt. Es gibt Spiele, die ihren Erfolg auf ein bestimmtes Merkmal zurückführen, da dieses am stärksten im Spiel ausgeprägt ist (zum Beispiel Feedback im Spielprogramm It's a Deal zum Englischlernen, Guillén-Nieto & Aleson-Carbonell, 2012 oder olfaktorische Stimuli in einem Kochspiel, Nakamoto et al., 2008). Für die große Mehrheit der Spiele ist aber eine gelungene Kombination von Merkmalen und ihren Ausprägungsstärken entscheidend (Malone, 1980).

### 3.1.7 CareerGames – spielend trainieren!

Das Spiel wurde im Jahr 2014 von Ottmar L. Braun in Zusammenarbeit mit Kollegen und Studierenden entwickelt. Im Laufe der Arbeit an diesem Projekt entstand ein Trainingsprogramm – eine Weiterbildungsmaßnahme für Führungskräfte und Mitarbeiter. Das Training basiert auf den theoretischen Annahmen der Positiven Psychologie und besteht aus circa zwölf Modulen, entsprechend der Zahl bestimmter Selbstmanagementkompetenzen, die zu Steigerung von Leistung und Zufriedenheit führen und die allgemeine Gesundheit fördern, welche im Theorieteil des Buchs beschrieben wurden (ausführlicher dazu bei Braun, Sauerland & Pitzschel, 2014; Sauerland & Reich, 2014; Kratz et al. 2016). Um die Motivation der Trainees zu steigern und das Gelernte nach jedem abgeschlossenen Modul zu vertiefen, wird das Quiz-Brett-Spiel eingesetzt.

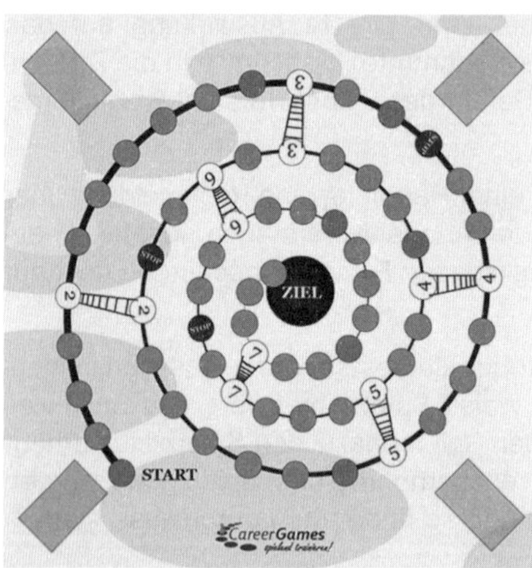


Abbildung 3.1.2: Das Quizbrettspiel »CareerGames – spielend trainieren!«

Das Quiz-Brett-Spiel ist für vier bis fünf Spieler konzipiert. Die Teilnehmer bekommen eine Spielfigur, die sie auf einem Spielbrett zum Ziel ziehen. Nach dem der Spieler gewürfelt hat, wird entweder der Text einer Ereigniskarte vorgelesen und er hat danach zu handeln oder er bekommt eine Frage zu einem Selbstmanagementthema, die er dann beantworten muss. Anschließend wird die Musterlösung vorgelesen und die anderen Spieler bewerten die genannte Lösung nach einem Punkteschema. Je nachdem wie zutreffend die Antwort war, wird der Spieler mit 0 bis 3 Spielchips aus der Spielbank belohnt.

Weitere Informationen zu »CareerGames – spielend trainieren!« findet der interessierte Leser im Internet unter folgender Adresse: www.careergames.de

## Pädagogisches Konzept

Das Spiel umfasst mehrere Aspekte des Selbstmanagements. Den Teilnehmern werden nach Abschluss des Trainings solche Aspekte wie besseres Zeitmanagement, Zufriedenheit am Arbeitsplatz und andere Faktoren bewusster. Sie eignen sich zudem umfangreiche methodische und spezifische Kompetenzen an. Im Detail bedeutet dies, die Kompetenzen zu fördern, praktische Probleme und Schwierigkeiten am Arbeitsplatz und im Privatleben zu identifizieren, richtige Instrumente zu wählen und notwendiges Wissen einzusetzen, effizient mit Hilfe moderner Kommunikationstechniken zu arbeiten sowie in der Lage zu sein, soziale Kompetenzen in einem interdisziplinären Team anzuwenden (Braun et al. 2014). Das Spiel wurde eingesetzt, nachdem die Teilnehmer einen Vortrag zum Thema des zugehörigen Moduls gehört hatten, sodass im Rahmen eines Trainings Formen sowohl des konventionellen, als auch des spielerischen Lernens zur Anwendung kamen. Es handelt sich um eine spielerische Wiederholung der Seminarinhalte. Wiederholung als Methode zur Festigung des Gedächtnisinhalts ist gut wissenschaftlich belegt und weit verbreitet (Ebbinghaus, 1885; Lukesch, 2001; Schaedle-Schardt, 2002; Schermer, 2006). Die Wiederholung findet aufgrund von zwei Arten statt: Der Spieler, der die Karte mit der Aufgabe bekommt, sollte das relevante Wissen aus dem Langzeitgedächtnis abrufen können. Indem er seine mit der richtigen Antwort vergleicht, findet erneut ein Lernprozess statt. Die anderen Spieler profitieren vom Lernmaterial, indem sie die Fragen und die richtigen Antworten noch einmal visuell und auditiv wahrnehmen.

Da die Fragenkarten einige Aspekte der Wirklichkeit abbilden, entspricht das Spiel den Merkmalen einer nicht-digitalen Simulation (Crookall & Saunders, 1989). Die Beziehung der Spieler zueinander ist bei diesem Spiel individuell wettbewerbsorientiert. In der Terminologie von Gagne (1984) und Kraiger et al. (1993), die alle Lernergebnisse in kognitive, skill-basierte und affektive unterteilt haben, beabsichtigt das Quiz-Spiel im kognitiven Bereich durch Wiederholung des Modulinhaltes das deklarative und das strategische Wissen der Teilnehmer zu verbessern. Im Bereich des affektiven Lernoutcomes wird das Verhalten der Teilnehmer insoweit beeinflusst, dass sie eine positive Einstellung zum Training und zum Lernen entwickeln (Gagne, 1984). Auf Basis der zuvor identifizierten sechs Merkmale wird nun kritisch bewertet, inwiefern das vorliegende Spiel dem Charakteristikum eines gelungenen Spiels entspricht.

### Herausforderung

Die Eigenschaft »Herausforderung« ist im Spiel durch drei Punkte dargestellt: Zunächst haben Spieler die Aufgabe, die Kartenfragen richtig zu beantworten. Sie sollen den im Modul erlernten Stoff erkennen und aus dem Gedächtnis wieder abrufen können. Zweitens müssen Spieler das Ziel schneller als andere Mitspieler erreichen, um einen Bonus in Form von 10 zusätzlichen Spiel-Chips zu gewinnen. Drittens sollen sie insgesamt mehr Spiel-Chips verdient haben als ihre Mitspieler. Wie bereits erwähnt, soll das Spiel seine Teilnehmer nicht über- und nicht unterfordern. Eine Technik zur Vermeidung dieses Problems besteht darin, dass das Spiel unterschiedliche Schwierigkeitsgrade vorsieht. In einem Brettspiel ist dies aufgrund seiner statischen Natur nur begrenzt möglich (Fritz, 1990): Zunächst sollen Spieler gewisse Voraussetzungen erfüllen, um am Spiel teilnehmen zu können. Beispielsweise sollten sie erwachsen sein, Teilnehmer eines Programms werden, ein Lernmodul abschließen. Sie unterscheiden sich aber in ihren kognitiven Fähigkeiten, den Lernstoff vollständig aufnehmen zu können, ihn richtig zu kodieren, im Langzeitgedächtnis zu speichern und später wieder aus dem Gedächtnis abrufen zu können. Die Fragenkarten enthalten Aufgaben unterschiedlichen Schwierigkeitsgrades, sodass die Spieler trotzdem die Gelegenheit bekommen, eine Frage zu ziehen, die sie richtig beantworten können. Es wird allerdings durch Zufall entschieden, welche Karte gezogen wird, sodass auch die Konstellation denkbar ist, dass ein Spieler mehrere Fragen nacheinander nicht beantworten kann. Die Teilnehmer können also im Unterschied zu digitalen Spielen das Schwierigkeitsniveau je nach Erfolg nicht selbst steuern.

### Regeln und Ziele

Das untersuchte Spiel verfügt über klare Regeln und ein eindeutiges Ziel. Brettspiele unterscheiden sich von anderen Arten der Gesellschaftsspiele durch den statischen Charakter des Spielmaterials (Fritz, 1990). Die Unveränderbarkeit des Bretts hat sowohl eine positive, als auch eine negative Seite: Die Spieler müssen sich einerseits auf die Einschränkung des Spielraums einlassen und mit den begrenzten Handlungsmöglichkeiten auskommen, andererseits sind die Regeln und Ziele auf diese Weise nicht zu kompliziert und für jeden verständlich.

### Fantasie

Das Merkmal »Fantasie« ist in diesem Spiel wenig vorhanden, da es sich um eine nicht-digitale Simulation handelt. Trotzdem können auch Simulationen Elemente von Fantasie aufweisen, um die Spieler noch mehr zu inspirieren. Fraglich ist jedoch, inwieweit eine Fantasieumwelt Lerneffekte auf erwachsene Spieler bewirkt. Der größte Teil aller Veröffentlichungen zum spielbasierten Lernen stützt sich auf Experimente oder Umfragen unter Schülern oder Studenten. Im Rahmen dieser Arbeit wurden bei der Recherche keine relevanten Studien entdeckt, die Effekte der Spielkontextualisierung auf Erwachsene untersuchten. Unter Schülern und Studenten konnten Forscher allerdings über signifikante Wirkungen von Fantasien sowohl auf das affektive, als auch auf das kognitive Engagement berichten (Sedano et al., 2012).

Thomas und Macredie (1994) betonen – eine der wichtigen Eigenschaften jedes Spiels ist die Tatsache, dass das Spiel als »eine Welt ohne

Konsequenzen« wahrgenommen wird (Garris et al., 2002). Dieses Gefühl wird durch die symbolische Umgebung des Spiels erreicht, zu der Fantasieelemente ihren Beitrag leisten. Wenn das Spiel sehr realistisch ist, werden die Verweise auf die Konsequenzen in der Realität deutlicher und somit komplexer (complexity paradox). Das Spiel wird nicht mehr als Spiel wahrgenommen (Malone, 1980). Die motivationalen Effekte, die mit dem Spiel verbunden sind, können dann verschwinden. Um diese negativen Folgen zu vermeiden, könnte man beispielsweise die Aufgaben in einem ungewöhnlichen Kontext ausführen, in dem für die Spieler jedoch noch erkennbar ist, welches Wissen gefordert wird.

### Neugier

Neugier wird in zwei Bereichen unterschieden: Kognitive Neugier wird durch fehlende Informationen geweckt und sensorische durch verschiedene sensorische Stimuli (Berlyne, 1960). In diesem Spiel müssen Spieler, die auf ein Fragenfeld oder ein Ereignisfeld eintreten, zufällige Karten mit Aufgaben oder Ereignissen ziehen. Durch das Zufallsprinzip wird die Neugier der Spieler auf die Aufgabe und deren Schwierigkeit geweckt. Es handelt sich also um eine kognitive Neugier. Außerdem sind die Spieler daran interessiert, wie zutreffend ihre Antworten waren, weil sie dafür eine Belohnung in Form von Münzen erwarten können. Da es sich hier um ein Brettspiel handelt, sind die Stimuli für sensorische Neugier durch bunte Spielmaterialien repräsentiert.

Die Literatur zum Spieldesign weist auf die subliminale Wirkung unterschiedlicher Stimuli, wie Tastkontakt, auf die kontextuelle Gedächtnisleistung hin (Crawford, 1984). Das betrifft vor allem nicht-digitale Brettspiele, die man zum Beispiel durch Sicht-, Hör-, Tast- und Riechkontakt bereichern kann. Im vorliegenden Spiel erfahren Teilnehmer den Tast- und den Sichtkontakt beispielsweise durch das Spielmaterial wie Spielfiguren, Spielsteine, Spiel-Chips usw., was sicherlich eine zusätzliche positive Wirkung auf die kontextuelle Erinnerung des Lernstoffs hat. Malone und Lepper (1987) weisen allerdings darauf hin, dass sensorische Stimuli wie Lauteffekte oder eine dynamische Grafik, die den Spielern unbekannt sind, zur Ablenkung von der eigentlichen Spielaufgabe führen können.

## Kontrolle

Das Merkmal »Kontrolle« über eine Tätigkeit hat einen direkten Einfluss auf die Selbstwirksamkeit der Spieler. Das Gefühl der Selbstbestimmung erhöht die intrinsische Motivation (Bandura & Wood, 1989; Cordova & Lepper, 1996). Die wahrgenommene Selbstwirksamkeit beeinflusst anschließend durch Verbesserung von analytischen Strategien organisatorische Leistung (Bandura, 1977; Bandura & Wood, 1989). Haben die Spieler nur wenig Kontrolle über den Spielverlauf, so wird eventuell der Attributionsstil über die Bereitschaft der Spieler, das Spiel weiterzuspielen, entscheiden: Werden also die Erfolge internal und Misserfolge external attribuiert, ist die Wahrscheinlichkeit hoch, dass die Teilnehmer nicht das Interesse am Spiel verlieren. Schieben die Spieler dagegen die Erfolge auf den Zufall und die Misserfolge auf die fehlende Gedächtnisleistung, so ist ein Interessenverlust wahrscheinlicher (Kelley, 1987). Die Kontrolle über den Spielverlauf haben die Spieler in diesem Beispiel nur indirekt. Wie weit die Spielfiguren auf dem Weg zum Ziel kommen, entscheiden die geworfenen Spielsteine und die zufällig gezogenen Fragenkarten entscheiden über die jeweiligen Aufgaben. Dies hat unter anderem die Absicht, die Teilnehmer dazu zu motivieren, sich im Laufe des Trainings besser auf den Lernstoff zu konzentrieren und sich möglichst viel zu merken, mit der Voraussicht, dass am Ende des Moduls dieses Spiel gespielt wird.

## Feedback

Eine wichtige Besonderheit jedes Spiels ist das sofortige Feedback. Im beschriebenen Spiel werden die Antworten der Spieler von den anderen Spielern gleich bewertet und mit den Münzen aus der Spielbank belohnt. Ein inkonsistentes Feedback oder negatives Feedback in Form eines ungünstigen Vergleichs eigener Leistung mit der Leistung anderer Spieler durch eine dritte Person kann das Lernen behindern (Kluger & DeNisi, 1996). Die Eindeutigkeit des Feedbacks und die Fairness der Bewertung durch die »Gegner« sind gegeben, indem jeder Spieler nach der Bewertung seiner Lösung die Karte mit den richtigen Antworten anschauen kann.

Ein Selbst- und ein Fremdvergleich der Teilnehmer untereinander sind in einem Gesellschaftsspiel unvermeidbar. Auch wenn dieser Vergleich nicht von einer dritten Person kommt, schafft er eine Konkurrenzsituation und somit einen Leistungsdruck unter den Spielern. Ein Misserfolg in Anwesenheit der anderen Teilnehmer kann die Lernmotivation mancher Teilnehmer deutlich schwächen. Dies kann vermieden werden, indem das Spiel beispielsweise mit zwei bis drei kleinen Teams, je zwei Spieler, gespielt wird. Der Misserfolg einzelner Spieler wird in diesem Fall durch den Teamerfolg relativiert.

## Zusammenfassung

Das Quiz-Brett-Spiel weist fast alle Merkmale eines gelungenen Spiels auf: Alle sechs Merkmale konnten sich im Spiel in größerem oder kleinerem Umfang wiederfinden. Eine Aussage über die Effektivität des Spiels ist nur begrenzt möglich. Zum einen schließe ich mich der Meinung von Malone (1980) an, dass in einem guten Spiel nicht die komplette Anzahl aller für das gute Spiel relevanten Elemente, sondern deren gelungene Kombination entscheidend ist. Zum anderen hat die Forschung noch keine eindeutige Antwort auf die Frage gegeben, wie die bestimmten Spielattribute und die Lernergebnisse kausal zusammenhängen. Bestehende Studien konnten keinen ausreichenden Beweis liefern, dass bestimmte Effekte eines Spiels von einem Merkmal oder von einer Interaktion mehrerer Merkmale abhängig sind. Eine genaue Prognose über ein Lern-Outcome eines Spiels ist daher schwierig. Nichtdestotrotz erhöht die Kenntnis über die Kernfaktoren die Wahrscheinlichkeit eines gelungenen Lernspiels.

Abschließend kann man sagen, dass jedes komplexe Problem eine umfassende Erforschung benötigt: Erstens, es reicht nicht aus, nur die Hauptmerkmale des Spiels zu identifizieren. Es ist ferner notwendig zu erforschen, in welcher Kombination und in welchem Ausprägungsgrad diese Merkmale zu einander stehen sollten. Zweitens, erfordert das Zusammensetzen von spielerischen und instruktionellen Inhalten besondere Vorsicht. Den Lernenden sollte sowohl die Freude am Lernen als auch eine pädagogische Unterstützung vermittelt werden. Drittens, soll leaning-by-doing nicht überschätzt werden. Das leaning-by-doing ist eine gesicherte und weit verbreitete Methode des Lernens. Instruktionelle Spiele bieten eine Gelegenheit an, mittels aktiver Teilnahme am Lernprozess, sich das neue Wissen anzueignen. Aber auch passive Beobachtung oder das Befolgen von Anweisungen können zum Lernerfolg beitragen. Solange der Mensch so vielfältig bleibt wie er ist, wird es auch vielfältige und interessante Lernmethoden geben, die jedem individuell angeboten werden sollten.

## 3.1.8 Literatur

Achtman, R. L., Green, C. S. & Bavelier, D. (2008). Video games as a tool to train visual skills. Restorative neurology and neuroscience, 26 (4), 435-446.

Admiraal, W., Huizenga, J., Akkerman S. & Ten Dam, G. (2011). The concept of flow in collaborative game-based learning. Computers in Human Behavior, 27 (3), 1185-1194.

Ang, C. S., Zaphiris, P. & Mahmood, S. (2007). A model of cognitive loads in massively multiplayer online role playing games. Interacting with computers, 19 (2), 167-179.

Bandura. A. (1977). Self-efficacy: Toward a Unifying Theory of Behavioral Change. Psychological review, 84 (2), 191-215.

Bandura, A. & Wood, R. (1989). Effect of perceived controllability and performance standards on self-regulation of complex decision making. Journal of personality and social psychology, 56 (5), 805.

Barzilai, S. & Blau, I. (2014). Scaffolding game-based learning: Impact on learning achievements, perceived learning, and game experiences. Computers & Education, 70, 65-79.

Basak, C., Boot, W. R., Voss, M. W. & Kramer, A. F. (2008). Can training in a real-time strategy video game attenuate cognitive decline in adults? Psychology and Aging, 23, 765-777.

Bedwell, W. L., Pavlas, D., Heyne, K., Lazzara, E. H. & Salas, E. (2012). Toward a taxonomy linking game attributes to learning an empirical study. Simulation & Gaming, 43 (6), 729-760.

Berlyne, D. E. (1960). Conflict, arousal, and curiosity. New York: Macgraw-Hill.

Blunt, R. (2007). Does game-based learning work? Results from three recent studies. Proceedings of the Interservice/Industry Training, Simulation & Education Conference. Orlando, FL: National Defense Industrial Association, 945-955.

Braun, O. L., Sauerland, M. & Pitzschel, B. (2014). Selbstmanagement im Arbeitsalltag: Zum Zusammenhang von Selbstmanagement, Optimismus, Arbeitszufriedenheit und psychischer Gesundheit. In M. Sauerland & O. Braun (Hrsg.), Aktuelle Trends in der Personal- und Organisationsentwicklung (S. 77-87). Tagungsband, 1. Auflage. Arbeitshefte Führungspsychologie, Band 73. Hamburg: Windmühle Verlag.

Bredemeier, M. & Greenblat, C. (1981). The educational effectiveness of simulation games: A synthesis of findings. Simulation & Gaming, 12, 307-331.

Chi, M. T. H., de Leeuw, N., Chiu, M. & LaVancher, C. (1994). Eliciting self-explanations improves understanding. Cognitive Science, 18, 439-477.

Clark, J. E., Lanphear, A. K. & Riddick, C. C. (1987). The effects of video game playing on the response selection processing of elderly adults. Journal of Gerontology, 42, 82-85.

Connolly, T. M., Boyle, E. A., MacArthur, E., Hainey, T. & Boyle, J. M. (2012). A systematic literature review of empirical evidence on computer games and serious games. Computers & Education, 59 (2), 661-686.

Cordova, D. I. & Lepper, M. R. (1996). Intrinsic motivation and the process of learning: Beneficial effects of contextualization, personalization, and choice. Journal of educational psychology, 88 (4), 715.

Crookall, D. & Saunders, D. (1989). Towards an integration of communication and simulation. Communication and simulation: From two fields to one theme, 3-29.

Crawford, C. (1984). The art of computer game design. Online verfügbar unter: http://www.vic20.vaxxine.com/wiki/images/9/96/Art_of_Game_Design.pdf (zuletzt besucht am 22.08.2014).

Csikszentmihalyi, M. & Csikzentmihaly, M. (1991). Flow: The psychology of optimal experience. Vol. 41. New York: Harper Perennial.

Druckman, D. (1995). The educational effectiveness of interactive games. Simulation and gaming across disciplines and cultures: ISAGA at a watershed, 178-187.

Duke, L. M. & Kaszniak, A. W. (2000). Executive control functions in degenerative dementias: A comparative review. Neuropsychology review, 10 (2), 75-99.

Dustman, R. E., Emmerson, R. Y., Steinhaus, L. A., Shearer, D. E. & Dustman, T. J. (1992). The effects of video game playing on neuropsychological performance of elderly individuals. Journal of Gerontology, 47, 168-171.

Ebbinghaus, H. (1885). Über das Gedächtnis: Untersuchungen zur experimentellen Psychologie. Duncker & Humblot.

Feinstein, A. H., Mann, S. & Corsun, D. L. (2002). Charting the experiential territory: Clarifying definitions and uses of computer simulation, games, and role play. Journal of Management Development, 21 (10), 732-744.

De Felix, J. W. & Johnson, R. T. (1994). Learning from video games. Computers in the Schools, 9 (2-3), 119-134.

Fritz, J. (1990). Wann bringen Brettspiele Spaß? Praxis Spiel und Gruppe. Zeitschrift für Gruppenarbeit. 3. Jahrgang, Heft 1, 1-10.

Gagne, R. M. (1984). Learning outcomes and their effects: Useful categories of human performance. American Psychologist, 39 (4), 377.

Garris, R., Ahlers, R., Drickell, J. E. (2002). Games, motivation, and learning: A Research and practice model. Simulation & Gaming, 33, 441-466.

Giannakos, M. N. (2013). Enjoy and learn with educational games: Examining factors affecting learning performance. Computers & Education, 68, 429-439.

Goertz, L. (2011). Spielerisch lernen und Zusammenhänge erkunden. Einsatzmöglichkeiten für Serious games in Unternehmen. Personalführung, Heft 2, 58-65.

Goldstein, J., Cajko, L., Oosterbroek, M., Michielsen, M., Van Houten, O. & Salvedera, F. (1997). Video games and the elderly. Social Behavior and Personality, 25, 345-352.

Gosenpud, J. & Miesing, P. (1992). The relative influence of several factors on simulation performance. Simulation & Gaming, 23 (3), 311-325.

Gredler, M. E. (1996). Educational games and simulations: A technology in search of a (research) paradigm. In: D. H. Jonassen (Ed.), Handbook of research on educational communications and technology. NY: Macmillan, 521-540.

Green, C. S. & Bavelier, D. (2006). Enumeration versus multiple object tracking: The case of action video game players. Cognition, 101 (1), 217-245.

Green, C. S. & Bavelier, D. (2008). Exercising your brain: a review of human brain plasticity and training-induced learning. Psychology and Aging, 23, 692-701.

Green, C. S., Li, R. & Bavelier, D. (2010). Perceptual learning during action video game playing. Topics in Cognitive Science, 2, 202-216.

Guillén-Nieto, V. & Aleson-Carbonell, M. (2012). Serious games and learning effectiveness: The case of It's a Deal! Computers & Education, 58, 435-448.

Hays, R. T. (2005). The effectiveness of instructional games: A literature review and discussion (No. NAWCTSD-TR-2005-004). Naval Air Warfare Center Training Systems DIV Orlando Fl.

Herzog, M. H. & Fahle, M. (1997). The role of feedback in learning a vernier discrimination task. Vision research, 37 (15), 2133-2141.

Huang, W. H., Huang, W. Y. & Tschopp, J. (2010). Sustaining iterative game playing processes in DGBL: The relationship between motivational processing and outcome processing. Computers & Education, 55 (2), 789-797.

Huizinga, J. (1950). Homo Ludens. The Beacon Press, Boston.

Jackson, G. T. & McNamara, D. S. (2013). Motivation and performance in a game-based intelligent tutoring system. Journal of educational psychology, 105 (4), 1036-1049.

Juul, J. (2003). The Game, the Player, the World: Looking for a Heart of Gameness. In: M. Copier & J. Raessens (Eds.). Level Up: Digital Games Research Conference Proceedings, edited, Utrecht: Utrecht University, 30-45.

Keller, J. M. (2008). An integrative theory of motivation, volition, and performance. Technology, Instruction, Cognition, and Learning, 6 (2), 79-104.

Kelley, H. H. (1987). Attribution in social interaction. Workshop on attribution theory at University of California, Los Angeles, Aug 1969. Lawrence Erlbaum Associates, Inc.

Klauser, F. (2000). Deklaratives, prozedurales, strategisches Wissen und Metakognition als Leitkategorien der Lernfeldgestaltung. Lernen in Lernfeldern. Theoretische Analysen und Gestaltungsansätze zum Lernfeldkonzept. Markt Schwaben: Eusl- Verlagsgesellschaft mbH, 111-122.

Kluger, A. N. & DeNisi, A. (1996). The effects of feedback interventions on performance: a historical review, a meta-analysis, and a preliminary feedback intervention theory. Psychological bulletin, 119 (2), 254.

Kolb, D. A. & Boyatzis, R. E. (2000). In: R. J. Sternberg and L. F. Zhang (Eds.). Perspectives on cognitive, learning, and thinking styles. NJ: Lawrence Erlbaum.

Kraiger, K., Ford, J. K. & Salas, E. (1993). Application of cognitive, skill-based, and affective theories of learning outcomes to new methods of training evaluation. Journal of applied psychology, 78 (2), 311.

Kratz, U., Pointner, A., Sauerland, M., Mihailovic, S. & Braun, O. L. (2016). Unternehmenskultur und erfolgreiche Gesundheitsförderung durch Vernetzung in der Region. In: B. Badura, A. Ducki, H. Schröder, J. Klose & M. Meyer (Hrsg.). Fehlzeiten-Report 2016: Unternehmenskultur und Gesundheit – Herausforderungen und Chancen. Berlin: Springer

Kriz, W. C. & Nöbauer, B. (2003). Den Lernerfolg mit Debriefing von Planspielen sichern. In: Bundesinstitut für Berufsbildung. Online verfügbar unter: www.bibb.de/dokumente/pdf/1_08a.pdf (zuletzt besucht am 10.11.2014).

Lawler, E. E. & Porter, L. W. (1967). The effect of performance on job satisfaction. Industrial relations. A journal of Economy and Society, 7(1), 20-28.

Lukesch, H. (2001). Psychologie des Lernens und Lehrens. Vol. 2. Roderer.

Maillot, P., Perrot, A. & Hartley, A. (2012). Effects of interactive physical-activity video-game training on physical and cognitive function in older adults. Psychology and aging, 27 (3), 589.

Malone, T. W. (1980). What makes things fun to learn? Heuristics for designing instructional computer games. Xerox Palo Alto Research Center, Palo Alto, California.

Malone, T. W. & Lepper, M. R. (1987). Making learning fun: A taxonomy of intrinsic motivations for learning. In: R. E. Snow & M. J. Farr (Eds.), Aptitude, learning and instruction: Vol. 3. Cognitive and affective process and analyses. Hillsdale, NJ: Lawrence Erlbaum, 223-253.

Mayer, R. E. (2001). Multimedia learning. New York, NY: Cambridge University Press.

Nakamoto, T., Otaguro, S., Kinoshita, M., Nagahama, M., Ohinishi, K. & Ishida, T. (2008). Cooking up an interactive olfactory game display. Computer Graphics and Applications, IEEE, 28 (1), 75-78.

Randel, J. M., Morris, B. A., Wetzel, C. D. & Whitehill, B. V. (1992). The effectiveness of games for educational purposes: A review of recent research. Simulation & Gaming, 23 (3), 261-276.

Reber, A. S. (1989). Implicit learning and tacit knowledge. Journal of experimental psychology: General, 118 (3), 219.

Renkl, A. & Atkinson, R. K. (2002). Learning from examples: Fostering self-explanations in computer-based learning environments. Interactive Learning Environments, 10, 105-119.

Ricci, K. E., Salas, E. & Cannon-Bowers, J. A. (1996). Do computer-based games facilitate knowledge acquisition and retention? Military Psychology, 8(4), 295.

Ritterfeld, U., Shen, C., Wang, H., Nocera, L. & Wong, W. L. (2009). Multimodality and interactivity: Connecting properties of serious games with educational outcomes. Cyberpsychology & Behavior, 12 (6), 691-697.

Roy, M. & Chi, M. T. H. (2005). The self-explanation principle in multimedia learning. In R. Mayer (Ed.), Cambridge handbook of multimedia learning. New York, NY: Cambridge University Press, 271-286.

Saint-Onge, H. (1996). Tacit knowledge the key to the strategic alignment of intellectual capital. Strategy & Leadership, 24 (2), 10-16.

Sauerland, M. & Reich, S. (2014). Dysfunctional Job-Cognitions: über die Folgen (dys-) funktionalen Denkens im Arbeitskontext. In: M. Sauerland & O. Braun (Hrsg.), Aktuelle Trends in der Personal- und Organisations-entwicklung. Hamburg: Windmühle.

Schaedle-Schardt, W. (2002). Wiederholung und Gedächtnis. Kompetenz braucht Zeit.

Schermer, F. J. (2006). Lernen und Gedächtnis. Vol. 10. W. Kohlhammer Verlag.

Schwegele, S., Zürn, B. & Trautwein, F. (2014) (Hrsg.). Planspiele – Erleben was kommt: Entwicklung von Zukunftszenarien und Strategien. ZMS-Schriftenreihe 5. Norderstedt: Books on Demand GmbH.

Sedano, C. I., Sutinen, E., Vinni, M. & Laine, T. H. (2012). Designing Hypercontextualized Games: A Case Study with LieksaMyst. Educational Technology & Society, 15 (2), 257-270.

Thomas, P. & Macredie, R. (1994). Games and the Design of Human & Computer Interfaces. Programmed Learning and Educational Technology, 31 (2), 134-142.

Vogel, J. J., Vogel, D. S., Cannon-Bowers, J., Bowers, C. A., Muse, K. & Wright, M. (2006). Computer gaming and interactive simulations for learning: A meta-analysis. Journal of Educational Computing Research, 34, 229-243.

Wilson, K. A., Bedwell, W. L., Lazzara, E. H., Salas, E., Burke, C. S. u. a. (2009). Relationships between game attributes and learning outcomes. review and research proposals. Similaiton & Gaming, Sage Publications, 40 (2), 217-266.

Wittrock, M. C. (1974). Learning as a generative activity. Educational Psychologist, 11, 87-95.

Wouters, P., v. Nimwagen, C., v. Oostendorp, H. & v. der Spek, E. (2013). A meta-analysis of the cognitive and motivational effects of serious games. Journal of Educational Psychologie, 105 (2), 249-265.

## 3.2 Trainingsevaluation: Positive Psychologie und Small-Talk/Networking

Ottmar L. Braun, Natalie Gouasé und Sven Simek

### 3.2.1 Fragestellung und Hypothesen

Anhand der korrelativen Ergebnisse im zweiten Kapitel dieses Buches kann man davon ausgehen, dass das Modell des Positiven Selbstmanagements weitestgehend zutrifft. Die sich hier anschließende Frage lautet, ob sich Selbstmanagementkompetenzen trainieren lassen. Hinweise darauf finden sich in der Literatur (vgl. König & Kleinmann, 2006) und auch bei Müssigmann und Braun (2009). Sie führten ein Training durch, welches sich inhaltlich eng an der Literatur von Seiwert (2014) bezüglich Zeitmanagement orientiert. Das Ziel war die Steigerung von drei Kompetenzen:

1. Verbesserung der Zielsetzung und der beruflichen Zielklarheit
2. Erlernung der Techniken des Zeitmanagements
3. Erhöhung der Selbstdisziplin

Der Studie lag ein 2 x 2 quasiexperimenteller Versuchsplan zu Grunde. Die Messzeitpunkte lagen kurz vor dem Training sowie vier Wochen danach. Die Versuchsteilnehmer wurden den beiden Bedingungen Kontroll- und Experimentalgruppe nicht zufällig zugewiesen.

Die Stichprobe bestand aus 92 Personen mit einer Rücklaufquote von 60 %. Der Altersdurchschnitt lag bei 32,3 Jahren. 47 % der Probanden waren männlich, 53 % weiblich.

Der Fokus wurde bei dem Landauer Fragebogen zum Zeitmanagement auf die Skalen Zielklarheit, Kenntnis der Zeitmanagementinstrumente, Nutzung der Zeitmanagementinstrumente, Planung, Selbstdisziplin, Aufschiebung, Studienzufriedenheit, Hoffnung und Stress gelegt. Das Training bewirkte eine fast durchgängige Verbesserung der meisten Skalen. Bezüglich Kenntnis der Zeitmanagementinstrumente, Nutzung der Zeitmanagementinstrumente und Planung konnte eine hochsignifikante Steigerung in der Trainingsgruppe beobachtet werden. Bei den Variablen Zielklarheit, Selbstdisziplin, Aufschiebung, Studienzufriedenheit und Stress waren ebenfalls signifikante Änderungen in der erwarteten Richtung zu beobachten. Man kann also festhalten, dass verschiedene Selbstmanagementkompetenzen trainierbar sind, die auch Wochen später noch messbar sind.

Bei dem im Folgenden beschriebenen Training geht es um die Module »Positive Psychologie« und »Smalltalk/Networking«. Das Hauptaugenmerk der Untersuchung lag auf der Frage, ob sich diese trainieren lassen und ob es Auswirkungen auf die Selbstwirksamkeitserwartungen hat. Konkret wurde erwartet, dass das Training sich auch nach Wochen positiv auf die Selbstwirksamkeitserwartungen auswirkt. Außerdem sollte untersucht werden, ob es Transfereffekte auf andere Selbstmanagementkompetenzen gibt.

Leithypothese 1: Es wird erwartet, dass die Selbstmanagementkompetenzen Positive Psychologie und Smalltalk/Networking durch das Training positiv beeinflusst werden.

Leithypothese 2: Es wird erwartet, dass die kognitiven, motivationalen und emotionalen Konsequenzen durch das Training positiv beeinflusst werden.

Leithypothese 3: Es wird erwartet, dass die langfristigen Folgen positiv beeinflusst werden.

### 3.2.2 Das Training

Das Training dauerte einen Tag. Es beinhaltete mehrere Übungen und bestand aus verschiedenen Teilen. Die einzelnen Übungen sind folgend aufgeführt:

Der »Maßnahmenplan« ist eine Unterstützung für das Erreichen von Zielen, indem man diese konkret benennt und zusätzlich Fragen verschriftlicht wie: »Was? Wozu? Wer? Start? Fertig?«. Somit wirkt dieser unterstützend für die Umsetzung der Zielintentionen.

In das »Glückstagebuch« werden Übungen und Ergebnisse sowie persönliche Gedanken notiert, um daraus persönliche Rückschlüsse zu ziehen.

»Stärken entdecken und Stärken ergänzen« besteht aus dem Charakterstärkentest aus Seligman (2012). In diesem sollen die Personen anhand von 24 Charakterstärken, welche sechs Tugenden zugeordnet werden, ihre eigenen Stärken erkennen und diese dann in ihr Glückstagebuch eintragen.

Bei der Übung »Drei gute Gespräche« sollen sich die Teilnehmer auf drei Gespräche am Tag fokussieren, welche gut gelaufen sind und diese in ihr Glückstagebuch eintragen.

Der »Dankbarkeitsbesuch« hat das Ziel, dass man seine Dankbarkeit einer Person gegenüber zum Ausdruck bringt und konkret darlegt, wofür man dankbar ist.

»Was ist gut gelaufen?« soll die Wahrnehmung von Personen von negativen Dingen hin zu positiven Dingen lenken, um letztlich die eigene Person zu stärken.

»Achtsamkeitsübungen« haben ein übergeordnetes Ziel; sie sollen die Aufmerksamkeit auf Dinge richten, die im Alltagstrott übersehen werden. Beispielsweise ein bewussterer Umgang mit Gesprächspartnern oder ein höheres Bewusstsein für seinen eigenen Körper bzw. die Umwelt draußen vor dem eigenen Fenster.

»Wie stellen Sie sich vor?« hat das Ziel, den eigenen Namen dem Gesprächspartner so darzulegen, dass dieser ihn nicht vergisst.

»Smalltalk: Do & Don't« ist eine Auflistung von Themen, welche vornehmlich für Smalltalk benutzt werden sollten und andere, die sich nicht sonderlich dafür eignen.

»Netzwerklandkarte« ist eine visuelle Auflistung von Kontakten der Teilnehmer, zu welchen Personen die Teilnehmer welche Art von Kontakt haben und welche Kontakte sie in Zukunft persönlich mehr pflegen möchten.

»CareerGames – spielend trainieren!« ist ein von Ottmar L. Braun und Kollegen entwickeltes Quizbrettspiel, welches die Übungen des gesamten Tages aufgreift und spielerisch Wissensabfragen, situative Fragen und Rollenspiele der Inhalte vornimmt. Die Dauer des Spiels kann variieren, in der Regel jedoch kann man mit eineinhalb Stunden rechnen.

»Lernpartnerschaften« bilden den Abschluss des Seminars. Jeder Teilnehmer sucht sich einen Partner, mit dem er die folgenden Wochen reflektieren sollte, und um sich gegenseitig zu motivieren, Techniken und Übungen in die Tat umzusetzen.

### 3.2.3 Befragungspersonen

Insgesamt bestanden die beiden Trainingsgruppen aus 21 Studierenden der Universität Landau, die an zwei verschiedenen Tagen an dem Training teilgenommen hatten. Deren mittleres Alter betrug 27,2 Jahre (SD = 8,4). Der weibliche Anteil lag bei 76,2 %. Der Anteil an Psychologiestudierenden betrug 86 %, die restlichen 14 % waren in Lehramtsstudiengängen eingeschrieben.

### 3.2.4 Fragebogen und Design

Die Fragebögen bestanden aus zwei Skalen zu den Themen Positive Psychologie sowie Smalltalk/Networking mit jeweils 10 Items. Zusätzlich wurden weitere Skalen integriert: Ziele (10 Items), Stress (10 Items), Motivation (10 Items), Gesundheit (10 Items), Zeitmanagement & Arbeitstechniken (10 Items), Selbst-PR (10 Items), Lerntechniken (10 Items), Optimismus (5 + 5 Items; 5 Items waren Dummy-Items), Selbstwirksamkeitserwartungen (10 Items), Studienzufriedenheit (10 Items) und Psychosomatische Beschwerden (16 Items). Das Antwortformat bei allen Skalen war 5-stufig. 1 entsprach »Stimmt nicht«, 5 entsprach »Stimmt«. Für die Skala Psychosomatische Beschwerden änderte sich das Antwortformat in 1 »Überhaupt nicht« und 5 »Sehr stark«. Die Quellenangaben zu den einzelnen Skalen finden sich in den vorangegangenen Kapiteln. Die Messungen durch die Fragebögen fanden am Morgen vor dem Seminar (t1) statt, am Abend nach dem Seminar (t2) sowie vier Wochen danach (t3).

### 3.2.5 Ergebnisse

Die Reliabilitäten der einzelnen Skalen finden sich in Tabelle 3.2.1.

Tabelle 3.2.1: Interne Konsistenz der Skalen zu den 3 Messzeitpunkten (N = 21)

| Skala | MZP 1 | MZP 2 | MZP 3 |
|---|---|---|---|
| Positive Psychologie | .50 | .72 | .83 |
| Small-Talk/Networking | .81 | .79 | .78 |
| Ziele | .73 | .81 | .73 |
| Stress | .93 | .93 | .95 |
| Motivation | .89 | .94 | .93 |
| Gesundheit | .44 | .48 | .44 |
| Zeitmanagement & Arbeitstechniken | .69 | .81 | .66 |
| Selbst-PR | .87 | .89 | .84 |
| Lerntechniken | .88 | .89 | .85 |
| Optimismus | .78 | .74 | .82 |
| Selbstwirksamkeitserwartungen | .86 | .90 | .91 |
| Studienzufriedenheit | .87 | .83 | .89 |
| Psychosomatische Beschwerden | .82 | .87 | .82 |

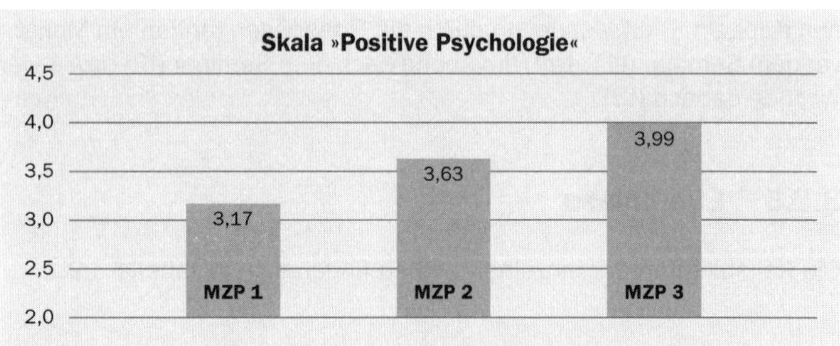


Abbildung 3.2.1: Mittelwerte der Skala »Positive Psychologie« zu den drei Messzeitpunkten

Die Mittelwerte für die Skala Positive Psychologie der Trainingsgruppe zu den verschiedenen Messzeitpunkten finden sich in Abbildung 3.2.1 wieder. Der Unterschied zwischen Messzeitpunkt 1 und 3 ist signifikant ($t(17) = 8{,}49$, $p < .001$).

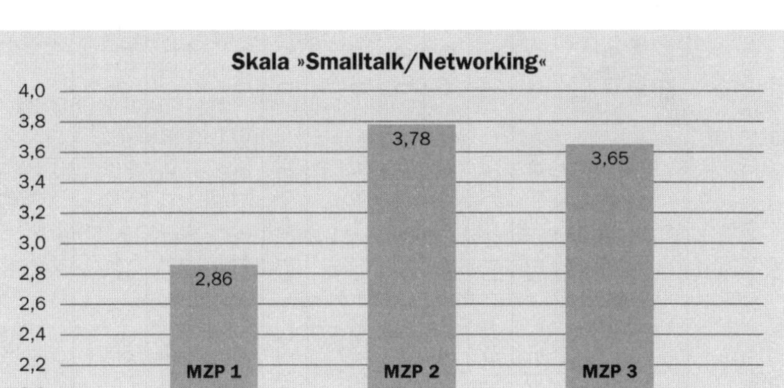


Abbildung 3.2.2: Mittelwerte der Skala »Smalltalk/Networking« zu den drei Messzeitpunkten

Die Mittelwerte für die Skala Smalltalk und Networking der Trainingsgruppe zu den verschiedenen Messzeitpunkten finden sich in Abbildung 3.2.2 wieder.

Der Unterschied zwischen Messzeitpunkt 1 und 3 ist ebenfalls signifikant ($t(17) = 7,93$, $p < .001$).

Bezüglich der kognitiven, motivationalen und emotionalen Konsequenzen zeigt sich ein eindeutiges Bild. Optimismus, Motivation sowie Selbstwirksamkeitserwartungen haben im Laufe von vier Wochen signifikant zugenommen. Die t-Werte betragen 3,37; 3,31 sowie 3,19 und sind allesamt signifikant (Motivation, Optimismus, Selbstwirksamkeitserwartungen).

Bezüglich der langfristigen Folgen zeigt sich kein kohärentes Bild. Studienzufriedenheit sowie Depressive Verstimmung zeigen nach vier Wochen signifikante Unterschiede in dem Sinne auf, dass sie sich positiv für die Personen verändert haben. Bei Psychosomatischen Beschwerden sowie Stress zeigen sich keine langfristigen signifikanten Änderungen.

Es gab noch vier Selbstmanagementkompetenzen, welche nicht explizit durch das Training trainiert wurden: Zielklarheit, Zeitmanagement und Arbeitstechniken, Selbst-PR sowie Lerntechniken, bei welchen allesamt signifikante Änderungen nach vier Wochen beobachtet werden konnten (siehe Tabelle 3.2.3).

Die Kennwerte aller Skalen finden sich in Tabellen 3.2.2 sowie 3.2.3.

Tabelle 3.2.2: Kennwerte der trainierten Skalen Positive Psychologie und Smalltalk/Networking sowie der Skalen aus den kognitiven, motivationalen und emotionalen Konsequenzen und den langfristigen Folgen – Mittelwerte sowie Standardabweichungen zu allen Zeitpunkten sowie t-Test und Effektstärke nach Cohen (N = 21)

| **Skala** | **M (SD) t1** | **M (SD) t2** | **M (SD) t3** | **MZP 1 vs 2** | **MZP 2 vs 3** | **MZP 1 vs 3** | **Effektstärke MZP 1 vs 3** |
|---|---|---|---|---|---|---|---|
| (1) Positive Psychologie | 3,2 (.40) | 3,6 (.48) | 4,0 (.62) | t(20) = 6,49*** | t(17) = 3,54** | t(17) = 8,49*** | 2,00 |
| (1) Smalltalk/Networking | 2,9 (.64) | 3,8 (.53) | 3,7 (.46) | t(20) = 9,2*** | t(17) = 2,08 | t(17) = 7,93*** | 1,87 |
| (2) Motivation | 3,2 (.76) | 3,4 (.79) | 3,7 (.72) | t(20) = 2,26* | t(17) = 2,3* | t(17) = 3,37** | 0,79 |
| (2) Optimismus | 3,8 (.59) | 3,8 (.54) | 4,0 (.58) | t(20) = 1,2 | t(17) = 2,03 | t(17) = 3,31** | 0,78 |
| (2) Selbstwirksamkeitserwartung | 3,7 (.60) | 3,8 (.59) | 4,0 (.58) | t(20) = 1,69 | t(17) = 2,48* | t(17) = 3,19** | 0,75 |
| (3) Studienzufriedenheit | 4,3 (.62) | 4,3 (.52) | 4,4 (.45) | t(20) = ,08 | t(17) = 3,24** | t(17) = 2,31* | 0,54 |
| (3) Psychosomatische Beschwerden | 1,5 (.37) | 1,4 (.38) | 1,4 (.35) | t(20) = 2,75* | t(17) = ,38 | t(17) = 1,98 | 0,47 |
| (3) Stress | 2,4 (.87) | 2,0 (.88) | 2,4 (.96) | t(20) = 4,03*** | t(17) = 2,16* | t(17) = 1,14 | 0,27 |
| (3) Depressive Verstimmung | 1,4 (.59) | 1,3 (.66) | 1,3 (.50) | t(20) = ,86 | t(17) = 1,22 | t(17) = 2,23* | 0,53 |

Anmerkungen:

* $p < 0.05$, ** $p < 0.01$, *** $p < 0.001$

Effektstärke nach Cohens d berechnet: $t/\sqrt{N}$: Effektstärken von 0,2 bis 0,5 werden in der Literatur als klein angesehen, 0,5 bis 0,8 als mittel, sowie alle größer als 0,8 als stark. Die Zahlen in Klammern signalisieren die Position der Skala im Modell des Positiven Selbstmanagements, (1): Teil der Selbstmanagementkompetenzen, (2): Teil der kognitiven, motivationalen und emotionalen Konsequenzen, (3): Teil der langfristigen Folgen

Tabelle 3.2.3: Kennwerte der untrainierten Skalen - Mittelwerte sowie Standardabweichungen zu allen Zeitpunkten sowie t-Test und Effektstärke nach Cohen (N = 21)

| **Skala** | **M (SD) t1** | **M (SD) t2** | **M (SD) t3** | **MZP 1 vs 2** | **MZP 2 vs 3** | **MZP 1 vs 3** | **Effektstärke MZP 1 vs 3** |
|---|---|---|---|---|---|---|---|
| (1) Zielklarheit | 3,2 (.51) | 3,5 (.56) | 3,7 (.48) | $t(20) = 4{,}24^{***}$ | $t(17) = 1{,}73$ | $t(17) = 5{,}55^{***}$ | 1,31 |
| (1) Zeitmanagement/ Arbeitstechniken | 3,1 (.67) | 3,5 (.67) | 3,8 (.46) | $t(19) = 6{,}16^{***}$ | $t(17) = 3{,}28^{**}$ | $t(16) = 8{,}65^{***}$ | 2,10 |
| (1) Selbst-PR | 3,0 (.63) | 3,3 (.75) | 3,5 (.66) | $t(20) = 4{,}68^{***}$ | $t(17) = 2{,}63^{*}$ | $t(17) = 6{,}54^{***}$ | 1,54 |
| (1) Lerntechniken | 3,7 (.68) | 3,9 (.69) | 4,3 (.48) | $t(20) = 3{,}62^{**}$ | $t(17) = 3{,}94^{***}$ | $t(17) = 5{,}46^{***}$ | 1,29 |

Anmerkungen:

$^{*}p < 0.05$, $^{**}p < 0.01$, $^{***}p < 0.001$

Effektstärke nach Cohens d berechnet: $t/\sqrt{N}$: Effektstärken von 0,2 bis 0,5 werden in der Literatur als klein angesehen, 0,5 bis 0,8 als mittel, sowie alle größer als 0,8 als stark. Die Zahlen in Klammern signalisieren die Position der Skala im Modell des Positiven Selbstmanagements, (1): Teil der Selbstmanagementkompetenzen, (2): Teil der kognitiven, motivationalen und emotionalen Konsequenzen, (3): Teil der langfristigen Folgen

### 3.2.6 Zusammenfassung und Diskussion der Ergebnisse

Es wurde erwartet, dass die Selbstmanagementkompetenzen Positive Psychologie und Smalltalk/Networking durch das Training positiv beeinflusst werden und die Effekte sich auch nach Wochen zeigen. Dies kann als bestätigt angesehen werden. Positive Psychologie ist auf der Skala von durchschnittlich 3,2 auf 4,0 angestiegen, Smalltalk/Networking von 2,9 auf 3,7 nach vier Wochen. Leithypothese 1 gilt somit als bestätigt.

Es wurde erwartet, dass die kognitiven, motivationalen und emotionalen Konsequenzen ansteigen. Alle drei Skalen, Motivation, Optimismus und Selbstwirksamkeitserwartungen zeigen positive Effekte nach vier Wochen. Leithypothese 2 ist somit ebenfalls bestätigt.

Es wurde erwartet, dass die langfristigen Folgen positiv beeinflusst werden.

Bezüglich der Konstrukte Studienzufriedenheit und Depressive Verstimmung zeigt sich der vorhergesagte Effekt in der erhofften Richtung. Bei den Skalen Stress sowie Psychosomatische Beschwerden zeigten sich keine signifikanten Unterschiede. Somit gilt Leithypothese 3 als teilweise bestätigt.

Das Training war ursprünglich darauf ausgelegt, Positive Psychologie sowie Smalltalk/Networking Kompetenzen zu trainieren. Es lassen sich aber Transfereffekte beobachten zu allen anderen gemessenen Selbstmanagementkompetenzen. Allesamt zeigen sie signifikante Änderungen nach vier Wochen in positiver Richtung.

Alles in allem ist die Studie ein Beleg dafür, dass Selbstmanagementkompetenzen, hier Positive Psychologie sowie Smalltalk/Networking, trainierbar sind und die Effekte sich auch nach mehreren Wochen nachweisen lassen.

Wie ist die Studie methodisch zu bewerten? Es lässt sich kritisieren, dass es keine Kontrollgruppe gibt, mit der man die Ergebnisse vergleichen könnte, weswegen die Aussagekraft beschränkt ist.

Bezüglich der Anwendungsmöglichkeiten erschließt sich ein weites Feld. Trainings zu Selbstmanagement-Kompetenzen an Universitäten könnte man im Curriculum einzuführen. Die Förderung der Zielklarheit, die Förderung von Small-talk-Kompetenzen, die Förderung von Optimismus und Motivation sind Kerneigenschaften, die ein erfolgreiches Studium begünstigen. Wir sind davon überzeugt, dass man mit einem solchen Training die Quote der Studienabbrecher signifikant senken könnte.

Die Forschung in diesem Gebiet ist bei weitem noch nicht abgeschlossen. Positive Psychologie und Smalltalk/Networking sind nur zwei von vielen Selbstmanagement-Kompetenzen. Die Übungen, welche im Training angewandt wurden, repräsentieren ebenfalls nur einen sehr kleinen Ausschnitt eines Repertoires an Übungen, von denen es noch sehr viele weitere gibt.

Eine weitere interessante Frage bietet sich bezüglich einer Standardisierung der Methode. Durch weitere Testungen lassen sich die effektivsten Übungen zum Training von bestimmten Selbstmanagement-Kompetenzen herausfiltern, verbessern und standardisieren, wodurch die Qualität der Anwendung der Übungen konstant gehalten werden kann.

Welche Fragen sollen in der zukünftigen Forschung beantwortet werden? Diese Studie beschäftigte sich mit den Konstrukten Positive Psychologie und Smalltalk/Networking. Natürlich ist das nur ein sehr kleiner Ausschnitt aus allen Selbstmanagement-Kompetenzen. Im nächsten Kapitel werden darum weitere Konstrukte, Positive Psychologie sowie Zeitmanagement, abgehandelt.

### 3.2.7 Literatur

König, C. J. & Kleinmann, M. (2006) Selbstmanagement. In: Schuler, H. (Hrsg.), Lehrbuch der Personalpsychologie (S.331-348) (2. Aufl.). Göttingen: Hogrefe.

Müssigmann, M. J. & Braun, O. L. (2009). Evaluation eines Trainings zur Erhöhung der Zeit- und Selbstmanagementkompetenzen in verschiedenen Settings. In: Der Mensch im Mittelpunkt wirtschaftlichen Handelns: Tagungsband zur 15. Fachtagung der »Gesellschaft für angewandte Wirtschaftspsychologie«, Ludwigshafen, 10.-11. Juli 2009. Lengerich [u. a.]: Pabst Science Publishers, S. 453-467.

Seiwert, L. J. (2014). Das neue 1 x 1 des Zeitmanagement. (13. Aufl., 36., aktual. Aufl.). München: Gräfe und Unzer. Seligman, M. (2012). Flourish – Wie Menschen aufblühen: Die Positive Psychologie des gelingenden Lebens. München: Kösel-Verlag.

# 3.3 Trainingsevaluation: Positive Psychologie und Zeitmanagement

Irina Hahn, Ottmar L. Braun und Sven Simek

## 3.3.1 Fragestellung und Hypothesen

Bei dem im Folgenden beschriebenen Training geht es um die Module »Positive Psychologie« und »Zeitmanagement«. Das Hauptaugenmerk der Untersuchung lag auf der Frage, ob sich diese trainieren lassen und ob es Auswirkungen auf die Selbstwirksamkeitserwartungen hat. Konkret wurde erwartet, dass das Training sich auch nach Wochen positiv auf die Selbstwirksamkeitserwartungen auswirkt. Außerdem sollte untersucht werden, ob es Transfereffekte auf andere Selbstmanagementkompetenzen gibt.

Leithypothese 1: Es wird erwartet, dass die Selbstmanagementkompetenzen, Positive Psychologie und Zeitmanagement durch das Training positiv beeinflusst werden und die Effekte sich auch nach Wochen zeigen.

Leithypothese 2: Es wird erwartet, dass die kognitiven, motivationalen und emotionalen Konsequenzen positiv beeinflusst werden.

Leithypothese 3: Es wird erwartet, dass die langfristigen Folgen positiv beeinflusst werden.

## 3.3.2 Methode

Der Studie liegt ein quasi-experimentelles Design ohne Kontrollgruppe zugrunde. Insgesamt 51 Personen nahmen an einem eintägigen Training statt. Die Daten wurden zu zwei Messzeitpunkten erhoben. Das erste Mal am Morgen des Trainingstages (t1) sowie vier Wochen danach (t2).

Das Training enthielt Erläuterungen zu verschiedenen Konstrukten und die Einführung in verschiedene Übungen zu Positiver Psychologie und Zeitmanagement, darunter Übungen für zu Hause, ein Dankbarkeitstagebuch, Stärken entdecken und ein Stärken-Test, Glücksliste, Glückstagebuch, Erholungskompetenz steigern, die Erläuterung des SMART-Modells, die Erfassung der eigenen Leistungskurve, das Lernen, »Nein« zu sagen und zum Abschluss das Spiel »CareerGames – spielend trainieren!«.

 

### 3.3.3 Befragungspersonen

51 Studierende nahmen am Training teil. 46 Personen haben den Fragebogen für den zweiten Termin per Brief zurückgeschickt. 16 Teilnehmer waren männlich, 30 weiblich. 40 Teilnehmer hatten die allgemeine Hochschulreife und sechs einen Hochschulabschluss. 35 Personen waren unter 25 Jahre alt und elf über 25.

### 3.3.4 Fragebogen

Der Fragebogen bestand aus insgesamt 20 Skalen. Die Skalen, die getestet wurden, waren Positive Psychologie (10 Items), Ziele und Zielklarheit (5 Items), Selbstdisziplin (5 Items), Zeitmanagement & Arbeitstechniken (5 Items), Selbst-PR (5 Items), Smalltalk und Networking (5 Items), Einschränkende Überzeugungen (5 Items), Emotionsregulation (5 Items), Problemlösetechniken (5 Items), Gesundheitsvorsorge & Vitalität (5 Items), Anwendung von Lerntechniken (5 Items), Finanzielles Selbstmanagement (5 Items), Selbstwirksamkeitserwartungen (10 Items), Optimismus (5 Items), Resilienz (13 Items), Stress (5 Items), Motivation (5 Items), Arbeitszufriedenheit (5 Items), Depressive Verstimmung (6 Items) sowie Psychosomatische Beschwerden (9 Items).

Das Antwortformat bei allen Skalen war 5-stufig. 1 entsprach »Stimmt gar nicht«, 5 entsprach »Stimmt völlig«. Für die Skalen Psychosomatische Beschwerden sowie depressive Verstimmung änderte sich das Antwortformat in 1 »Gar keine« und 5 »Stark«.

Zusätzlich gab es noch zwei weitere Fragebögen, welche sich auf das Seminar bezogen haben (10 Items) sowie auf das Spiel »CareerGames – spielend trainieren!« (13 Items).

Dieses Antwortformat war ebenfalls 5-stufig mit den Endpunkten »Stimmt nicht« (1) bis hin zu »Stimmt« (5). Folgend sind die Items der zwei Skalen aufgeführt

**Items zum Seminar/Training**

1. Die Veranstaltung war theoretisch gut fundiert.
2. Die Veranstaltung hatte einen guten Bezug zur Praxis.
3. Die Veranstaltung hat mich nicht gelangweilt.

4. Der/die Dozent/in/en kannte/n sich im Stoff aus.
5. Die Veranstaltung war didaktisch gut (Qualität der Vorträge, Methodenvielfalt, usw.).
6. In der Veranstaltung ist praxisrelevanter Stoff vermittelt worden.
7. Durch die Veranstaltung habe ich viel gelernt
8. Die anderen haben in der Veranstaltung gut mitgearbeitet.
9. Die Präsentationen/Referate in der Veranstaltung waren gut vorbereitet.
10. Im Vergleich zu anderen Veranstaltungen war diese Veranstaltung: Antwortformat von 1 (viel schlechter) bis 5 (viel besser).

**Items zum Spiel**

1. Es hat Spaß gemacht, das Spiel zu spielen
2. Ich habe während des Spiels mein Wissen zum Thema vertiefen können.
3. Ich habe von den Erfahrungen der anderen profitieren können.
4. Das Spiel hat mich zum Austausch mit meinen Mitschülern angeregt
5. Bestimmte Lerninhalte werde ich schon bald selber umsetzen.
6. Die Inhalte aus den Vorträgen konnte ich in den Karten wiederfinden
7. Ich werde das Spiel weiterempfehlen.
8. Die Stimmung in der Spielgruppe war gut.
9. Wir haben uns innerhalb der Gruppe bei den Fragen unterstützt.
10. Ich würde das Spiel gerne mit anderen Lern-Themen noch einmal spielen
11. Die Tatsache, dass es Musterlösungen gab, hat mir gut gefallen.
12. Es hat mir gut gefallen, dass man belohnt wurde, wenn man richtige Antworten gegeben hat.
13. Ich konnte mich während des Spiels gut konzentrieren.

Die zwei Fragebögen zum Seminar/Spiel decken dabei die erste Ebene des Evaluationsmodells von Kirkpatrick (2006) ab, die unmittelbare Reaktion. Dies unterscheidet diese zwei Fragebögen von den restlichen in der Studie, da diese wiederum die zweite Ebene abdecken, die Lernebene.

## 3.3.5 Ergebnisse

Ergebnisse der zwei Skalen zum Seminar/Spiel.

Tabelle 3.3.1: Kennwerte der Skalen zum Seminar und Spiel – Mittelwerte sowie Standardfehler (N = 46)

| Items zum Seminar | M (SE) | Items zum Spiel | M (SE) |
|---|---|---|---|
| Item 1 | 4,63 (.07) | Item 1 | 3,72 (.17) |
| Item 2 | 4,61 (.09) | Item 2 | 4,41 (.09) |
| Item 3 | 4,39 (.10) | Item 3 | 4,20 (.11) |
| Item 4 | 4,57 (.07) | Item 4 | 4,41 (.11) |
| Item 5 | 4,48 (.10) | Item 5 | 4,11 (.11) |
| Item 6 | 4,67 (.08) | Item 6 | 4,70 (.09) |
| Item 7 | 4,02 (.13) | Item 7 | 3,15 (.18) |
| Item 8 | 4,61 (.07) | Item 8 | 4,78 (.07) |
| Item 9 | 4,74 (.07) | Item 9 | 4,74 (.07) |
| Item 10 | 4,41 (.09) | Item 10 | 3,78 (.19) |
| | | Item 11 | 4,48 (.12) |
| | | Item 12 | 4,17 (.13) |
| | | Item 13 | 3,80 (.13) |
| **Gesamtmittelwert** | **4,51** | **Gesamtmittelwert** | **4,19** |

Anmerkungen:
Reihenfolge der Items entspricht der Beschriftung im Kapitel 3.3.4

Die Reliabilitäten der einzelnen Skalen finden sich in Tabelle 3.3.2.

Tabelle 3.3.2: Interne Konsistenz der Skalen zu den 2 Messzeitpunkten (N = 46)

| **Skala** | **MZP 1** | **MZP 2** |
|---|---|---|
| Positive Psychologie | .75 | .67 |
| Ziele und Zielklarheit | .88 | .92 |
| Selbstdisziplin | .89 | .91 |
| Zeitmanagement & Arbeitstechniken | .62 | .64 |
| Selbst-PR | .81 | .84 |
| Smalltalk & Networking | .80 | .76 |
| Einschränkende Überzeugungen | .82 | .87 |
| Emotionsregulation | .77 | .79 |
| Problemlösetechniken | .82 | .78 |
| Gesundheitsvorsorge & Vitalität | .81 | .81 |
| Anwendung von Lerntechniken | .82 | .77 |
| Finanzielles Selbstmanagement | .78 | .83 |
| Selbstwirksamkeitserwartungen | .92 | .92 |
| Optimismus | .86 | .81 |
| Resilienz | .80 | .85 |
| Stress | .93 | .94 |
| Motivation | .91 | .93 |
| Arbeitszufriedenheit | .91 | .93 |
| Depressive Verstimmung | .91 | .88 |
| Psychosomatische Beschwerden | .77 | .86 |

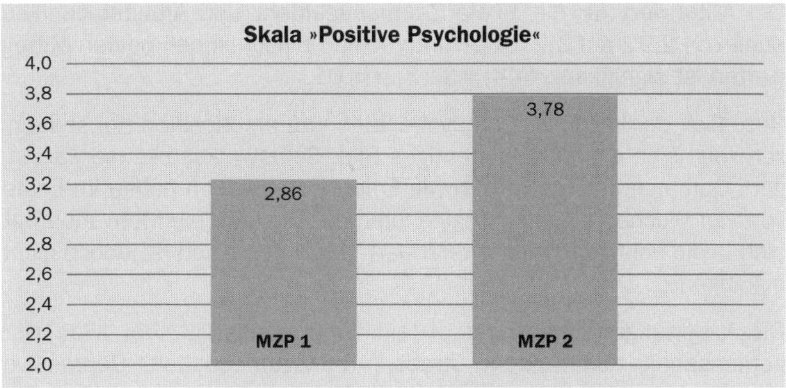

Skala »Positive Psychologie«
4,0
3,8
3,6
3,4
3,2
3,0
2,8
2,6
2,4
2,2
2,0
2,86
3,78
MZP 1
MZP 2

Abbildung 3.3.1: Mittelwerte der Skala »Positive Psychologie« zu den zwei Messzeitpunkten (N = 46)

Der Mittelwerte für die Skala Positive Psychologie stieg von MZP 1 zu MZP 2 von 3,23 auf 3,79 an. Der Unterschied zwischen diesen beiden Mittelwerten ist signifikant, $t(45) = 7{,}96$, $p < .001$.

Skala »Zeitmanagement und Arbeitstechniken«
3,4
3,2
3,0
2,8
2,6
2,4
2,2
2,0
2,92
3,27
MZP 1
MZP 2

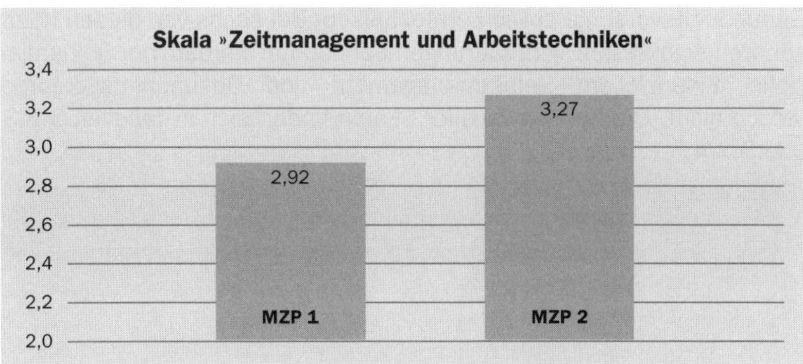

Abbildung 3.3.2: Mittelwerte der Skala »Zeitmanagement und Arbeitstechniken« zu den zwei Messzeitpunkten (N = 45

Der Mittelwert für die Skala Zeitmanagement und Arbeitstechniken stieg von 2,92 auf 3,27. Der Unterschied zwischen den beiden Mittelwerten ist signifikant, $t(44) = 3{,}13$, $p < .01$.

Bezüglich der kognitiven, motivationalen und emotionalen Konsequenzen zeigt sich ein recht eindeutiges Bild. Selbstwirksamkeitserwartungen, Optimismus, Resilienz sowie Emotionsregulation haben im Laufe von vier Wochen signifikant zugenommen. Die Variable Motivation hat sich in die richtige Richtung verändert, der Unterschied ist jedoch nicht signifikant.

Die langfristigen Folgen zeigen ein kohärentes Bild. Bei allen vier gemessenen Konstrukten, Stress, Arbeitszufriedenheit, Depressive Verstimmung sowie Psychosomatische Beschwerden, zeigen sich keine signifikanten Unterschiede nach vier Wochen.

Es gab neun weitere Selbstmanagementkompetenzen, die nicht explizit durch das Training trainiert wurden: Selbstdisziplin, Ziele und Zielklarheit, Selbst-PR, Smalltalk/Networking, Einschränkende Überzeugungen, Finanzielles Selbstmanagement, Problemlösetechniken, Gesundheitsvorsorge sowie Lerntechniken. Bei sechs von diesen neun konnten signifikante Veränderungen beobachtet werden, bei Selbstdisziplin, Finanziellem Selbstmanagement und Gesundheitsvorsorge jedoch nicht. Die Kennwerte aller Skalen finden sich in Tabellen 3.3.3 und 3.3.4.

Tabelle 3.3.3: Kennwerte der trainierten Skalen Positive Psychologie, Zeitmanagement und Arbeitstechniken sowie der Skalen aus den kognitiven, motivationalen und emotionalen Konsequenzen und den langfristigen Folgen – Mittelwerte sowie Standardabweichungen zu allen Zeitpunkten sowie t-Test und die Effektstärke nach Cohen (N = 46)

| **Skala** | **M (SD) t1** | **M (SD) t2** | **MZP 1 vs 2** | **Effektstärke** |
|---|---|---|---|---|
| (1) Positive Psychologie | 3,2 (.56) | 3,8 (.49) | t(45) = 7,96*** | 1,18 |
| (1) Zeitmanagement und Arbeitstechniken | 2,9 (.78) | 3,3 (.78) | t(44) = 3,13** | 0,47 |
| (2) Emotionsregulation | 3,3 (.76) | 3,8 (.66) | t(45) = 4,72*** | 0,69 |
| (2) Selbstwirksamkeitserwartungen | 3,5 (.74) | 3,8 (.66) | t(45) = 6,09*** | 0,90 |
| (2) Optimismus | 3,6 (.89) | 3,8 (.77) | t(45) = 2,97** | 0,44 |
| (2) Resilienz | 3,9 (.52) | 4,0 (.52) | t(45) = 2,56* | 0,38 |
| (2) Motivation | 3,3 (1.05) | 3,4 (1.02) | t(44) = 0,92 | 0,14 |
| (3) Stress | 2,8 (1.12) | 2,6 (1.16) | t(44) = 1,71 | 0,25 |
| (3) Arbeitszufriedenheit | 3,7 (.88) | 3,6 (.88) | t(44) = 1,31 | 0,20 |
| (3) Depressive Verstimmung | 1,9 (.96) | 1,8 (.85) | t(44) = 1,14 | 0,17 |
| (3) Psychosomatische Beschwerden | 1,7 (.66) | 1,7 (.76) | t(45) = 0,55 | 0,08 |

Anmerkungen:

Effektstärke nach Cohens d berechnet: $t/\sqrt{N}$: Effektstärken von 0,2 bis 0,5 werden in der Literatur als klein angesehen, 0,5 bis 0,8 als mittel, sowie alle größer als 0,8 als stark.

Die Zahlen in Klammern signalisieren die Position der Skala im Modell des Positiven Selbstmanagements, (1): Teil der Selbstmanagementkompetenzen, (2): Teil der kognitiven, motivationalen und emotionalen Konsequenzen, (3): Teil der langfristigen Folgen.

* p < .05; ** p < .01; *** p < .001

Tabelle 3.3.4: Kennwerte der untrainierten Skalen – Mittelwerte sowie Standardabweichungen zu allen Zeitpunkten sowie t-Test und die Effektstärke nach Cohen (N = 46)

| **Skala** | **M (SD) t1** | **M (SD) t2** | **MZP 1 vs 2** | **Effekt-stärke** |
|---|---|---|---|---|
| (1) Selbstdisziplin | 3,1 (1.0) | 3,3 (.99) | t(44) = 1,52 | 0,23 |
| (1) Ziele und Zielklarheit | 3,2 (1.05) | 3,5 (1.06) | t(45) = 2,90** | 0,43 |
| (1) Selbst-PR | 3,2 (.79) | 3,5 (.78) | t(45) = 3,64** | 0,54 |
| (1) Smalltalk/Networking | 3,4 (.85) | 3,5 (.79) | t(45) = 2,41* | 0,36 |
| (1) Einschränkende Überzeugungen | 3,0 (.97) | 2,7 (1.01) | t(45) = 2,98** | 0,44 |
| (1) Finanzielles Selbstmanagement | 3,1 (.86) | 3,3 (.88) | t(45) = 1,42 | 0,21 |
| (1) Problemlösetechniken | 3,2 (.77) | 3,8 (.62) | t(44) = 6,25*** | 0,93 |
| (1) Gesundheitsvorsorge und Vitalität | 3,8 (.96) | 3,9 (.97) | t(44) = 1,57 | 0,23 |
| (1) Anwendung von Lerntechniken | 3,4 (.86) | 3,8 (.67) | t(45) = 3,65** | 0,54 |

Anmerkungen:

Effektstärke nach Cohens d berechnet: $t/\sqrt{N}$: Effektstärken von 0,2 bis 0,5 werden in der Literatur als klein angesehen, 0,5 bis 0,8 als mittel, sowie alle größer als 0,8 als stark.

Die Zahlen in Klammern signalisieren die Position der Skala im Modell des Positiven Selbstmanagements, (1): Teil der Selbstmanagementkompetenzen.

* $p < .05$; ** $p < .01$; *** $p < .001$

## 3.3.6 Zusammenfassung und Diskussion der Ergebnisse

Bezüglich der Konstrukte, Positive Psychologie sowie Zeitmanagement und Arbeitstechniken ließen sich positive Veränderungen Wochen nach dem Training messen. Die Mittelwerte sind von 3,2 auf 3,8 (Positive Psychologie) und von 2,9 auf 3,3 (Zeitmanagement) angestiegen. Leithypothese 1 gilt somit als bestätigt.

Es wurde erwartet, dass die kognitiven, motivationalen und emotionalen Konsequenzen sich positiv verändern. Bezüglich der Skalen Optimismus, Emotionsregulation, Selbstwirksamkeitserwartungen sowie Resilienz zeigen sich positive signifikante Effekte nach vier Wochen. Lediglich bei der Skala Motivation verfehlt der T-Test die übliche Signifikanzgrenze. Leithypothese 2 gilt somit als bestätigt.

Es wurde erwartet, dass die langfristigen Folgen positiv beeinflusst werden. Leithypothese 3 konnte nicht bestätigt werden. Bei keinem der vier gemessenen Konstrukte, Stress, Arbeitszufriedenheit, Depressive Verstimmung und Psychosomatische Beschwerden, fanden sich signifikante Änderungen nach vier Wochen.

Das Training war darauf ausgelegt, Positive Psychologie sowie Zeitmanagement und Arbeitstechniken zu trainieren. Es lassen sich aber auch Transfereffekte zu anderen gemessenen Selbstmanagementkompetenzen beobachten. Viele zeigen signifikante Änderungen nach vier Wochen in positiver Richtung. Nur bei dreien, Selbstdisziplin, Finanzielles Selbstmanagement sowie Gesundheitsvorsorge zeigten sich keine signifikanten Veränderungen nach vier Wochen.

Alles in allem ist die Studie ein Beleg dafür, dass Selbstmanagementkompetenzen, hier Positive Psychologie sowie Zeitmanagement und Arbeitstechniken, trainierbar sind und die Effekte sich auch nach mehreren Wochen nachweisen lassen.

Wie ist die Studie methodisch zu bewerten? Es lässt sich kritisieren, dass es keine Kontrollgruppe gibt, mit der man die Ergebnisse vergleichen könnte, weswegen die Aussagekraft beschränkt ist. Die Teilnehmeranzahl mit 46 Personen ist jedoch sehr hoch und die verwendeten Instrumente weisen eine hohe Reliabilität auf.

Welche Fragen sollen in der zukünftigen Forschung beantwortet werden? Diese Studie beschäftigte sich mit den Konstrukten Positive Psychologie und Zeitmanagement und Arbeitstechniken. Natürlich ist das nur ein sehr kleiner Ausschnitt aus allen Selbstmanagement-Kompetenzen. Es gibt noch genügend weitere Selbstmanagementkompetenzen, die erforscht werden können.

### 3.3.7 Literatur

Kirkpatrick, D. L. & Kirkpatrick J. D. (2006). Evaluating Training Programs: The Four Levels. San Francisco: Berrett-Koehler Publishers.

# 3.4 Trainingsevaluation: Förderung von Selbstmanagementkompetenzen bei Mitarbeitern einer Bank

Louisa Bleich und Ottmar L. Braun

## 3.4.1 Fragestellung und Hypothesen

Es wird bereits viel Geld und Zeit in Weiterbildungsangebote investiert. Die Nachfrage steigt stetig. Doch profitieren Mitarbeiter von Selbstmanagement-Trainings? Im Rahmen dieser Studie wurden Trainings, die die Selbstmanagement-Module Positive Psychologie, Selbst-PR, Problemlösen, Selbstdisziplin und dysfunktionale Kognitionen behandelten, evaluiert. Ziel der Studie war es zu prüfen, ob Selbstmanagementkompetenzen trainiert werden können. Zudem wurden emotionale, kognitive und motivationale Konsequenzen sowie langfristige Auswirkungen auf den Menschen untersucht.

Hypothese 1: Durch die Trainingsteilnahme verbessern sich in der Trainingsgruppe die Selbstmanagementkompetenzen Positive Psychologie, Selbst-PR, Selbstdisziplin, Problemlösen und Dysfunktionale Kognitionen vom ersten auf den zweiten Messzeitpunkt, während die Kontrollgruppe auf ähnlichem Niveau bleibt.

Hypothese 2: Durch die Trainingsteilnahme verbessert sich die Trainingsgruppe in ihren Selbstwirksamkeitserwartungen vom ersten auf den zweiten Messzeitpunkt, während die Kontrollgruppe auf ähnlichem Niveau bleibt.

Hypothese 3: Durch die Trainingsteilnahme verbessert sich die Trainingsgruppe in ihrem Optimismus vom ersten auf den zweiten Messzeitpunkt, während die Kontrollgruppe auf ähnlichem Niveau bleibt.

Hypothese 4: Durch die Trainingsteilnahme verbessert sich die Trainingsgruppe in ihrer Resilienz vom ersten auf den zweiten Messzeitpunkt, während die Kontrollgruppe auf ähnlichem Niveau bleibt.

Hypothese 5: Auf korrelativer Ebene wird erwartet, dass die Selbstmanagementkompetenzen, Positive Psychologie, Selbst-PR, Selbstdisziplin und Problemlösen, signifikant positiv mit a: Selbstwirksamkeitserwartungen, b: Optimismus, c: Motivation und d: der Fähigkeit zur Emotionsregulation korrelieren.

Hypothese 6: Auf korrelativer Ebene wird erwartet, dass die Selbstmanagementkompetenz, Dysfunktionale Kognitionen, signifikant negativ mit a: Selbstwirksamkeitserwartungen, b: Optimismus, c: Motivation und d: der Fähigkeit zur Emotionsregulation korreliert.

Hypothese 7: Auf korrelativer Ebene wird erwartet, dass Selbstwirksamkeitserwartungen, Optimismus, Motivation und Emotionsregulation, signifikant positiv mit a: Arbeitszufriedenheit und b: Resilienz, hingegen negativ mit c: Stress, d: psychosomatischen Beschwerden, e: depressiver Verstimmung und f: Work-Family Conflict korrelieren.

Hypothese 8: Es wird angenommen, dass diejenigen, die die Glücks- und Erfolgstagebuchübung durchgeführt haben, mehr von den Trainings profitieren, als diejenigen, die diese Übung nicht gemacht haben.

### 3.4.2 Methode

Für zwei Gruppen mit jeweils zwölf Teilnehmern wurden zwei ganztägige Trainings durchgeführt. Die fünf Module wurden dabei auf die zwei Trainingstage verteilt. Der Studie lag ein quasi-experimentelles Prä-Post-Kontrollgruppen-Design zu Grunde. Die Bewertung der Trainings orientierte sich an den ersten beiden Ebenen, Reaktion und Lernen, des Evaluationsmodells von Kirkpatrick und Kirkpatrick (2006). Direkt nach den Trainings wurde die unmittelbare Reaktion sowohl auf die Trainings als auch auf das »CareerGames – spielend trainieren!« über einen kurzen Fragebogen erfasst. Mit Hilfe von standardisierten Selbsteinschätzungen im Paper-Pencil-Format wurden zusätzlich vor und einen Monat nach den Trainings die relevanten Skalen zur Hypothesentestung erhoben.

Neben wissenschaftlich fundierten Vorträgen zu den fünf Modulen wurden verschiedene Maßnahmenvorschläge für den alltäglichen Transfer vorgestellt. Zentrale Übungen bestanden in der Glücks- und Erfolgstagebuchübung nach Seligman (2012) und dem »CareerGames – spielend trainieren!« nach Braun (2015), welches jeweils am Nachmittag der Trainingstage durchgeführt wurde. Zusätzlich hatten die Trainingsteilnehmer die Aufgabe, selbstständig einen Spieltermin zwei Wochen nach dem zweiten Trainingstag zu organisieren. Dies sollte dazu dienen die Inhalte noch einmal zu verarbeiten und den kollegialen Austausch anzuregen.

### 3.4.3 Befragungspersonen

Die Stichprobe umfasste insgesamt 47 Beschäftigte einer Bank. Die Trainingsteilnehmer (N = 24) kamen aus dem Bereich Qualitätscenter Passiv, welcher sich aus der Konto- und Kundenverwaltung zusammensetzt. Die Kontrollgruppe (N = 23) bildete sich aus Mitarbeitern der Abteilung Kreditmanagement. Sowohl die Trainingsgruppe als auch die Kontrollgruppe sind der Marktfolge zuzuordnen und haben somit keinen direkten Kontakt mit der Kundenberatung. Aufgrund des ähnlichen Arbeitsbereichs wurde ein Vergleich der beiden Gruppen möglich.

Unter den Studienteilnehmern waren 10 Männer (21,3 %) und 37 Frauen (78,7 %). Der hohe Anteil weiblicher Probanden entspricht der gewöhnlichen Verteilung innerhalb dieses Arbeitsbereichs der Bank. Sowohl in der Trainingsgruppe als auch in der Kontrollgruppe überwog der Anteil an über 40 Jährigen (66 %). Die am stärksten ausgeprägten Bildungsabschlussgruppen waren die Mittlere Reife (34 %) und die Allgemeine Hochschulreife (40,4 %). Insgesamt war die Verteilung der soziodemografischen Daten innerhalb der Trainings- und Kontrollgruppe ähnlich.

### 3.4.4 Fragebogen

Insgesamt kamen in dieser Trainingsevaluation zwei Messinstrumente in Form von Fragebögen im Paper-Pencil Format zum Einsatz. Der Fragebogen zur unmittelbaren Reaktion umfasste über 10 Items zum Training und 14 Items zum Spiel »Careergames – spielend trainieren!«. Das Antwortformat war 5-stufig mit den Endpunkten »Stimmt nicht (1)« bis »Stimmt (5)«.

Zusätzlich wurden 21 Skalen zur Hypothesentestung erfasst. Neben den trainierten fünf Selbstmanagementkompetenzen wurden noch sechs weitere erfasst, um mögliche Transfereffekte aufdecken zu können. Folgende 11 Selbstmanagementskalen nach Braun (2015) wurden erhoben: Positive Psychologie (10 Items), Ziele und Zielklarheit (5 Items), Selbstdisziplin (5 Items), Zeitmanagement und Arbeitstechniken (5 Items), Selbst-PR (5 Items), Smalltalk und Networking (5 Items), Einschränkende Überzeugungen (5 Items), Problemlösetechniken (5 Items), Gesundheitsvorsorge und Vitalität (5 Items), Anwendung von Lerntechniken (5 Items), Finanzielles Selbstmanagement (5 Items).

Um die Wirkung der Selbstmanagementkompetenzen zu erfassen werden die Skalen Selbstwirksamkeitserwartung (10 Items), Emotionsregulation (5 Items), Optimismus (5 Items), Resilienz (13 Items), Stress (5 Items), Motivation (5 Items), Arbeitszufriedenheit (5 Items), Work-Family Conflict (5 Items), depressive Verstimmung (6 Items) und psychosomatische Beschwerden (9 Items) eingesetzt.

Die Skala Work-Family Conflict stammt aus einer deutschen Fassung des COPSOQ – Copenhagen Psychosocial Questionnaire von Nübling, Stößel, Hasselhorn, Michaelis und Hofmann (2005). Die Erhebung der Skala Selbstwirksamkeitserwartung erfolgte über die »Allgemeine Selbstwirksamkeitserwartung« (SWE) von Schwarzer und Jerusalem (1999). Die Skala RS-13 von Leppert, Koch, Brähler und Strauß (2008) wurde zur Erhebung der Resilienz herangezogen. Alle Items sind kurze Aussagen, die über eine fünfstufige Likert-Skala von »stimmt gar nicht (1)« bis »stimmt völlig (5)« beantwortet werden. Leidglich bei den beiden Skalen depressive Verstimmung und psychosomatische Beschwerden wird eine Antwortskala von »gar keine (1) bis »stark (5)« eingesetzt. Hinsichtlich der zwei Erhebungszeiträume, einmal vor und einmal vier Wochen nach den Trainings, unterschieden sich die eingesetzten Fragebögen kaum. Beim zweiten Messzeitpunkt wurde bei der Trainingsgruppe zusätzlich die Häufigkeit der Glücks- und Erfolgstagebuchübung erfragt.

### 3.4.5 Ergebnisse

Die Auswertung hinsichtlich der unmittelbaren Reaktion auf das Training und auf das Spiel zeigt zufriedenstellende Ergebnisse. Die Trainings erreichen eine durchschnittliche Bewertung von $M = 3,82$. Die Reaktion auf das Spiel liegt bei $M = 4,07$.

Laut (Schmitt, 1996) gilt eine Reliabilität ab 0,7 als akzeptabel. Lediglich die Skalen Positive Psychologie mit $\alpha = .62$, Zeitmanagement und Arbeitstechniken mit $\alpha = .61$ und Emotionsregulation mit $\alpha = .69$ erreichen diesen Richtwert nicht. Die restlichen Skalen weisen eine gute interne Konsistenz auf (siehe Tabelle 3.4.1).

Tabelle 3.4.1: Reliabilität der Skalen zum ersten Messzeitpunkt

| **Skala** | **Anzahl Items** | **N** | **M** | **Cronbachs** $\alpha$ |
|---|---|---|---|---|
| Positive Psychologie | 10 | 47 | 3,32 | .62 |
| Zielklarheit | 5 | 47 | 3,70 | .87 |
| Selbstdisziplin | 5 | 47 | 3,66 | .83 |
| Zeitmanagement und Arbeitstechniken | 5 | 47 | 3,24 | .61 |
| Selbst-PR | 5 | 47 | 3.05 | .80 |
| Smalltalk und Networking | 5 | 47 | 3,00 | .75 |
| Einschränkende Überzeugungen | 5 | 47 | 2,96 | .79 |
| Emotionsregulation | 5 | 47 | 3,21 | .69 |
| Problemlösetechniken | 5 | 47 | 3,36 | .76 |
| Gesundheitsvorsorge und Vitalität | 5 | 47 | 3,33 | .72 |
| Anwendung von Lerntechniken | 5 | 47 | 3,60 | .85 |
| Finanzielles Selbstmanagement | 5 | 47 | 3,37 | .76 |
| Selbstwirksamkeitserwartungen | 10 | 47 | 3,37 | .90 |
| Optimismus | 5 | 47 | 3,51 | .75 |
| Resilienz | 13 | 47 | 3,86 | .79 |
| Stress | 5 | 47 | 2,93 | .92 |
| Motivation | 5 | 47 | 3,71 | .87 |
| Arbeitszufriedenheit | 5 | 47 | 4,11 | .88 |
| Work-Family Conflict | 5 | 47 | 2,26 | .90 |
| Depressive Verstimmung | 6 | 47 | 1,44 | .82 |
| Psychosomatische Beschwerden | 9 | 47 | 1,71 | .70 |

Nach Hypothese 5 wurde erwartet, dass die trainierten Selbstmanagementkompetenzen positiv mit Selbstwirksamkeitserwartungen, Optimismus, Motivation und der Fähigkeit zur Emotionsregulation korrelieren. Lediglich bei der Selbstmanagementkompetenz Dysfunktionale Kognitionen wurde ein negativer Zusammenhang erwartet. Tabelle 3.4.2 zeigt die Ergebnisse.

Tabelle 3.4.2: Korrelationen zwischen fünf Selbstmanagementkompetenzen und den Variablen Selbstwirksamkeitserwartungen, Optimismus, Motivation und Emotionsregulation (N = 47)

| | **Sewi** | **Opti** | **Moti** | **Emo** |
|---|---|---|---|---|
| Positive Psych. | .43** | .50** | .36* | .37** |
| Selbst-PR | .62** | .40** | .34* | .65** |
| Selbstdisziplin | .13 | .30* | .42** | –.14 |
| Problemlösen | .41** | .26 | .48** | .36* |
| Dysfunktionale Kognitionen | –.66** | –.75** | –.43** | –.48** |

Anmerkungen:

Sewi = Selbstwirksamkeitserwartungen; Opti = Optimismus; Moti = Motivation; Emo = Emotionsregulation; Korrelationen nach Pearson; erster Messzeitpunkt;

** Die Korrelation ist auf dem Niveau von 0.01 (2-seitig) signifikant.

* Die Korrelation ist auf dem Niveau von 0.05 (2-seitig) signifikant.

Die Ergebnisse in Tabelle 3.4.2 zeigen, dass die Hypothesen 5 a, b, c und d bestätigt werden können. Lediglich die Selbstmanagementkompetenz Selbstdisziplin, korreliert nicht signifikant mit den Selbstwirksamkeitserwartungen und der Emotionsregulation. Auch die Kompetenz Problemlösen, zeigt bei der Variable Optimismus keine Signifikanz auf. Hypothese 6 kann vollständig bestätigt werden. Diese Korrelationsergebnisse stützen das integrative Rahmenmodell des Positiven Selbstmanagements. Um die Hypothese 7 zu testen wurden weitere Korrelationen berechnet. Tabelle 3.4.3 zeigt die Zusammenhänge der Variablen.

Tabelle 3.4.3: Korrelationen zwischen der jeweiligen Variable Selbstwirksamkeitserwartungen, Optimismus, Motivation, Emotionsregulation und den langfristigen Folgen (N = 47)

| | **Sewi** | **Opti** | **Moti** | **Emo** |
|---|---|---|---|---|
| Arbeitszufriedenheit | .45** | .51** | .44** | .29* |
| Resilienz | .64** | .60** | .53** | .44* |
| Stress | –.30* | –.33* | –.43** | –.43** |
| Psychosomatische Beschwerden | –.30* | –.31* | –.29 | –.22 |
| Depressive Verstimmung | –.14 | –.44** | –.46** | –.14 |
| Work-Family Conflict | –.32* | –.37* | –.17 | –.17 |

Anmerkungen:

Sewi = Selbstwirksamkeitserwartungen; Opti = Optimismus; Moti = Motivation; Emo = Emotionsregulation; Korrelationen nach Pearson; erster Messzeitpunkt;

** Die Korrelation ist auf dem Niveau von 0.01 (2-seitig) signifikant.

* Die Korrelation ist auf dem Niveau von 0.05 (2-seitig) signifikant.

Bei den beiden Variablen, Arbeitszufriedenheit und Resilienz, zeigen sich wie erwartet signifikant positive Korrelationen mit Selbstwirksamkeitserwartungen, Optimismus, Motivation und Emotionsregulation. Die Hypothesen 7a und b sind damit bestätigt. Auch die Hypothese 7c kann bestätigt werden. Die Ergebnisse zeigen bei allen aufgeführten Variablen negative signifikante Korrelationen mit Stress. Die psychosomatischen Beschwerden korrelieren lediglich mit den Selbstwirksamkeitserwartungen und dem Optimismus signifikant, mit Motivation und Emotionsregulation auch in der erwarteten Richtung, wenngleich die übliche Signifikanzgrenze knapp verfehlt wird. Die Hypothese 7d kann damit als bestätigt betrachtet werden. Ein ähnliches Bild ergibt sich bei Hypothese 7e. Die Variable Work-Family Conflict zeigt lediglich mit dem Optimismus und der Selbstwirksamkeitserwartung einen signifikanten Zusammenhang auf. Hypothese 7f kann also nur teilweise bestätigt werden. Die Korrelationsergebnisse sprechen dafür, dass die ursprünglichen Überlegungen zum größten Teil richtig sind.

Um die Hypothesen 1 bis 4 zu prüfen wurden Varianzanalysen und T-Tests berechnet. Zusätzlich werden die Effektstärken berichtet. Um Prätestunterschiede zwischen der Trainings- und Kontrollgruppe zu kontrollieren, wurden korrigierte Effektstärken nach Klauer (2001) berechnet. Die Ergebnisse für das trainierte Selbstmanagement-Modul **Positive Psychologie** sind in Abbildung 3.4.1 zu sehen. Die Varianzanalyse zeigt, dass sowohl der Haupteffekt über die Zeit ($F(1,40) = 20,51$, $p < .001$) als auch die Interaktion zwischen der Gruppenzugehörigkeit und dem Messzeitpunkt ($F(1,40) = 8,66$, $p < .01$) signifikant sind. Auch die Erhöhung von 3,4 auf 3,7 in der Trainingsgruppe ist statistisch bedeutsam: $t(22)$ 4,8, $p < .001$. Die Effektstärke mit $d_{korr} = .85$ weist auf einen großen Effekt hin. Der Unterschied zwischen Kontrollgruppe und Trainingsgruppe zum zweiten Messzeitpunkt wird nicht signifikant: $t(40) = 1,62$ ns.

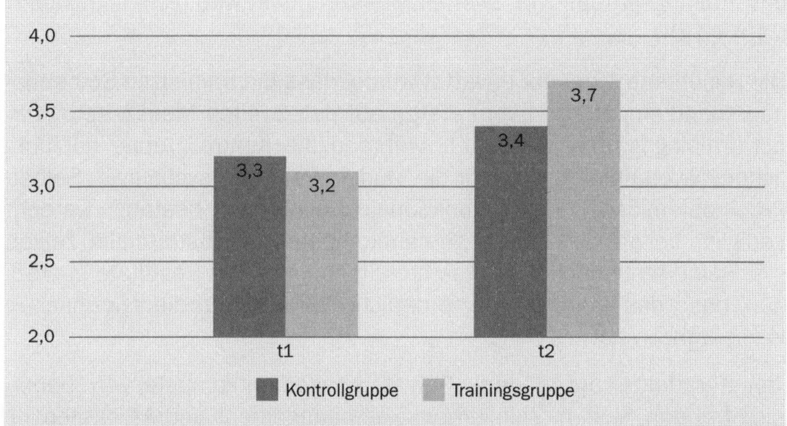


Abbildung 3.4.1: Mittelwerte der Skala Positive Psychologie

Bei der Skala **Selbst-PR** zeigen sich ähnliche Ergebnisse. Der Haupteffekt über die Zeit ($F(1,40) = 7,51$, $p < .01$) und der Interaktionseffekt ($F(1,40) = 3,25$, $p < .05$, einseitig) sind signifikant. Auch der Anstieg von 2,9 auf 3,3 in der Trainingsgruppe ist signifikant: $t(22) = 2,74$, $p < .05$, $d_{korr} = .51$. Es liegt ein mittlerer Effekt vor. Der Unterschied zwischen Kontrollgruppe und Trainingsgruppe zum zweiten Messzeitpunkt wird nicht signifikant, $t(40) = 0,48$, ns.

Das dritte trainierte Modul **Selbstdisziplin** zeigt entgegen der Erwartungen keine signifikanten Effekte.

Bei der Skala **Problemlösen** ergeben sich wieder bedeutsame Effekte. Die Varianzanalyse zeigt, dass sowohl der Haupteffekt über die Zeit ($F(1,39) = 3,87$, $p < .05$, einseitig) als auch die Interaktion zwischen der Gruppenzugehörigkeit und dem Messzeitpunkt ($F(1,40) = 11,67$, $p < .01$)

signifikant ist. Die Erhöhung von 3,2 auf 3,7 innerhalb der Trainingsgruppe ($t(22) = 3{,}93$, $p < .01$, $d_{korr} = .52$) und der Unterschied zwischen den Gruppen zum Messzeitpunkt zwei ($t(40) = 2{,}70$, $p < .05$) werden ebenso signifikant. Es liegt ein mittlerer Effekt vor.

Eine weitere trainierte Selbstmanagementkompetenz waren die **Dysfunktionalen Kognitionen.** Der Haupteffekt über die Zeit ($F(1{,}40) = 6{,}59$, $p < .05$) und der Interaktionseffekt ($F(1{,}40) = 5{,}26$, $p < .05$) sind signifikant. Die Reduzierung von von 3,1 auf 2,7 innerhalb der Trainingsgruppe ist ebenso statistisch bedeutsam: $t(22) = 3{,}60$, $p < .01$, $d_{korr} = .50$. Der Effekt ist mittelgroß. Der Unterschied zwischen Kontrollgruppe und Trainingsgruppe zum zweiten Messzeitpunkt wird nicht signifikant, $t(40) = 1{,}00$, ns.

Die Hypothese 1 mit der erwartet wurde, dass die trainierten Selbstmanagementkompetenzen vom ersten auf den zweiten Messzeitpunkt in der Trainingsgruppe ansteigen, während die Kontrollgruppe auf ähnlichem Niveau bleibt, kann für die Module Positive Psychologie, Selbst-PR, Problemlösen und Dysfunktionale Kognitionen bestätigt werden. Lediglich bei der Selbstmanagementkompetenz, Selbstdisziplin, zeigen sich keine statistisch bedeutsamen Ergebnisse. Die Resultate bestätigen, dass das Training eine förderliche Wirkung auf die spezifischen Kompetenzen hat.

Transfereffekte auf andere Selbstmanagementkompetenzen haben sich bei den Skalen, Zielklarheit, Zeitmanagement und Arbeitstechniken, Lerntechniken sowie Finanzielles Selbstmanagement, gezeigt. Bei der Skala Zielklarheit zeigt sich ein signifikanter Anstieg von 3,4 auf 3,6 innerhalb der Trainingsgruppe: $t(22) = 2{,}38$, $p < .05$, $d_{korr} = .28$. Ebenso kann die Kompetenz Zeitmanagement und Arbeitstechniken von 3,1 auf 3,3 signifikant in der Trainingsgruppe verbessert werden: $t(22) = 2{,}47$, $p < .05$, $d_{korr} = .26$. Bei der Skala Lerntechniken wird neben dem Haupteffekt Zeit ($F\,(1{,}40) = 2{,}87$, $p < .05$, einseitig) auch die Interaktion ($F(1{,}40) = 6{,}84$, $p < .05$) signifikant. Die Trainingsgruppe hat sich von 3,4 auf 3,7 signifikant verbessert: $t(22) = 3{,}2$, $p < .05$, $d_{korr} = .55$. Zwischen den Gruppen zeigt sich kein statistisch bedeutsamer Effekt. Ein Transfereffekt ergibt sich auch bei der Skala Finanzielles Selbstmanagement. Der Anstieg von 3,5 auf 3,7 in der Trainingsgruppe wird signifikant: $t(22) = 2{,}43$, $p < .05$, $d_{korr} = .27$. Der Unterschied zwischen der Kontrollgruppe und der Trainingsgruppe zum zweiten Messzeitpunkt wird ebenso signifikant: $t(40) = 1{,}73$, $p < .05$, einseitig.

Hinsichtlich der emotionalen Konsequenz des Trainings ergibt sich bei der Skala **Emotionsregulation** ein signifikanter Anstieg in der Trainingsgruppe von 3,1 auf 3,4: $t(22) = 2{,}73$, $p < .05$, $d_{korr} = .50$. Es liegt ein mittlerer Effekt vor. Kontroll- und Trainingsgruppe unterscheiden sich nicht signifikant zum zweiten Messzeitpunkt: $t(40) = 0{,}57$, ns. Die Varianzanalyse zeigt einen statistisch bedeutsamen Effekt über die Zeit ($F(40) = 4{,}29$, $p < .05$) jedoch ergibt sich kein Interaktionseffekt.

In Bezug auf die kognitiven Konsequenzen wurde bei der Skala **Selbstwirksamkeitserwartung** sowohl der Haupteffekt über die Zeit ($F(1{,}39) = 4{,}19$, $p < .05$) als auch die Interaktion zwischen Gruppenzugehörigkeit und Messzeitpunkt ($F(1{,}39) = 3{,}26$, $p < .05$, einseitig) signifikant. Auch die Erhöhung von 3,3 auf 3,5 in der Trainingsgruppe ist statistisch bedeutsam: $t(22) = 2{,}51$, $p < .05$, $d_{korr} = .43$. Der Unterschied zwischen Kontrollgruppe und Trainingsgruppe zum zweiten Messzeitpunkt wird nicht signifikant: $t(40) = 0{,}63$ ns. Hypothese 2 kann bestätigt werden.

Auf der Skala **Optimismus** wird der Anstieg von 3,4 auf 3,7 innerhalb der Trainingsgruppe signifikant: $t(22) = 2{,}77$, $p < .05$, $d_{korr} = .65$. Zwischen den Gruppen ergibt sich kein signifikanter Effekt: $t(40) = 1{,}18$, ns. Der Haupteffekt über die Zeit wird nicht signifikant ($F(1{,}40) = 2{,}45$ ns.). Die Varianzanalyse zeigt jedoch eine statistisch bedeutsame Interaktion zwischen Gruppenzugehörigkeit und Messzeitpunkt ($F(1{,}40) = 8{,}71$, $p < .01$).

Ähnliche Ergebnisse zeigen sich bei der Variable **Resilienz.** Im Gegensatz zum Haupteffekt über die Zeit ($F(1{,}40) = 1{,}93$, ns.) wird der Interaktionseffekt signifikant ($F(1{,}40) = 5{,}10$, $p < .05$). Zudem zeigt der T-Test, dass die Trainingsgruppe sich von dem Wert 3,7 auf 3,9 signifikant verbessert hat: $t(22) = 3{,}20$, $p < .01$, $d_{korr} = .71$. Die Effektstärke weist einen mittleren Effekt auf. Trainingsgruppe und Kontrollgruppe unterscheiden sich nicht signifikant zum zweiten Messzeitpunkt: $t(40) = 0{,}27$, ns. Somit können auch die Hypothesen 3 und 4 bestätigt werden.

Es ergaben sich keine signifikanten Effekte bei den Skalen Motivation, Stress, Arbeitszufriedenheit, Work-Family Conflict, Depressive Verstimmung und Psychosomatischen Beschwerden. Für eine bessere Übersicht sind die deskriptiven Ergebnisse aller relevanten Variablen in Tabelle 3.4.4 aufgeführt.

Tabelle 3.4.5: Mittelwerte in der Kontrollgruppe und in der Trainingsgruppe vor und vier Wochen nach den Trainings

| | Kontrollgruppe (N = 19) | | Trainingsgruppe N = 23) | |
|---|---|---|---|---|
| **Variable** | **vorher** | **nachher** | **vorher** | **nachher** |
| Positive Psychologie | 3,3 | 3,4 | 3,2 | 3,6 |
| Selbst-PR | 3,1 | 3,2 | 2,9 | 3,3 |
| Selbstdisziplin | 3,6 | 3,4 | 3,6 | 3,6 |
| Problemlösen | 3,4 | 3,3 | 3,2 | 3,7 |
| Dysfunktionale Kognitionen | 2,9 | 2,9 | 3,1 | 2,7 |
| Zielklarheit | 3,8 | 3,8 | 3,4 | 3,6 |
| Zeitmanagement und Arbeitstechniken | 3,3 | 3,3 | 3,1 | 3,3 |
| Lerntechniken | 3,7 | 3,6 | 3,4 | 3,7 |
| Finanzielles Selbstmanagement | 3,3 | 3,3 | 3,5 | 3,7 |
| Emotionsregulation | 3,3 | 3,3 | 3,1 | 3,4 |
| Selbstwirksamkeitserwartung | 3,4 | 3,4 | 3,3 | 3,5 |
| Optimismus | 3,5 | 3,5 | 3,4 | 3,7 |
| Resilienz | 3,9 | 3,9 | 3,7 | 3,9 |

Die Auswertung hinsichtlich der Glücks- und Erfolgstagebuchübung ergibt, dass 14 Teilnehmer unabhängig von der Häufigkeit die Übung überhaupt gemacht haben und acht Teilnehmer, die Übung gar nicht durchgeführt haben (siehe Abbildung 3.4.2).

Um zu prüfen, ob diejenigen die die Glücks- und Erfolgstagebuchübung gemacht haben, mehr von den Trainings profitieren als diejenigen, die die Übung nicht gemacht haben, wurden die Teilnehmer in zwei Gruppen geteilt. Gruppe eins umfasst alle Personen, die die Übung unabhängig von der Häufigkeit durchgeführt haben (N = 14). In der zweiten Gruppe befinden sich alle Teilnehmer, die die Übung überhaupt nicht gemacht haben (N = 8). Ein signifikanter Effekt über die Zeit ($F(1,20) = 14{,}06$, $p < .01$) und die Interaktion ($F\ 1,20) = 2{,}65$, $p < .05$) zeigt sich bei der Skala Pro-

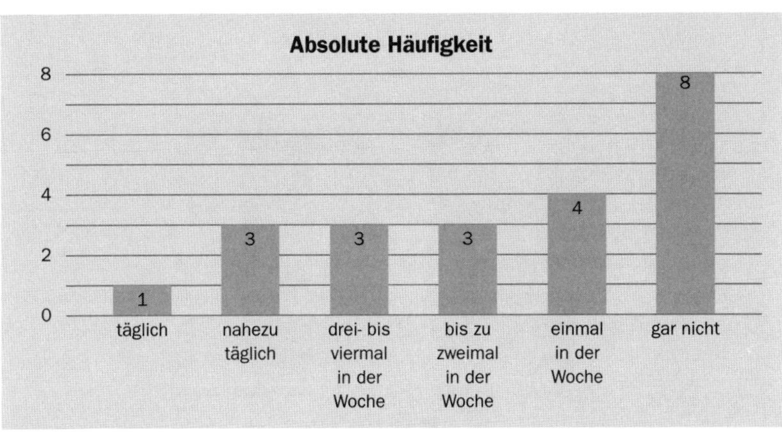


Abbildung 3.4.2: Häufigkeiten der Glücks- und Erfolgstagebuchübung (N = 22)

blemlösen. Diejenigen, die die Übung gemacht haben, verzeichnen einen Anstieg von 3,06 zu 3,8 und diejenigen, die die Übung nicht durchgeführt haben lediglich von 3,33 auf 3,48 (siehe Abbildung 3.4.3).

Auch bei der Selbstmanagementkompetenz Lerntechniken zeigt die Glücks- und Erfolgstagebuchübung ihre Wirkung. Sowohl der Haupteffekt über die Zeit ($F(1,20) = 7,76$, $p < .05$) als auch die Interaktion zwischen Gruppenzugehörigkeit und Messzeitpunkt ($F(1,20) = 5,0$, $p < .05$) wird

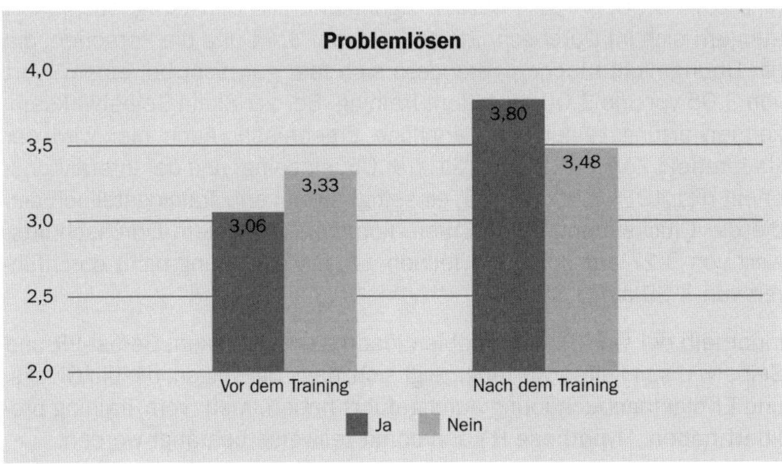


Abbildung 3.4.3: Unterschied auf der Skala Problemlösen zwischen denjenigen, die die Glücksübung gemacht haben »JA« und denjenigen, die sie gar nicht gemacht haben »NEIN«

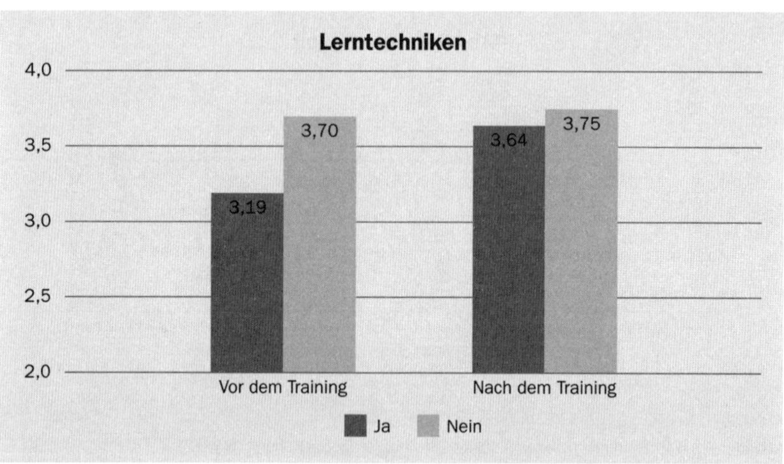


Abbildung 3.4.4: Unterschied auf der Skala Lerntechniken zwischen denjenigen, die die Glücksübung gemacht haben »JA« und denjenigen, die sie gar nicht gemacht haben »NEIN«

signifikant. Trainingsteilnehmer, die Glückstagebuchübung gemacht haben, sind im Durchschnitt von 3,19 auf 3,64 auf der Skala Lerntechniken angestiegen (siehe Abbildung 3.4.4).

Neben den Skalen Problemlösen und Lerntechniken zeigt sich auch bei der Skala Selbst-PR ein statistisch bedeutsamer Effekt. Der Effekt über die Zeit ($F(1,20) = 3,82$, $p < .05$, einseitig) und der Interaktionseffekt ($F(1,20) = 5,58$, $p < .05$) werden signifikant. Die Glückstagebuchführer steigern sich im Durchschnitt von 2,91 auf 3,44 und die Personen, die die Übung nicht machen verändern sich fast gar nicht bei einem Wert von 3,05 vor und 3,00 nach dem Training. Bei der Skala Selbstwirksamkeitserwartung zeigen sich ähnliche Ergebnisse. Auch hier wird der Haupteffekt Zeit ($F(1,19) = 3,31$, $p < .05$, einseitig) und der Interaktionseffekt ($F(1,19) = 3,80$, $p < .05$, einseitig) signifikant. Trainingsteilnehmer, die die Glücksübung durchführen, kommen von einem Durchschnittswert von 3,27 auf 3,63 und Teilnehmer, die die Übung nicht durchführen von 3,39 auf 3,38.

Innerhalb der vier Skalen, Problemlösen, Lerntechniken, Selbst-PR und Selbstwirksamkeitserwartung, zeigt sich, dass diejenigen, die die Glücks- und Erfolgstagebuchübung durchgeführt haben, mehr vom Training profitiert haben. Hypothese 8 kann damit teilweise bestätigt werden.

Zusätzlich zur Hypothesentestung wurde untersucht, wie viele Optimisten beziehungsweise Pessimisten sich in der Trainings- und Kontrollgruppe vor den Trainings sowie nach den Trainings unter den Teilnehmern befinden. Hierfür wurde die Skala Optimismus in zwei Gruppen geteilt. Personen mit einem Wert unter oder gleich drei werden als »Pessimisten« eingeteilt. Alle Teilnehmer die über den Wert drei kamen wurden in die Gruppe der Optimisten eingestuft.

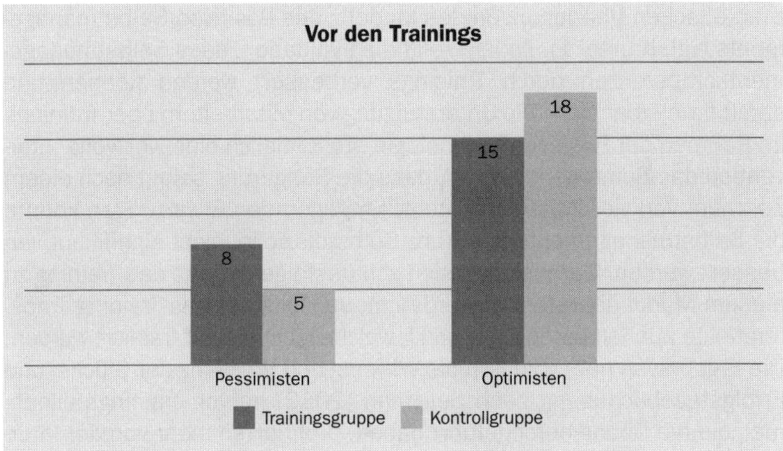


Abbildung 3.4.5: Anzahl an Pessimisten und Optimisten vor den Trainings (N = 46)

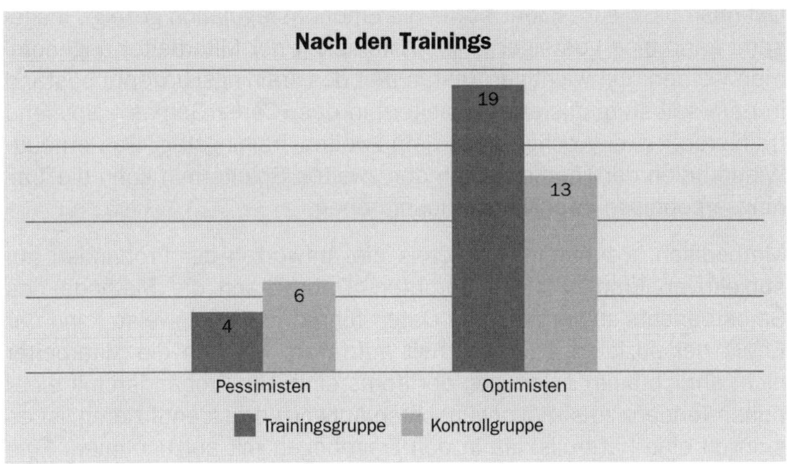


Abbildung 3.4.6: Anzahl an Pessimisten und Optimisten nach den Trainings (N = 42)

Die Säulendiagramme zeigen, dass sich in der Trainingsgruppe nach den durchgeführten Trainings vier Optimisten mehr befinden (siehe Abbildung 3.4.6).

## 3.4.6 Diskussion

Die korrelativen Ergebnisse dieser Studie bestätigen überwiegend die theoretischen Überlegungen des Modells des Positiven Selbstmanagements (vgl. Kapitel 1). Zudem zeigt die Evaluation, dass Selbstmanagementkompetenzen durch Trainings verbessert werden können und damit trainierbar sind. Die Unterstützung von Mitarbeitern über Trainings im Rahmen der Positiven Psychologie stellt folglich eine wertvolle Intervention dar. Bemerkenswert ist, dass die Steigerung selbst nach einem Zeitraum von vier Wochen besteht. Entgegen den Erwartungen konnte die Selbstmanagementkompetenz Selbstdisziplin, nicht signifikant verbessert werden. Daraus lässt sich schlussfolgern, dass das Training zu diesem Modul überarbeitet werden muss. Teils hat das Training Transfereffekte auf Kompetenzen bewirkt, welche nicht explizit trainiert wurden. Die Ergebnisse heben zudem die Wirkung und Relevanz der Glücks- und Erfolgstagebuchübung nach Seligman (2012) hervor. Trainingsteilnehmer, die die Übung durchgeführt haben, profitierten mehr von der Intervention. Das Selbstmanagement-Training hat neben den Kompetenzen auch positiven Einfluss auf die Selbstwirksamkeitserwartungen, den Optimismus, die Resilienz sowie die Emotionsregulation gezeigt. Insgesamt kann eine gesteigerte Arbeitsfähigkeit der Mitarbeiter angenommen werden. Ein wichtiger Bestandteil des Trainingskonzepts bestand in dem selbstorganisierten Spieltermin des »CareerGames – spielend trainieren!« zwei Wochen nach dem zweiten Trainingstag. Das erneute Wiederholen der Themen durch den zweiten Spieltermin kann die Trainingsergebnisse positiv beeinflusst haben.

Methodisch anzumerken ist, dass die Antworten der Probanden auf subjektiven Empfindungen beruhten. Daher kann die Methode des Selbstberichts zu verfälschten Daten führen. Beispielsweise kann der Effekt der sozialen Erwünschtheit auftreten, wodurch die Mitarbeiter nicht ehrlich beim Ankreuzen der Items sind. Um Probanden mit einer hohen Tendenz zu sozial erwünschten Antworten zu identifizieren, ist es sinnvoll eine Kontrollskala in den Fragebogen mit aufzunehmen. Eine weitere Möglichkeit ist die Betonung der Anonymität der Daten, worauf auch in dieser Studie besonders geachtet wurde. Anzumerken ist auch, dass neben sozial erwünschten Antworten, die schwankende Befindlichkeit oder Stimmungslage der Probanden die Daten verzerren kann. Ein weiteres Methodenproblem von Fragebögen stellt die Tendenz zur Mitte dar. Darunter wird ein unbewusstes oder bewusstes Bevorzugen der mittleren Antwortskala verstanden. Die Verwendung einer fünfstufigen Skala erlaubt den Befragten die Skalenmitte anzukreuzen und kann damit die Tendenz zur Mitte begünstigen (Moosbrugger & Kelava, 2012). Daten, die auf Selbsteinschätzungen beruhen, können im Rahmen von Trainings ebenso durch reaktive Effekte verzerrt werden. Trainingsteilnehmer geben folglich an sich verbessert zu haben, lediglich aufgrund des Wissens, dass sie Trainings absolviert haben und aufgrund der Erwartungen, dass diese Trainings zu einer Verbesserung führen. Ein weiterer Aspekt ist die fehlende Randomisierung. Sie kann zu Störvariablen und einer beeinträchtigten internen Validität führen. Wünschenswert wäre zudem eine größere Stichprobengruppe, um die Aussagekraft der Ergebnisse zu stärken.

Angesichts der steigenden Anforderungen im Berufsleben werden Selbstmanagementkompetenzen weiter an Bedeutung zunehmen. Daraus ergibt sich ein wachsender Forschungsbedarf, gerade auch für die Praxis im Rahmen der Personalpsychologie (Wiese, 2008). Es gibt zahlreiche Variablen, die das Trainingsergebnis beeinflussen können. Zukünftig sollte daher näher analysiert werden, welche Voraussetzungen sowohl auf Seiten der Teilnehmer als auch auf Seiten der Trainings gegeben sein müssen, um den Trainingserfolg so groß wie möglich werden zu lassen. Es ist ratsam, weitere Messzeitpunkte nach den Trainings hinzuzufügen, um sichere Aussagen hinsichtlich der langfristigen Folgen, wie beispielsweise Stress, psychosomatischen Beschwerden, depressiver Verstimmungen und Resilienz, treffen zu können und somit die Nachhaltigkeit von Personalentwicklungsmaßnahmen zu prüfen. Durch eine Langzeitevaluation könnte herausgefunden werden, wie lange die Trainingseffekte anhalten und ab welchem Zeitpunkt beispielsweise Folge- oder Wiederholungstrainings stattfinden sollten.

Gerade im Unternehmenskontext können gesteigerte Selbstmanagementkompetenzen der Forderung des eigenverantwortlichen Lernens entgegenkommen. Es stellt zudem eine gute Präventionsmöglichkeit dar, um negative Auswirkungen auf die physische und psychische Gesundheit zu verhindern. Im Hinblick auf die aktuellen Weiterbildungstrends wäre es sinnvoll die Materialien der einzelnen Module für E-Learning oder Blended Learning Angebote vorzubereiten (Arnold, Kilian,-Thillosen & Zimmer, 2013). Auch Coaching als individuelle Beratung bietet eine gute Möglichkeit Selbstmanagement im Sinne der Positiven Psychologie zu verbreiten. Der Aufbau von Selbstmanagementkompetenzen ist ein lebenslanger und kontinuierlicher Prozess, der für den Menschen anspruchsvoll ist. Die Mitwirkung auf Seiten des Arbeitgebers ist daher essentiell (Graf, 2012).

In den vorangegangenen Studien ließ sich feststellen, dass es sehr gut möglich ist, die eigenen Selbstmanagementkompetenzen zu steigern. Die Steigerungen waren selbst Wochen später noch nachweisbar.

Die vorliegende Studie wurde mit Mitarbeitern eines Unternehmens durchgeführt. An dieser Stelle sei ergänzend noch darauf hingewiesen, dass es eine weitere vergleichbare Studie gibt, in der Mitarbeiter unterschiedlicher Organisationen in verschiedenen Selbstmanagementkompetenzen trainiert wurden. Diese Studie findet der interessierte Leser bei Kratz et al. (2016). Dort geht es, wie in den anderen Studien in diesem Buch, um Selbstmanagementkompetenzen. Die Autoren haben aber in diesem Fall nicht Studierende untersucht, sondern Mitarbeiter verschiedener Organisationen: Führungskräfte aus dem öffentlichen Dienst und aus Privatunternehmen, Mitarbeiter der Polizei, Sachbearbeiter eines Dienstleistungsunternehmens sowie Führungsnachwuchskräfte einer Bank. Genau wie in den in diesem Buch dargestellten Evaluationsstudien ließen sich positive Effekte auf mehrere Selbstmanagementkompetenzen nachweisen.

## 3.4.7 Literatur

Arnold, P., Kilian, L., Thillosen, A. & Zimmer, G. (2013). Handbuch E-Learning: Lehren und Lernen mit digitalen Medien. Bielefeld: W. Bertelsmann Verlag GmbH & Co.KG.

Braun, O. L. (2015). Das integrative Rahmenmodell und der Selbstmanagementkompetenzen-Fragebogen. Unveröffentlichtes Manuskript, Universität Koblenz – Landau, Campus Landau, Landau.

Graf, A. (2012). Selbstmanagement-Kompetenz im Unternehmen nachhaltig sichern. Leistung, Wohlbefinden und Balance als Herausforderung. Wiesbaden: Springer Gabler.

Kirkpatrick, D. L. & Kirkpatrick J. D. (2006). Evaluating Training Programs: The Four Levels. San Francisco: Berrett-Koehler Publishers.

Klauer, K. J. (2001). Handbuch kognitives Training. Göttingen: Hogrefe.

Kratz, U., Pointner, A., Sauerland, M., Mihailovic, S. & Braun, O. L. (2016). Unternehmenskultur und erfolgreiche Gesundheitsförderung durch Vernetzung in der Region. In: B. Badura, A. Ducki, H. Schröder, J. Klose & M. Meyer (Hrsg.). Fehlzeiten-Report 2016: Unternehmenskultur und Gesundheit – Herausforderungen und Chancen. Berlin: Springer

Leppert, K., Koch, B., Brähler, E. & Strauß, B. (2008). Die Resilienzskala (RS): Überprüfung der Langform RS-25 und einer Kurzform RS-13. Klinische Diagnostik und Evaluation, 2, 226-243.

Nübling, M., Stößel, U., Hasselhorn, H.-M., Michaelis, M. & Hofmann, F. (2005). Methoden zur Erfassung psychischer Belastungen – Erprobung eines Messinstrumentes (COPSOQ). Dortmund: BAuA.

Schmitt, N. (1996). Uses and abuses of coefficient alpha. Psychological Assessment, 8 (4), S. 350-353.

Schwarzer, R. & Jerusalem, M. (Hrsg.) (1999). Skalen zur Erfassung von Lehrer- und Schülermerkmalen. Dokumentation der psychometrischen Verfahren im Rahmen der Wissenschaftlichen Begleitung des Modellversuchs Selbstwirksame Schulen. Berlin: Freie Universität Berlin.

Seligman, M. E. P. (2012). Flourish – Wie Menschen aufblühen: Die Positive Psychologie des gelingenden Lebens. München: Kösel-Verlag.

Wiese, B. S. (2008). Selbstmanagement im Arbeits- und Berufsleben. Zeitschrift für Personalpsychologie, 7 (4), 153-169.

# 4 Lernen durch neue Erfahrungen

## 4.1 Pilgern auf dem Jakobsweg: Veränderungen von Selbstwirksamkeit und Achtsamkeit

Sarah Alford

### 4.1.1 Fragestellung und Hypothesen

Während in den vorangegangenen Interventionsstudien überprüft wurde, ob die im Seminarraum erworbenen Kenntnisse und Fertigkeiten in Sachen Selbstmanagement einen Effekt auf die Selbstwirksamkeitserwartungen, auf die Resilienz und den Optimismus der Teilnehmer hatten, geht es im Folgenden um eine andere Art von Intervention. Menschen begeben sich oft ganz bewusst in Situationen, in denen sie neue Erfahrungen machen können. Solche neuen Situationen sind oft Reisen, auch solche Reisen, die mit persönlichen Herausforderungen verbunden sind. In der vorliegenden Arbeit werden erstmalig Hypothesen darüber aufgestellt und geprüft, wie sich die Achtsamkeit und die Selbstwirksamkeitserwartungen durch die Durchführung einer Pilgerreise auf dem Jakobsweg verändern.

Eine zentrale Rolle für die Förderung der Selbstwirksamkeitserwartungen spielen laut Dlugosch und Dahl (2012) folgende Ansätze:

[1.] Setzen von realistischen Zielen, die mit den eigenen Fähigkeiten erreicht werden können. Diese müssen anspruchsvoll und herausfordernd sein.

[2.] Die direkte Erfahrung von Erfolgserlebnissen durch das Ableiten von Teilzielen und die Zielerreichung in kleinen Schritten.

[3.] Die Auswahl individueller Problemlöseansätze.

[4.] Der Einsatz von Selbstmanagementstrategien wie zum Beispiel Selbstbeobachtung, Selbstinstruktionen, Selbstverstärkung und Selbstkontrolle.

[5.] Die Vermittlung von indirekten, stellvertretenden Erfolgserlebnissen durch die Beobachtung einer erfolgreichen Problem- und Situationsbewältigung von anderen Personen – zum Beispiel in der Realität, im Rollenspiel, im Film.

[6.] Eine angemessene Ermunterung und eine hilfreiche fachliche/ emotionale Unterstützung […].

(Dlugosch & Dahl, 2012, S. 20)

Davon abgeleitet, liegt der vorliegenden Studie die Annahme zugrunde, dass das Zerlegen eines zunächst unvorstellbar großen Ziels in mehrere kleine Teilziele und die damit verbundenen täglichen Erfolgserlebnisse dazu beitragen, die Selbstwirksamkeit zu stärken. Darüber hinaus führt das Lernen von Problemlöseansätzen – durch Erfahrungen, Modelllernen sowie fachliche, soziale und emotionale Unterstützung der Gemeinschaft – dazu, dass sich die Selbstwirksamkeit auf einer Pilgerreise festigt (Bandura, 1997).

Bishop et al. stellten 2004 nach einer Serie von Konsensustreffen in Toronto eine operationalisierbare und damit wissenschaftlich zugängliche Definition von Achtsamkeit auf. Dabei schlagen sie ein Zwei-Komponentenmodell der Achtsamkeit vor: erstens, die Selbstregulation der Aufmerksamkeit in den gegenwärtigen Moment und zweitens die Orientierung an die Erfahrungen des Moments.

Unter Selbstregulation der Aufmerksamkeit ist die bewusste Aufmerksamkeitssteuerung im gegenwärtigen Augenblick gemeint. Dies bedeutet das Observieren und Annehmen der wechselnden Gedanken und Gefühle. Dabei wird weiter zwischen der anhaltenden Aufmerksamkeit (engl. »sustained attention«), dem Wechsel (engl. switching) und der Unterdrückung der elaborativen Verarbeitung unterschieden.

»Sustained Attention« ist die Fähigkeit, einen Zustand der »Wachsamkeit« über einen längeren Zeitraum zu halten (Parasuraman, 1998; Posner & Rothbart, 1992, nach Bishop et al, 2004). Das »switching« wiederum erlaubt es dem Achtsamkeitspraktizierenden seine Aufmerksamkeit, nach dem bestimmte Gedanken oder Gefühle wahrgenommen und angenommen wurden, zurück in die Aufmerksamkeit des »Hier und Jetzt« zu bewegen. Dabei konzentriert sich der Achtsamkeitspraktizierende zurück auf sein Atmen (Bishop et al., 2004). Es ist hierbei wichtig klarzustellen, dass diese Methode keinesfalls das Ziel hat, Gedanken zu unterdrücken. Gedankenströme werden vielmehr beobachtet und angenommen, um anschließend die Aufmerksamkeit zurück auf die Atmung zu fokussieren. Was dabei unterdrückt werden soll, sind sekundäre, bewertende (elaborative) Gedanken und Gefühle (vgl. Bishop et al., 2004; Brown & Ryan, 2003; Kabat-Zinn, 2003).

Die Orientierung an Erfahrungen bezieht sich auf die Bereitschaft, zu jeder Situation des Abschweifens der Gedanken weg von der Atmung, eine Haltung der Neugierde einzunehmen (Bishop et al., 2004; Brown & Ryan, 2003). Dies verdeutlicht, dass es sich bei der Achtsamkeitsmeditation nicht um einen einfachen Zustand der Entspannung um einen Versuch die Gefühle zu regulieren handelt: der Praktizierende soll offen und neugierig jedes Gefühl und jeden Gedanken unabhängig von der Valenz oder Erwünschtheit akzeptieren (vgl. Bishop, 2004).

Jon Kabat-Zinn war maßgeblich an der Einführung des Achtsamkeitskonzepts in die westliche Welt beteiligt. Er entwickelte 1970 das Mindfulness Based Stress Reduction (MBSR)-Programm, das ursprünglich Patienten im Umgang mit chronischen Schmerzen helfen sollte (Kabat-Zinn, 1982; Kabat-Zinn et al., 1985; Kabat-Zinn et al., 1987). Heute findet das Training in weiten Bereichen zur Verringerung der Ausbruchswahrscheinlichkeit psychischer Störungen bei chronischen Erkrankungen und zur Behandlung von emotionalen und Verhaltensstörungen Verwendung (Reibel, Greeson, Brainard & Rosenzweig, 2001; Speca, Carlson, Goodey & Angen, 2000).

Kabat-Zinn entwickelte dieses Programm aus einer Kombination aus achtsamer Meditation, Zen-Tradition und Hatha-Yoga. Der Kurs setzt sich aus acht wöchentlichen Sitzungen über etwa 2,5 Stunden zusammen sowie einem anschließenden ganztägigen Seminar, dem »Tag des Schweigens«. Dieses Programm ersetzt keine medizinische oder psychotherapeutische Behandlung, kann aber zur Erhöhung der Stressbewältigungskompetenz eingesetzt werden und zur Entspannungsfähigkeit beitragen (Meibert, Michalak & Heidenreich, 2004; nach Dlugosch & Dahl, 2012).

Die Grundpfeiler des MBSR-Programms bilden die formelle und die informelle Achtsamkeit. Zu der formellen Achtsamkeit zählen Yogaübungen, der sogenannte Body Scan und die Sitz- und Gehmeditation. Mit der informellen Achtsamkeit sind Routinetätigkeiten gemeint, wie zum Beispiel das Geschirrspülen, Aufräumen und das Kochen. So sollen die Teilnehmer bereits zu Beginn tägliche Verrichtungen so achtsam wie möglich ausführen. Ziel der informellen Achtsamkeitsübung ist es, die Achtsamkeit dauerhaft in den Alltag zu integrieren. Neben dem MBSR-Programm gibt es zahlreiche andere achtsamkeitsbasierende Trainings, wie zum Beispiel das MBCT zur Prophylaxe von Depressionen (Teasdale et al., 2000) und das DBT zur Behandlung der Borderline Persönlichkeitsstörung bei Frauen (Linehan, M. M., Schmidt, H., Dimeff, L. A., Craft, J. C., Kanter, J. & Comtois, K. A., 1999).

In einer Metaanalyse von Khoury und seinen Kollegen (2013) über die Effekte von auf Achtsamkeit basierenden Trainings konnte nachgewiesen werden, dass die Teilnehmer nach dem Training achtsamer waren als zuvor und dieser Anstieg auch bei letzten follow-up Untersuchungen nachgewiesen werden konnte. Darüber hinaus wurden Korrelationen zwischen verschiedenen Stadien der Achtsamkeit der Teilnehmer und deren Behandlungserfolg nachgewiesen (Khoury et al., 2013). Lindenmeyer postuliert, dass eine Voraussetzung für einen lang anhaltenden positiven Effekt, durch auf Achtsamkeit basierende Maßnahmen, Üben der Achtsamkeit durch regelmäßige Wiederholung sei (Lindenmeyer, 2014).

Es stellt sich die Frage, ob Achtsamkeit nur auf die Achtsamkeitsmeditation begrenzt ist oder sie auch auf eine andere Art, ohne spezielle Trainings mit meditativen Übungen, praktiziert werden kann. Obwohl sich achtsamkeitsbasierende Interventionen auf Meditationstechniken stützen, postulieren Bishop et al. (2004), dass sie nicht auf die Meditation limitiert ist. So deuten Untersuchungen beispielsweise darauf hin, dass eine effektive Psychotherapie ebenso Achtsamkeit hervorruft und verwendet, um eine Einsicht in subjektive innere Erfahrungen zu machen (vgl Martin, 1997, 2002; Horowitz, 2002; Muran, 2002; nach Bishop, 2004). Ob es eine weitere Form einer Art informellen Achtsamkeit gibt, bei der man sich ohne Achtsamkeitsbasierende Trainings oder Maßnahmen, und damit ohne einem bewusst gesteuerten Begeben in diesen Zustand, auch in ein Stadium eines annehmenden, neugierigen und nicht-wertenden Präsenzempfindens gelangen kann, ist im Kontext wissenschaftlicher Untersuchungen nicht erforscht.

Die vorangegangenen Erläuterungen zu dem Konstrukt, Achtsamkeit, (vgl. Bishop et al., 2004) und Achtsamkeitsbasierende Trainings (vgl. Kabat-Zinn, 1982, 2003; Kabat-Zinn et al., 1987) implizieren, dass bei einer Pilgerreise ein automatischer, immer wiederkehrender Zustand eines achtsamen Präsenzerlebens eingenommen wird, welches Ähnlichkeiten zur formellen und zur informellen Achtsamkeit aufweist. Dieser Zustand wird nicht durch eine bewusste Selbstregulation der Aufmerksamkeit gesteuert, sondern durch die Grenzerfahrung und das damit verbundene Spüren des eigenen Körpers.

Im Folgenden werden aus der Theorie sechs Hypothesen hergeleitet und erläutert. Aufgrund der zuvor erklärten Annahmen, dass das Erpilgern des Jakobsweges die Selbstwirksamkeit stärkt und festigt, wird folgende erste Hypothese aufgestellt:

H1: Personen, die den Jakobsweg gehen, haben nach der Pilgerreise eine signifikant höhere Selbstwirksamkeitserwartung als vor der Pilgerreise.

Wegen der zuvor erklärten Annahme, dass Pilger nach einigen Tagen des Gehens, auch ohne Anweisung, stattdessen durch das Spüren des eigenen Körpers, einen Wechsel zwischen dem Annehmen von Gedanken – und Gefühlsströmen mit einem Zurückkehren ins »Hier und Jetzt« erfahren – daraus ergibt sich die folgende Hypothese:

H2: Personen, die den Jakobsweg gehen, haben nach dem Gehen signifikant höhere Achtsamkeit als vor der Pilgerreise.

Darüber hinaus wird postuliert, dass die Selbstwirksamkeitserwartung von Jakobuspilgern nicht nur insofern ansteigen, dass sie nach Ende der Reise einen ähnlichen Wert wie in der Normalpopulation annehmen. Es wird vermutet, dass der Selbstwirksamkeitswert signifikant höher ist als der Wert der Normalbevölkerung.

H3: Personen, die den Jakobsweg gegangen sind, haben nach ihrer Pilgerreise signifikant höhere Werte in ihrer Selbstwirksamkeitserwartung als eine Normpopulation.

Bei der Achtsamkeit wird ebenfalls behauptet, dass sich der Wert der Achtsamkeit der Pilger nicht nur an den Wert der Achtsamkeit der Vergleichsstichprobe annähert, sondern dass sie sich von der Normalbevölkerung nach der Reise signifikant unterscheiden. Es wird folgende Hypothese aufgestellt:

H4: Personen, die den Jakobsweg gegangen sind, haben nach ihrer Pilgerreise signifikant höhere Werte in ihrem Achtsamkeitserleben als eine Vergleichsstichprobe aus der Normalbevölkerung.

In den zuvor postulierten Annahmen über die Verbindung von Selbstwirksamkeit mit dem Pilgern wird aufgezeigt, dass wiederkehrende

Erfolgserlebnisse durch das Teilen eines Großziels in Teilziele die Selbstwirksamkeitserwartung wiederholt stärken und festigen. Auf dem Jakobsweg werden über viele Tage oder Wochen hinweg regelmäßige Erfolgserlebnisse erlebt, was zu einer immer höher werdenden Erwartung der Selbstwirksamkeit führt. Des Weiteren wurde zuvor darauf eingegangen, dass die Selbstwirksamkeitserwartung in der Stärke, Höhe und dem Generalisiertheitsgrad variiert. Die Höhe, sprich die Einschätzung der Schwierigkeit der Reise und die Stärke, hier die Einschätzung der Qualität der Reise, sollten bei einem längerem zu bewältigenden Weg als größer empfunden werden, als bei einem Weg, der in nur wenigen Tagen oder wenigen Kilometern absolviert werden kann. Daraus folgt die Annahme, dass bei wiederkehrenden Erfolgserlebnissen, bei einer gleichzeitigen höher eingeschätzten Stärke und Höhe des zu bewältigenden Weges, die Erfolgserlebnisse als noch größer bewertet werden. Dies hat Einfluss auf die Qualität des Anstiegs der Selbstwirksamkeitserwartung. Es wird folgende Hypothese angenommen:

H5: Je länger die Strecke ist, die die Personen auf dem Jakobsweg zurückgelegt haben, desto höher ist der Anstieg der Selbstwirksamkeitserwartung.

Zuvor wurde erklärt, dass Achtsamkeit durch eine wiederholte Selbstregulation in einen Zustand des Präsenzerlebens entsteht. Weiterhin wird behauptet, dass eine Voraussetzung für einen lang anhaltenden positiven Effekt regelmäßige Wiederholung ist. Die in der vorliegenden Arbeit erschlossenen Annahmen darüber, dass Pilger nach einer längeren Zeit auf dem Jakobsweg zunehmend seltener in einen Zustand des längeren Nachdenkens über Vergangenes und Zukünftiges gelangen, führen dazu die nachfolgende und letzte Hypothese anzunehmen:

H6: Je länger die Strecke ist, die die Personen auf dem Jakobsweg zurückgelegt haben, desto höher ist der Anstieg der Achtsamkeit.

### 4.1.2 Methode

#### Untersuchungsplanung

Bei der Studie handelt es sich um eine Fragebogenstudie. Es wurde ein retrospektives Design gewählt, bei dem die Untersuchungsteilnehmer (N = 228) Angaben über die relevanten Variablen machten. Diese bezogen sich auf ihre Erinnerungen, basierend auf den Zeitpunkt vor dem Begehen des Jakobsweges und den Zeitpunkt nach ihrer Pilgerreise. Als Stichprobe dienten ausschließlich Personen, die den Jakobsweg im Jahr 2014 oder 2015 gegangen waren.

Zur Prüfung der Hypothesen 5 und 6 wurden veröffentlichte Ergebnisse einer Vergleichsstichprobe herangezogen. Als Vergleichsgruppe dienten eine repräsentative Stichprobe der deutschen Bevölkerung (N = 2031) aus einer Studie, bei der Selbstwirksamkeit und Achtsamkeit einer Vergleichsstichprobe US-Amerikanischer Erwachsener (N = 435) gegenübergestellt wurden.

## Durchführung

Der Fragebogen war verfügbar über einen Internetlink in verschiedenen Internetforen und in sozialen Netzwerken, welche sich an Pilger des Jakobsweges richteten. Zudem wurde der Fragebogen per E-Mail an Bekannte gesendet, die den Weg im Jahre 2014 oder 2015 nach Santiago de Compostela bestritten hatten. Über einen Link konnten sie zwischen dem 24. Juni und dem 06. Juli 2015 auf den Onlinefragebogen zugreifen. Die Untersuchungsteilnehmer wurden in Kenntnis gesetzt, dass die Bearbeitungszeit des Fragebogens etwa 30 Minuten beträgt und dass es sich um eine Studie für Menschen, die den Jakobsweg gelaufen sind, handle.

Die Untersuchungsteilnehmer sollten zunächst ihre persönliche Begründung für das Begehen des Jakobsweges aus fünf möglichen vorgegebenen Gründen auswählen. Danach wurden sie gebeten, sich an die Zeit zu erinnern, in der sie beschlossen hatten, den Jakobsweg zu bestreiten. Sie sollten angeben, wie viele Monate vor dem Start der Reise sie den Entschluss fassten. Die Teilnehmer wurden darauf hingewiesen, dass bei Fortführen des Fragebogens ein Timer starten wird. Dabei erhalten sie die begrenzte Zeit von 60 Sekunden für das zuvor beschriebene Erinnern. Ihnen wurde mitgeteilt, dass sobald sie zur nächsten Seite gewechselt sind, es nicht mehr möglich ist auf die vorherige Seite zurückzukehren, um sich die Aufgabenstellung noch einmal durchzulesen. Auf diese Weise sollte den Teilnehmern ein bewusstes Erinnern an die Zeit ermöglicht werden. Nach Ablauf des Timers wurden die Untersuchungsteilnehmer auf die nächste Seite weitergeleitet. Dort folgten zunächst die Items zur Erhebung von Selbstwirksamkeit und im Anschluss die Items zur Achtsamkeit. Sie erhielten die Instruktion, dass sich die Fragen auf ihr Empfinden vor Beginn des Jakobswegs beziehen.

Im nächsten Schritt sollten die Befragten Angaben zu ihren demographischen Daten tätigen. Die demographische Befragung wurde an dieser Stelle platziert, um den Fokus der Teilnehmer auf eine andere Thematik zu lenken, sodass das Erinnern an den Zeitraum vor der Pilgerreise keinen Einfluss auf das im Folgenden beschriebene Erinnern an den Zeitraum nach der Reise ausüben kann.

Der Ablauf gestaltete sich wie bei der ersten Messung. Die Teilnehmer wurden gebeten, sich an die zwei Wochen nach Ende der Reise zu erinnern. Erneut wurden sie über den Timer informiert und nach Ablauf des Timers schloss sich die Befragung zu ihrer Selbstwirksamkeit und Achtsamkeit an.

Im Anschluss folgten Fragen zur beruflichen Situation und möglichen Veränderungen vor, während oder kurz nach der Pilgerreise, welche in Stichpunkten beantwortet werden konnten. Die Teilnehmer sollten zudem die Veränderungen ihrer Zielklarheit, ihrer Leistung, ihrem optimistischen Denken, ihrem Erreichen von Zielen, ihrer Widerstandskraft bei Problemen und ihrem entspannten Umgang mit dem Alltag einschätzen. Die Einschätzung konnte in Form eines Reglers auf einem Kontinuum von »viel weniger als vorher« bis »viel mehr als vorher« verordnet werden.

Am Ende des Fragebogens wurden Fragen zur Pilgerreise gestellt. Dabei sollten die Befragten angeben, ob sie Fußpilger waren, wie oft sie andere Fortbewegungsmittel auswählten, die Länge der Reise in Zeit und in Strecke, den Zeitraum der Reise sowie ob sie das Ziel erreicht haben und wenn nicht, was die Gründe dafür waren. Diese teilweise kritischen Fragen folgten bewusst erst nach dem Messen der Konstrukte Selbstwirksamkeit, um Verzerrungen auszuschließen. Die Ergebnisse der Teilnehmer wurden automatisch nach Beendigung des Fragebogens gespeichert.

### 4.1.3 Befragungspersonen

Die Stichprobe der Hauptuntersuchung besteht aus Personen, die den Jakobsweg im Jahr 2014 oder 2015 gelaufen sind. Insgesamt haben 655 Personen an der Studie teilgenommen, davon haben 284 Personen den Fragebogen vollständig bearbeitet. Die meisten Befragten haben den Fragebogen bei der wiederholten Erhebung der Selbstwirksamkeitserwartung und Achtsamkeit, welche sich nun auf den Zeitpunkt nach Beenden der Reise bezog, abgebrochen. Weitere 56 Personen wurden von der Auswertung ausgeschlossen, da sie angaben, nicht am Ziel, Santiago de Compostela, angekommen zu sein. Zum Teil weil sie eine andere Etappe des Jakobsweges gelaufen sind. Somit verbleiben in der endgültigen Stichprobe 228 Personen, davon waren 144 Personen (knapp Zweidrittel) weiblich, 84 Personen männlich.

Die Verteilung des Alters der Pilger streut sehr breit. Der jüngste Teilnehmende war unter 15 Jahre alt, 14 Teilnehmende haben sich der Kategorie 65 oder älter zugeordnet (Mo = 25–29, Md = 35–39). Ein Vergleich der Altersverteilung der Stichprobe mit der Altersverteilung der offiziellen Statistik aller im Jahr 2014 in Santiago angekommenen Pilger zeigt, dass es sich bei der vorliegenden Stichprobe wohl um einen repräsentativen Ausschnitt der gesamten Pilgerschaft handelt.

### 4.1.4 Fragebogen

Der Fragebogen setzte sich aus fünf verschiedenen Komponenten zusammen, von denen vier für diese Studie relevant waren: Die Skala zur Allgemeinen Selbstwirksamkeitserwartung von Jerusalem und Schwarzer (1999), die deutsche Version der Mindfulness Attention Awareness Scales (Brown & Ryan, 2003; Michalak, Heidenreich, Ströhle & Nachtigall, 2008), Items, welche die soziodemografischen Daten der Teilnehmenden erfasste, und Items zur Erhebung der Länge, Dauer, des Zeitpunkts sowie der Zielerreichung der individuellen Reise auf dem Jakobsweg.

Die Allgemeine Selbstwirksamkeitserwartung der Befragten wurde mit der Selbstwirksamkeitsskala »SWE« erhoben (vgl. Schwarzer & Jerusalem, 1999). Diese 1981 erstmals eingeführte eindimensionale Skala umfasst zehn Items mit einem vierstufigen Antwortformat (stimmt nicht, stimmt kaum, stimmt eher, stimmt genau). Der individuelle Testwert resultiert aus dem Summenscore der zehn Antworten und kann somit zwischen zehn und 40 liegen oder aber aus dem Mittelwert, der entsprechend einen Wert zwischen eins und vier annehmen kann. Ein hoher Testwert steht für eine hohe Selbstwirksamkeitserwartung. Die deutsche Version des Tests wurde, auf einer für die deutsche Bevölkerung repräsentativen Stichprobe basierend, normiert (N = 2019; M = 29.38, SD = 5.36) (Hinz, Schumacher, Albani, Schmid & Brähler, 2006). Dabei ist die interne Konsistenz von .92 als sehr gut einzuschätzen. Die einfaktorielle Struktur weist auf eine hohe Validität des Fragebogens hin, ebenso wie die sehr hohe Korrelation mit der Resilienzskala von r = .68, die ein eng verwandtes Konstrukt darstellt. Die empirische Verteilung weicht von der Normalverteilung ab: Sie ist steiler (Kurtosis = .37) und linksschief (Schiefe = –.32) (vgl. ebd.). Die Selbstwirksamkeitsskala wurde in 31 Sprachen übersetzt und es liegen Rohdaten von über 19.000 Teilnehmenden aus 23 Ländern vor.

Die Achtsamkeit der Untersuchungsteilnehmer wurde mithilfe der von Kobarg (2008) entwickelten deutschen Adaption des Mindfulness Attention Awareness Scale (MAAS) (Brown & Ryan, 2003) getestet. Der MAAS ist eine eindimensionale Skala und umfasst 15 Items in einem sechsstufigen Antwortformat (1 = fast immer, 2 = sehr häufig, 3 = eher häufig, 4 = eher selten, 5 = sehr selten, 6 = fast nie). Der individuelle Testwert wird aus dem Mittelwert der Items gebildet und kann zwischen eins und sechs liegen. Dabei steht ein geringer Wert für eine geringe Achtsamkeit, ein hoher Wert für eine hohe Achtsamkeit. Die Eindimensionalität der ins Deutsche adaptierten MAAS konnte von Kobarg (2008) bestätigt werden. Die Reliabilität der Skalen wurde durch zwei Stichproben getestet und ergab Cronbachs Alpha-Werte von .85 und .86, sodass sie sehr gut zu bewerten ist. In der deutschen Adaption des MAAS wurden signifikante Unterschiede dahingehend festgestellt, dass Probanden mit regelmäßigerer und längerer Achtsamkeitsmeditationspraxis höhere Werte in der MAAS angaben. Dies spricht laut Kobarg für die Validität der deutschen Version der MAAS.

Die Selbstwirksamkeitserwartungsskala und die deutsche Version des Mindfulness Attention Awareness Scales wurden für den Fragebogen zweimal verwendet. Die Durchführungsdauer des gesamten Fragebogens liegt bei etwa 15 Minuten (M = 15, SD = 4.1).

## 4.1.5 Ergebnisse

### Statistische Auswertungsmethoden

Die in der Untersuchung erhobenen Daten wurden mithilfe des Programms IBM SPSS Statistics 23 ausgewertet. Zur Überprüfung der Hypothesen wurden zunächst die Mittelwerte der Ergebnisse der Selbstwirksamkeitsskala sowie der Ergebnisse der Achtsamkeitsskala gebildet. Mittels t-Tests für abhängige Stichproben wurde die Veränderung der Achtsamkeits- und der Selbstwirksamkeitserwartungswerte von vor und nach der Pilgerreise ermittelt.

Zur Überprüfung der Hypothese 5 wurde zunächst ein Streudiagramm erstellt, das die Veränderung in Abhängigkeit von den gelaufenen Kilometern darstellt. Nach dem gleichen Verfahren wurde die Veränderung in Abhängigkeit von den gelaufenen Tagen aufgezeigt. Des Weiteren wurde die Veränderung der Selbstwirksamkeit der Stichprobe zum einen mit der Anzahl der gelaufenen Tage und zum anderen mit der Anzahl der gelaufenen Kilometer korreliert. Um auszuschließen, dass Extremwerte zu einer Verzerrung der Ergebnisse führen, wurde bei der Berechnung die Spearman-Rangkorrelation verwendet.

Die gleichen Verfahren wurden zur Überprüfung des Zusammenhangs zwischen der Länge der Pilgerreise und der Veränderung von Achtsamkeit (Hypothese 6) eingesetzt.

Mit einem t-Test für unabhängige Stichproben wurden die gemessenen Ergebnisse der Selbstwirksamkeitsskala zum Zeitpunkt nach der Pilgerreise mit einer bevölkerungsrepräsentativen Stichprobe ($N = 2031$) der Selbstwirksamkeitserwartungs-Werte der Deutschen Bevölkerung (vgl. Hinz et al., 2006) verglichen. Da die Werte der Stichprobe von Hinz und seinen Kollegen mithilfe von Summenscores gebildet wurden, wurden die Ergebnisse der Selbstwirksamkeitsskala der vorliegenden Untersuchung auf Summenscores umgerechnet. Die Achtsamkeitswerte zum Zeitpunkt nach der Pilgerreise wurden ebenfalls mittels eines t-Tests für unabhängige Stichproben mit einer Stichprobe ($N = 435$) der Autoren der Mindfulness-Attention-Awareness-Scales (Brown & Ryan, 2003) verglichen.

Die deskriptiven Statistiken der Werte der Selbstwirksamkeitserwartung und der Achtsamkeit vor und nach der Pilgerreise sind in Tabelle 4.1.1 aufgeführt. Zur Berechnung wurden Skalenmittelwerte der Konstrukte gebildet. Die Selbstwirksamkeitserwartung weist zum ersten Messzeitpunkt (vor Beginn der Reise) einen Mittelwert von M = 2.87 und eine Standardabweichung von SD = .52 auf. Der Mittelwert zum zweiten Zeitpunkt (nach Abschluss der Reise), M = 3.25, mit einer Standardabweichung von SD=.45 ist höher als der des ersten. Die deskriptiven Statistiken der Achtsamkeitsskala liegen zum ersten Messzeitpunkt bei M = 3.63 (SD = .92). Die Testwerte des zweiten Zeitpunktes ergeben ebenfalls einen erhöhten Mittelwert von M = 4.46 bei einer Standardabweichung von SD = .91.

Tabelle 4.1.1: Deskriptive Statistiken (N = 208)

| | | **M** | **SD** | **Min** | **Max** |
|---|---|---|---|---|---|
| **Selbstwirksamkeitserwartung** | Prä | 2.87 | .52 | 1 | 4 |
| | Post | 3.25 | .45 | 1 | 4 |
| **Achtsamkeit** | Prä | 3.63 | .92 | 1 | 6 |
| | Post | 4.46 | .91 | 1 | 6 |

### Hypothese 1

Personen, die den Jakobsweg gehen, haben nach der Pilgerreise eine signifikant höhere Selbstwirksamkeitserwartung als vor der Pilgerreise.

Wie in Tabelle 4.1.1 zu sehen ist, unterscheiden sich die Werte der Selbstwirksamkeitserwartung signifikant zwischen den beiden Messzeitpunkten in die erwartete Richtung, $t(227) = 12{,}03$; $p < .001$; $d = .78$. Die Hypothese kann damit bestätigt werden.

### Hypothese 2

Personen, die den Jakobsweg gehen, haben nach dem Gehen signifikant höhere Achtsamkeit als vor der Pilgerreise.

Die Achtsamkeitswerte nehmen die erwartete Richtung an und unterscheiden sich signifikant, $t(227) = 14.19$; $p < .001$ bei einer sehr hohen Effektstärke von $d = .9$. Hypothese 2 kann also bestätigt werden.

### Hypothese 3

Personen, die den Jakobsweg gegangen sind, haben nach ihrer Pilgerreise signifikant höhere Werte in ihrer Selbstwirksamkeitserwartung als eine Normpopulation.

Der angenommene Unterschied ist, wie in Tabelle 4.1.2 ersichtlich, auf einem Niveau von $p < .001$ signifikant ($d = .56$). Die Hypothese kann damit bestätigt werden.

### Hypothese 4

Personen, die den Jakobsweg gegangen sind, haben nach ihrer Pilgerreise signifikant höhere Werte in ihrem Achtsamkeitserleben als eine Vergleichsstichprobe aus der Normalbevölkerung.

Die Achtsamkeitswerte der Befragten nach dem Bestreiten des Jakobsweges unterscheiden sich, wie in Tabelle 4.1.2 zu sehen, signifikant von der Vergleichsstichprobe ($p < .001$; $d = .32$). Die Hypothese kann damit bestätigt werden.

Tabelle 4.1.2: Unterschiede der Stichproben von SWE und MAAS zu einer Vergleichsstichprobe mittels T-Test

| | N | M | SD | t | df | p | d |
|---|---|---|---|---|---|---|---|
| **SWE** | 2031 | 29.58 | 5.36 | | | | |
| | 228 | 32.54 | 4.53 | 8.023 | 2257 | .001 | .56 |
| **MAAS** | 436 | 4.20 | 0.69 | | | | |
| | 228 | 4.45 | 0.91 | 3.958 | 662 | .001 | .32 |

### Hypothese 5

Je länger die Strecke ist, welche die Personen auf dem Jakobsweg zurückgelegt haben, desto höher ist der Anstieg der Selbstwirksamkeitserwartung.

Es wurde eine Rangkorrelation zwischen der Steigerung der Selbstwirksamkeitserwartung und der gelaufenen Kilometer der Untersuchungsteilnehmer gerechnet. Die Spearman-Rangkorrelation beträgt $r = -.03$ und ist somit nicht signifikant. Auch bei der Betrachtung des Streudiagramms sind keine Muster zu erkennen. Die Steigerung der Selbstwirksamkeit verhält sich unabhängig von der Anzahl der gelaufenen Kilometer.

Ebenso wurde eine Rangkorrelation zwischen der Steigerung der Selbstwirksamkeitserwartung und der Dauer in Tagen, die die Personen auf dem Jakobsweg verbracht haben, gerechnet. Dabei beträgt die Spearman-Korrelation $r = -.03$. Das dazu gehörige Streudiagramm zeigt ebenfalls kein Muster. Die Hypothese kann somit nicht bestätigt werden.

**Hypothese 6**

Je länger die Strecke ist, die die Personen auf dem Jakobsweg zurückgelegt haben, desto höher ist der Anstieg der Achtsamkeit.

Eine Spearman-Rangkorrelation zwischen der Steigerung der Achtsamkeitswerte und der gelaufenen Kilometer der Untersuchungsteilnehmer ergibt keine bedeutsame Korrelation ($r = -.07$). Auch das Streudiagramm zeigt keine Muster.

Bei der Berechnung der Rangkorrelation zwischen der Steigerung der Achtsamkeit und der Dauer der Pilgerschaft in Tagen kann ebenfalls keine bedeutsame Korrelation festgestellt werden ($r = -.05$). Auch das Streudiagramm zeigt kein auffälliges Muster. Die Hypothese kann somit nicht bestätigt werden.

### 4.1.6 Zusammenfassung und Diskussion der Ergebnisse

Ziel der vorliegenden Untersuchung war die Beantwortung der Frage, ob eine Pilgerreise auf dem Jakobsweg die Selbstwirksamkeitserwartung und die Achtsamkeit positiv beeinflusst. Des Weiteren sollte erfasst werden, ob dieser erwartete Anstieg der Selbstwirksamkeitserwartung und der Achtsamkeit abhängig von der Länge der Pilgerreise ist. Für diesen Zweck wurde die SWE-Skala zur Erfassung der Selbstwirksamkeitserwartung der Untersuchungsteilnehmenden verwendet. Die Achtsamkeit der Teilnehmer wurde mithilfe der deutschen Adaption des MAAS erfasst. Zu beiden Skalen wurden jeweils die Werte, bezogen auf die Erinnerungen der Situation vor dem Begehen des Jakobsweges und bezogen auf die Erinnerungen der Situation kurz nach der Pilgerreise, gemessen und ausgewertet.

Im Folgenden werden die Ergebnisse der Hypothesenprüfung interpretiert. Anschließend werden verschiedene Aspekte der vorliegenden Untersuchung kritisch reflektiert und wichtige Erkenntnisse zusammengefasst sowie ein Ausblick auf weitere Forschungsmöglichkeiten gegeben.

Die Hypothesen 1 und 2 konnten belegt werden. Beide Ergebnisse zeigen, dass die Selbstwirksamkeitserwartung und die Achtsamkeit in sehr großem Maße nach dem Pilgern des Jakobswegs ansteigen. Allerdings könnte dies gewissen Verzerrungen aufgrund des Forschungsdesigns unterliegen, die im Abschnitt »Forschungsdesign« diskutiert werden.

Die Ergebnisse zu den Hypothesen 3 und 4 bestätigen, dass Pilger nach dem Gehen des Jakobsweges eine signifikant höhere Selbstwirksamkeitserwartung und Achtsamkeit haben als eine Vergleichsstichprobe der Normalbevölkerung. Bei der Selbstwirksamkeitserwartung wurden die Werte der Selbstwirksamkeitserwartung einer bevölkerungsrepräsentativen Stichprobe (N = 2031) der deutschen Bevölkerung herangezogen. Für den Test zur Erhebung von Achtsamkeit gibt es hingegen bislang keine Normierung. Es wurde eine US-Amerikanische Vergleichsstichprobe (N = 436) verwendet, die den originalen englischsprachigen MAAS durchführte. Diese stellt als eine randomisierte Erwachsenenstichprobe am ehesten eine Vergleichsstichprobe für die der vorliegenden Arbeit getesteten Stichprobe von Pilgern dar. Gefundene Vergleichsstichproben der übersetzten deutschen Version des MAAS bezogen sich auf homogene oder auf zu altersspezifische Gruppen, wie z. B. auf Lehrer, auf meditationserfahrene Zen-Meister oder auf Schüler und waren somit minder für einen Vergleich mit den Ergebnissen der vorliegenden Stichprobe geeignet. Insgesamt ist der Vergleich zwischen den Achtsamkeitswerten nach dem Begehen des Jakobsweges mit den Achtsamkeitswerten einer Vergleichsstichprobe also nur unter kritischer Betrachtung zu ziehen.

Die Hypothesen 5 und 6, welche Effekte abhängig von der räumlichen und zeitlichen Länge der Pilgerreise postulierten, konnten beide nicht bestätigt werden. Weder die Anzahl der zurückgelegten Kilometer noch die Dauer der Pilgerreise in Tagen hatten einen Effekt auf die Selbstwirksamkeitserwartung oder Achtsamkeit. Es ist also den Ergebnissen zufolge für den Anstieg der Konstrukte absolut irrelevant, ob eine Person 100 Kilometer, 800 Kilometer oder 3000 Kilometer zurückgelegt hat. Dieses Ergebnis könnte darauf hindeuten, dass die Selbstwirksamkeitserwartung nur in den ersten vier Tagen der Reise, in denen die ersten 100 Kilometer zurückgelegt werden können, steigt und anschließend auf diesem Level stagniert. Es könnte auch dadurch begründet sein, dass Personen die Länge der Pilgerreise so wählen, dass es für sie persönlich die besten Auswirkungen verspricht und deswegen die Erreichung des Zieles, unabhängig von der Dauer der Pilgerreise, über den Effekt der Pilgerreise entscheidet. Es wäre also für zukünftige Forschungen interessant, Unterschiede in der Selbstwirksamkeit und Achtsamkeit abhängig von der Zielerreichung in Santiago zu vergleichen.

Eine andere Erklärung wäre, dass durch das retrospektive Design eher Erwartungen der Untersuchungsteilnehmer und nicht tatsächliche Veränderungen aufgezeigt werden. Auf diese wird im Abschnitt »Forschungsdesign« eingegangen.

Der in der vorliegenden Untersuchung wohl am kritischsten zu diskutierende Teil ist das Forschungsdesign. Die Daten wurden retrospektiv erhoben, indem die Untersuchungsteilnehmer auf Basis ihrer Erinnerung zu ihrem Erleben vor und nach der Pilgerreise befragt wurden. Dadurch besteht die Gefahr, dass die Antworten gewissen Verzerrungen unterliegen. Eine dieser möglichen Verzerrungen ist der Aufforderungscharakter (engl. »demand characteristics«). Diese Verzerrung ist nur dann möglich, wenn die Untersuchungsteilnehmer die Ziele der Untersuchung durchschaut und daraufhin entsprechend ihrer Erwartung bewusst oder unbewusst geantwortet haben. Es wurde bei der Konzeption des Fragebogens sowie bei der Aufforderung zur Teilnahme darauf Wert gelegt zu keiner Zeit zu erwähnen, dass die Studie Veränderungen abbilden soll. Erst als sich die Fragen zur Selbstwirksamkeit und Achtsamkeit wiederholten, könnten die Untersuchungsteilnehmer das Ziel des Forschungsdesigns erfasst haben. Sollte dies tatsächlich der Fall gewesen sein, so ist es auch möglich, dass sie bewusst oder unbewusst die Antworten zugunsten der angenommenen Erwartungen an die Pilgerreise verzerrten. Ebenso ist es denkbar, dass die Untersuchungsteilnehmer ihre Antworten ihren eigenen Erwartungen entsprechend verzerrten. Zum Beispiel könnten sie einem gewissen Rechtfertigungsdruck unterliegen. Dieser kann darin begründet sein, dass die Hoffnung und Erwartung der Personen, ihr Leben oder Teile ihres Lebens mit Hilfe des Jakobsweges positiv zu verändern, sie dazu brachte hohe Kosten in Form von Zeit und Anstrengung zu investieren und eine lange Strecke über Wochen zu wandern. Erwartungen, die sich nicht erfüllten, könnten die tatsächlichen Erinnerungen im Sinne einer kognitiven Dissonanz überlagern. Auch die Ergebnisse der Hypothesen 5 und 6 sprechen für eine Verzerrung durch den Aufforderungscharakter oder durch die eigenen Erwartungen.

Eine weitere kritische Erklärung für mögliche Verzerrungen könnte sein, dass Personen, die positive Erfahrungen auf dem Jakobsweg erlebt haben, anschließend eher in Pilgerforen oder anderen Netzwerken für Pilgern aktiv sind und eher an einer dort veröffentlichten Aufforderung zur »Jakobsweg-Studie« teilnehmen. Ein Argument für diese Theorie ist, dass von 284 Untersuchungsteilnehmern, die den Fragebogen bis zum Ende bearbeiteten, niemand angegeben hat, den Jakobsweg abgebrochen zu haben. Die wahre Abbrecherquote von Pilgern auf dem Jakobsweg ist nicht bekannt. Es ist schwer, innerhalb einer Online-Fragebogenuntersuchung diesen Effekt zu vermeiden, selbst wenn man diese Personen erreichen könnte. Fraglich ist, ob der expliziten Teilnahmeaufforderung von Personen, die den Weg abgebrochen haben, nachgegangen werden würde.

Um klarere Aussagen hinsichtlich der Interpretation der Ergebnisse zu erzielen, ist für zukünftige Forschungen zu empfehlen, die Untersuchungsteilnehmer in einem längsschnittlichen Forschungsdesign bereits vor Beginn der Pilgerreise zu rekrutieren und zu befragen sowie die letzte Messung erst nach der Ankunft durchzuführen.

Die Stichprobe wies mit 53 Prozent im Vergleich zu anderen Studien eine starke Unterrepräsentation von Personen mit hohem Bildungsabschluss auf. Bei vergleichbaren Studien liegt der Anteil von Pilgern mit einem hohen Bildungsabschluss bei 84 Prozent (Gamper & Reuter, im Druck). Dies könnte dadurch zu erklären sein, dass sich Personen mit einem hohen Bildungsabschluss eventuell seltener in Pilgerforen oder Gruppen in sozialen Netzwerken aufhalten. Eine weitere Erklärung liefert die Tatsache, dass die Studie gegen 12.00 Uhr mittags an einem Werktag veröffentlicht wurde. Die meisten Untersuchungsteilnehmer nahmen in den ersten Stunden an der Untersuchung teil. Der Effekt könnte also mit der Berufstätigkeit in Verbindung gebracht werden.

Zudem haben von 655 Personen nur 284 den Fragebogen beendet. Die meisten brachen ab, als sich die Skala zur Selbstwirksamkeitserwartung und zum Achtsamkeitserleben wiederholte. Ginge man davon aus, dass Untersuchungsteilnehmer das Forschungsdesign durchschaut haben, könnte man auf Folgendes schließen: Nur Personen, die sich stark mit dem Zweck der Studie und den untersuchten Konstrukten identifizieren, bringen das Durchhaltevermögen auf, den Fragebogen zu beenden. In zukünftigen Forschungsvorhaben könnte gemessen werden, ob sich die Gruppe der »Abbrecher« bei den Messwerten der Konstrukte bezogen auf vor dem Jakobsweg systematisch bei den Messwerten von der Gruppe derjenigen, die den Fragebogen fertigstellten, unterscheiden.

Zudem ist fast ein Drittel der erfassten Pilger nicht zum ersten Mal den Jakobsweg gegangen, auch dies könnte eine Varianzquelle für spezifische Unterschiede darstellen.

Die MAAS wurde wegen ihrer Ökonomie, Popularität und der Tatsache, dass dieser Fragebogen auch in der einzigen vorherigen Studie, die die Veränderungen von Achtsamkeit auf dem Jakobsweg misst, ausgewählt. Bei einer längsschnittlichen Untersuchung wäre der Fragebogen nur etwa halb so lang. Dadurch würde sich ein solches Design dazu eignen, einen zweidimensionalen Fragebogen für die Untersuchung auszuwählen. Es ist als kritisch zu bewerten, dass die MAAS nur aus Items besteht, die Unachtsamkeit messen. Folglich wird aus einer Abwesenheit von Unachtsamkeit auf eine hohe Achtsamkeit geschlossen. Ebenso kritisieren van Dam und seine Kollegen die Konstruktvalidität der Skala (van Dam, Earleywine & Borders, 2010).

Bei Selbstwirksamkeit wurde nur auf die allgemeine Selbstwirksamkeitserwartung eingegangen. Die Untersuchungsteilnehmer könnten wegen des Kontextes der Befragung analog zum Priming bei der Skala der SWE nicht an ihr Befinden bei situationsübergreifenden Kontexten gedacht haben. Vielleicht wurden die Fragen im Kontext der verstärkt kognitiv verfügbaren Erinnerungen, bezogen auf ihre Selbstwirksamkeitserwartung beim Pilgern, beantwortet. Somit kann bei der Deutung der Ergebnisse nicht mit Sicherheit festgestellt werden, ob bei der vorliegenden Untersuchung die allgemeine Selbstwirksamkeitserwartung oder eher die spezifische Selbstwirksamkeitserwartung abgebildet wird. In zukünftigen Untersuchungen könnte dieser Effekt durch ein Prä-Post-Design vermieden werden.

Außerdem wäre es interessant zu messen, ob nur eine Pilgerreise solche Effekte der Selbstwirksamkeit hervorbringt, oder ob auch eine mehrtägige Wanderung in einem anderen Setting ähnliche Auswirkungen hat.

Eine weitere Frage ist, ob Pilger in den beliebten Monaten April und Juni bis September ihre Achtsamkeit genauso steigern wie in den Monaten, in denen der Jakobsweg weniger überlaufen ist.

Zudem könnte ein für zukünftige Forschung spannender Aspekt sein, den Effekt von Pilgern auf die Selbstwirksamkeitserwartung, Achtsamkeit und die Verbesserung der Symptomatik bei depressiven Patienten zu messen. Dazu gibt es unwissenschaftliche Literatur und auch die Theorie in der vorliegenden Arbeit könnte einen solchen Effekt erklären.

Die vorliegende Studie zeigt eine signifikante Veränderung beider Konzepte und spricht somit für den positiven Effekt des Pilgerns auf die Selbstwirksamkeitserwartung und Achtsamkeit. Wegen des retrospektiven Designs ist aufgrund der zuvor diskutierten methodischen Mängel allerdings mit Kausalaussagen vorsichtig umzugehen. Dennoch kann wegen der herausragenden Effektstärken davon ausgegangen werden, dass sich die Ergebnisse auch bei einem veränderten Prä-Post-Design mit echter Längsschnittuntersuchung replizieren lassen.

Mit dieser Studie ist einer der ersten Bausteine in dem kaum erforschten Gebiet der Zusammenhänge zwischen Pilgern und dessen psychischen Auswirkungen gelegt. Es ist ein vielversprechendes Thema, von dem zu hoffen ist, dass es bald einen nennenswerten Einzug in die psychologische Wirkungsforschung erhält.

### 4.1.7 Literatur

Bandura, A. (1997). Self-efficacy: The exercise of control. New York: Freeman.

Bishop, S. R. (2004). Mindfulness. A Proposed Operational Definition. Clinical Psychology: Science and Practice, 11 (3), 230-241.

Bishop, S. R., Lau, M., Shapiro, S., Carlson, L., Anderson, N. D., Carmody, J. et al. (2004). Mindfulness. A Proposed Operational Definition. Clinical Psychology: Science and Practice, 11 (3), 230-241.

Brown, K. W. & Ryan, R. M. (2003). The benefits of being present. Mindfulness and its role in psychological well-being. Journal of Personality and Social Psychology, 84 (4), 822-848.

Dlugosch, G. & Dahl, C. (2012). Die Rolle der Selbstwirksamkeit und Achtsamkeit bei der Gesundheitsförderung von sozial benachteiligten Menschen – eine Projektdokum (Forschung und Praxis der Gesundheitsförderung, Bd. 39). Köln: BZgA. Verfügbar unter http://www.bzga.de/pdf.php?id=a7320b0c916b7edd2cbdd2ae46c54f14 Zugriff am 18.10.2015

Gamper, M. & Reuter, J. (im Druck). Glaube in Bewegung: Pilgern im Spiegel soziologischer Forschung. In L. Clemens (Hrsg.), Religiöse Differenz und interkonfessionelle Kooperation. Trier.

Hinz, A., Schumacher, J., Albani, C., Schmid, G. & Brähler, E. (2006). Bevölkerungsrepräsentative Normierung der Skala zur Allgemeinen Selbstwirksamkeitserwartung. Diagnostica, 52 (1), 26-32.

Jerusalem, M. & Mittag, W. (1994). Emotionen und Attributionen in Leistungssituationen. In R. Olechowski & B. Rollett (Hrsg.), Theorie und Praxis. Aspekte der empirisch-pädagogischen Forschung (S. 319-324). Frankfurt: Lang.

Kabat-Zinn, J. (1982). An outpatient program in behavioral medicine for chronic pain patients based on the practice of mindfulness meditation. Theoretical considerations and preliminary results. General Hospital Psychiatry, 4 (1), 33-47.

Kabat-Zinn, J. (2003). Mindfulness-Based Interventions in Context. Past, Present, and Future. Clinical Psychology: Science and Practice, 10 (2), 144-156.

Kabat-Zinn, J., Lipworth, L. & Burney, R. (1985). The clinical use of mindfulness meditation for the self-regulation of chronic pain. Journal of Behavioral Medicine, 8 (2), 163-190.

Kabat-Zinn, J., Lipworth, L., Burney, R. & Sellers, W. (1987). Four-Year Follow-Up of a Meditation-Based Program for the Self-Regulation of Chronic Pain:. Treatment Outcomes and Com-pliance. Clinical Journey of Pain, 3 (1), 60.

Khoury, B., Lecomte, T., Fortin, G., Masse, M., Therien, P., Bouchard, V. et al. (2013). Mindfulness-based therapy: a comprehensive meta-analysis. Clinical psychology review, 33 (6), 763-771.

Kobarg, A. (2008). Deutsche Adaptation der Mindfulness Attention Awareness Scale (MAAS). Marburg: Philipps-Universität Marburg.

Lindenmeyer, J. (2014). Eine Welle ist eine Welle, ist eine Welle. Kritische Anmerkungen zur achtsamkeitsbasierten Rückfallprävention. SUCHT, 60 (1), 37-42.

Linehan, M. M., Schmidt, H., Dimeff, L. A., Craft, J. C., Kanter, J. & Comtois, K. A. (1999). Dialectical behavior therapy for patients with borderline personality disorder and Drug Dependence. The American journal on addictions, 4 (8), 279-292.

Michalak, J., Heidenreich, T., Ströhle, G. & Nachtigall, C. (2008). Die deutsche Version der Mindful Attention and Awareness Scale (MAAS) Psychometrische Befunde zu einem Achtsamkeitsfragebogen. Zeitschrift für Klinische Psychologie und Psychotherapie, 37 (3), 200-208.

Reibel, D. K., Greeson, J. M., Brainard, G. C. & Rosenzweig, S. (2001). Mindfulness-based stress reduction and health-related quality of life in a heterogeneous patient population. General Hospital Psychiatry, 23 (4), 183-192.

Schwarzer, R. & Jerusalem, M. (1999). Skalen zur Erfassung von Lehrer- und Schülermerkmalen. Dokumentation der psychometrischen Verfahren im Rahmen der Wissenschaftlichen Begleitung des Modellversuchs Selbstwirksame Schulen. Berlin: Freie Universität Berlin.

Speca, M., Carlson, L. E., Goodey, E. & Angen, M. (2000). A Randomized, Wait-List Controlled Clinical Trial:. The Effect of a Mindfulness Meditation-Based Stress Reduction Program on Mood and Symptoms of Stress in Cancer Outpatients. Psychosomatic Medicine (62), 613-622.

Teasdale, J. D., Segal, Z. V., Williams, J. M. G., Ridgeway, V. A., Soulsby, J. M. & Lau, M. A. (2000). Prevention of relapse/recurrence in major depression by mindfulness-based cognitive therapy. Journal of Consulting and Clinical Psychology, 68 (4), 615-623.

van Dam, N. T., Earleywine, M. & Borders, A. (2010). Measuring mindfulness? An Item Response Theory analysis of the Mindful Attention Awareness Scale. Personality and Individual Differences, 49 (7), 805-810.

# 5 Das Modell des Positiven Selbstmanagements: Eine Zwischenbilanz

Ottmar L. Braun, Natalie Gouasé und Sandra Mihailovic

In diesem Buch wurde eingangs das Modell des Positiven Selbstmanagements vorgestellt und erste empirische Fundierungen, die dieses Modell untermauern, präsentiert. Die Annahmen, die sich in dem ursprünglichen Modell mit zwölf Selbstmanagementkompetenzen, mediierenden Variablen und den entsprechenden arbeits- und gesundheitsbezogenen Auswirkungen widerspiegeln, konnten durch die dargestellten Untersuchungen weitestgehend unterstützt werden. Wir gehen davon aus, dass eine Steigerung in den zwölf vorgestellten Selbstmanagementkompetenzen positive Auswirkungen auf die motivationalen, emotionalen und kognitiven Konsequenzen nach sich zieht, was sich langfristig positiv auf die Arbeitszufriedenheit und verschiedene gesundheitsrelevante Faktoren auswirkt.

Wie bereits im Vorwort dargestellt, leben wir in einer Zeit, in der die Humanressourcen einen immer wesentlicheren Beitrag zu dem Erfolg eines Unternehmens leisten. Den Mitarbeiter zum Unternehmer im Unternehmen zu machen, verschafft fortschrittlichen Firmen Innovation und Motivation. Für den Mitarbeiter bedeutet diese neue Freiheit jedoch auch ein hohes Maß an Selbstmanagement, um mit den vielfältigen Wahl- und Entscheidungsmöglichkeiten verantwortungsvoll und erfolgreich umgehen zu können.

Selbstmanagement ist ein Konstrukt, das sich aus vielen Fähigkeiten und Fertigkeiten zusammensetzt, die in diesem Buch vorgestellt wurden. Es konnte gezeigt werden, dass diese Fähigkeiten und Fertigkeiten durch Training beeinflusst werden können und, vermittelt über internale Konsequenzen, maßgeblich zu Zufriedenheit und Gesundheit im Arbeitsleben beitragen. Wesentlich dabei ist, dass das Modell auf Kompetenzen im Sinne einer Stärkenorientierung setzt. Dies unterstützt die Aussage, dass Unternehmen zunehmend die häufig vorhandene Defizitorientierung zugunsten einer Stärkenorientierung ersetzen und die Erkenntnisse der Positiven Psychologie in die Personalarbeit integrieren sollten. Nach unseren Untersuchungen hat die Stärkung der positiven Selbstmanagementkompetenzen einen bedeutenden Einfluss auf sowohl kognitive, als auch emotionale und motivationale Folgeprozesse. Die Selbstwirksamkeitserwartungen steigen und das Emotionsmanagement verbessert sich, was sich langfristig positiv auf die Zufriedenheit und Gesundheit im Arbeitsleben auswirken kann.

Darum sollten in Kompetenzmodellen auch stets Kompetenzen des Selbstmanagements miteinbezogen werden. Inwiefern diese Kompetenzen sich gegenseitig beeinflussen, sollten weitere Forschungsvorhaben untersuchen. Denkbar wäre beispielsweise das Vorhandensein einer positiven Aufwärtsspirale. Es könnte sein, dass die Verbesserung einer Selbstmanagementkompetenz, vermittelt über positive Veränderung, wie beispielsweise einer höheren Selbstwirksamkeitserwartung, dazu führt, dass auch andere Kompetenzen leichter und schneller aufgebaut und verbessert werden. Zum Teil konnten in unseren empirischen Studien Transfereffekte unter den Selbstmanagementkompetenzen entdeckt werden, die erste Hinweise auf einen solchen Mechanismus liefern könnten.

Zu den zwölf in diesem Buch vorgestellten Selbstmanagementkompetenzen existieren bereits Skalen, die in all unseren Untersuchungen eine gute bis sehr gute Reliabilität und dabei eine gute Ökonomie aufweisen. Zum Teil wurde auch schon eine Konstruktvalidierung vorgenommen. Die Überprüfung der diskriminanten und konvergenten Validität steht noch aus.

Die in diesem Buch dargestellten Erkenntnisse sind in vielerlei Hinsicht für die Praxis interessant. Die Erkenntnisse könnten Anwendung in der Personalauswahl finden. Im Rahmen von multimodalen Interviews, Verhaltensbeobachtungen oder Assessment-Center könnten die Ausprägungen der Kandidaten auf den verschiedenen Elementen des positiven Selbstmanagements festgestellt und mit dem Kompetenzmodell des Unternehmens bzw. der spezifischen Stelle abgeglichen werden. Hierfür müssten entsprechend angepasste Auswahlinstrumente zunächst noch auf Basis der Ergebnisse entwickelt werden.

Krankenkassen könnten diese Erkenntnisse im Rahmen der Gesundheitsförderung nutzen. Beispielsweise ist es für die Krankenkassen sehr wertvoll zu wissen, dass sich ein Training des positiven Selbstmanagements signifikant positiv auf die psychische (und physische) Gesundheit der Teilnehmer auswirkt. Zukünftige Programme zur Prävention psychischer Erkrankungen von Versicherten könnten auf die Verbesserung des positiven Selbstmanagements ausgerichtet sein.

Für Unternehmen ist es von besonderer Bedeutung, dass das Personal zufrieden und gesund ist, da sich dies maßgeblich auf die Leistungsfähigkeit und -bereitschaft der Mitarbeiter auswirkt. Aus diesem Grund sollte die Förderung von Selbstmanagementkompetenzen auch in Unternehmen eine wichtige Rolle spielen. Hier sind vielfältige Fördermöglichkeiten denkbar: Beispielsweise könnten die Mitarbeiter über Blended-Learning-Programme gefördert werden oder mittels Präsenzseminaren. Denkbar wäre auch die Förderung über spielerische Konzepte, wie dem in diesem Buch vorgestellten »CareerGames – spielend trainieren!«, welche sich auch positiv auf die Teamentwicklung auswirken könnten. In welcher Form die Selbstmanagementkompetenzen vermittelt und verbessert werden, sollte unternehmensabhängig entschieden werden. Dass die Förderung dieser Kompetenzen Bestandteil der Personalentwicklung eines jeden Unternehmens sein sollte, legen die hier vorgestellten empirischen Befunde nahe.

Das Modell des Positiven Selbstmanagements und die bisherigen empirischen Untersuchungen führen selbstverständlich auch, gemäß dem Charakter der Forschung, zu neuen Fragen und Ideen. So sollten sich zukünftige Forschungsvorhaben im Detail damit befassen, wie bedeutend der Beitrag einzelner Bausteine und Übungen für die langfristigen Folgen ist. Durch Laborexperimente könnten die Bausteine und Übungen identifiziert werden, die sich am effektivsten auf die kognitiven, emotionalen und motivationalen Prozesse und schließlich auf die Zufriedenheit und Gesundheit eines Mitarbeiters auswirken. Aus diesen Erkenntnissen könnte dann ein maximal effizientes Training entwickelt werden, welches mithilfe von Interventionsstudien evaluiert werden sollte. Diese Evaluationsstudien sollten in vielerlei Hinsicht überprüfen, welche Intervention unter welchen Bedingungen das Positive Selbstmanagement optimal fördert. Ein wichtiger Faktor spielt dabei auch die Frage nach der langfristigen Wirkung, nach beispielsweise sechs oder zwölf Monaten, welche im Rahmen der bisherigen Untersuchungen noch nicht exploriert wurde.

Interessant wäre auch zu untersuchen, inwiefern sich die Effekte von Tages- oder Zweitagesseminaren mit einem Training, welches kurze Einheiten über mehrere Wochen verteilt, unterscheiden. Weiterhin könnten alternative Vermittlungsmethoden entwickelt werden, die einfacher in den Alltag integrierbar wären. Hier wäre zu untersuchen, wie effektiv sich Online-Tools oder Apps auf das Positive Selbstmanagement auswirken.

Dass das Positive Selbstmanagement ein geeignetes Konzept darstellt, um psychischen Erkrankungen im Arbeitsleben vorzubeugen und Unternehmen die Möglichkeit bietet durch höhere Selbstwirksamkeitserwartungen und ein besseres Emotionsmanagement des Mitarbeiters, bei diesem eine höhere Arbeitszufriedenheit zu erzeugen, konnte in diesem Buch dargestellt und belegt werden. Die Details und Optimierung dieses Zusammenhangs bietet zukünftigen Forschungsarbeiten vielfältige Möglichkeiten sich mit diesem wichtigen und interessanten Thema weiter auseinanderzusetzen.

# 6 Anhang

## 6.1 Fragebogen zum Messzeitpunkt 1

Sehr geehrte Damen und Herren,

Sie finden im Folgenden Aussagen, mit denen man sich selbst beschreiben kann. Kreuzen Sie bitte an, inwieweit Sie jeder dieser Aussagen zustimmen. Ihnen steht eine Antwortskala mit fünf Stufen von 1 (»stimmt gar nicht«) bis 5 (»stimmt völlig«) zur Verfügung.

**Beispiel:**

| | Stimmt gar nicht | Stimmt eher nicht | Weder noch | Stimmt eher | Stimmt völlig |
|---|---|---|---|---|---|
| | **1** | **2** | **3** | **4** | **5** |
| 1. Ich gehe gerne ins Kino | ☐ | ☐ | ☐ | ☐ | ☐ |

Mit den Zahlen 2, 3 und 4 können Sie Ihre Antwort zwischen »stimmt gar nicht« und »stimmt völlig« gleichrangig abstufen.

Es gibt keine richtigen und falschen Antworten. Bitte antworten Sie auch dann, wenn Ihnen keine der Antworten als perfekt zutreffend erscheint. In diesem Fall wählen Sie bitte die am ehesten passende Antwortmöglichkeit.

Die Bearbeitung des Fragebogens dauert ungefähr 20 Minuten. Selbstverständlich werden Ihre Angaben streng vertraulich und anonym behandelt. Rückschlüsse auf Ihre Person sind trotz der soziodemographischen Angaben zu keiner Zeit möglich. Sie werden jedoch für die statistische Auswertung unserer Fragestellung benötigt.

Um nachvollziehen zu können, inwieweit sich bei Ihnen bestimmte Merkmale und Einstellungen im Laufe der Zeit verändern, werden wir Sie zu einem späteren Zeitpunkt noch einmal befragen. Um die Daten der Erhebungszeitpunkte personenbezogen zuordnen zu können und dabei dennoch Ihre Anonymität zu wahren, verwenden wir statt Ihres Namens einen anonymen persönlichen Code. Dieser persönliche Code besteht aus einer Kombination von Buchstaben und Zahlen, die außer Ihnen niemand kennt, den Sie sich selbst jedoch immer wieder herleiten können.

Dieser Code besteht aus den ersten zwei Buchstaben des Vornamens Ihrer Mutter, die ersten zwei Buchstaben des Vornamens Ihres Vaters und den ersten zwei Ziffern Ihres Geburtstags.

**Beispiel:**

Vorname der Mutter: Eva

Vorname des Vaters: Walter

Geburtstag: 08.04.86

Der Code würde in diesem Fall EVWA08 lauten.

Bitte geben Sie hier Ihren Code an: ________________

| | Stimmt gar nicht | Stimmt eher nicht | Weder noch | Stimmt eher | Stimmt völlig |
|---|---|---|---|---|---|
| **Positive Psychologie** | **1** | **2** | **3** | **4** | **5** |
| 1. Ich bin sehr dankbar für die positiven Dinge, die mir im Leben widerfahren. | ☐ | ☐ | ☐ | ☐ | ☐ |
| 2. Vor dem Einschlafen rufe ich mir nochmal alle positiven Ereignisse des Tages vor Augen. | ☐ | ☐ | ☐ | ☐ | ☐ |
| 3. Ich erinnere mich jeden Abend an die guten Gespräche des Tages. | ☐ | ☐ | ☐ | ☐ | ☐ |
| 4. Ich habe mir schon mal eine Liste mit meinen persönlichen Glücksbringern erstellt. | ☐ | ☐ | ☐ | ☐ | ☐ |
| 5. Ich achte aufmerksam darauf, was in der Gegenwart um mich herum passiert. | ☐ | ☐ | ☐ | ☐ | ☐ |
| 6. In den letzten sieben Tagen habe ich einer anderen Person spontan eine Freude bereitet. | ☐ | ☐ | ☐ | ☐ | ☐ |
| 7. Alles in allem bin ich ein sehr glücklicher Mensch. | ☐ | ☐ | ☐ | ☐ | ☐ |
| 8. Ich wende Techniken an, die mir helfen positive Momente länger auszukosten. | ☐ | ☐ | ☐ | ☐ | ☐ |
| 9. Ich bin mir meiner Stärken bewusst. | ☐ | ☐ | ☐ | ☐ | ☐ |
| 10. Mehrdeutige Situationen interpretiere ich stets in einer positiven Art und Weise. | ☐ | ☐ | ☐ | ☐ | ☐ |

| | Stimmt gar nicht | Stimmt eher nicht | Weder noch | Stimmt eher | Stimmt völlig |
|---|---|---|---|---|---|
| **Zielklarheit** | **1** | **2** | **3** | **4** | **5** |
| 1. Ich habe ganz klare Vorstellungen von meiner beruflichen Zukunft. | ☐ | ☐ | ☐ | ☐ | ☐ |
| 2. Ich habe ganz klare Vorstellungen von meiner privaten Zukunft. | ☐ | ☐ | ☐ | ☐ | ☐ |
| 3. Ich habe eine ganz klare berufliche Zielsetzung in meinem Lebenskonzept. | ☐ | ☐ | ☐ | ☐ | ☐ |
| 4. Wenn mich ein Freund nach meinen privaten Zielen fragen würde, könnte ich sie sofort aufzählen. | ☐ | ☐ | ☐ | ☐ | ☐ |
| 5. Meine Ziele und Unterziele im Beruf sind mir klar. | ☐ | ☐ | ☐ | ☐ | ☐ |

| | Stimmt gar nicht | Stimmt eher nicht | Weder noch | Stimmt eher | Stimmt völlig |
|---|---|---|---|---|---|
| **Selbstdisziplin** | **1** | **2** | **3** | **4** | **5** |
| 1. Ich bin fleißig. | ☐ | ☐ | ☐ | ☐ | ☐ |
| 2. Wichtige Dinge schiebe ich nicht vor mir her. | ☐ | ☐ | ☐ | ☐ | ☐ |
| 3. Ich vertrödle nie sinnlos Zeit, nur um mit einer Arbeit noch nicht anfangen zu müssen. | ☐ | ☐ | ☐ | ☐ | ☐ |
| 4. Ich beginne mit Aufgaben stets bevor Zeitdruck entsteht. | ☐ | ☐ | ☐ | ☐ | ☐ |
| 5. Dinge, die ich besser heute erledigen sollte, verschiebe ich nicht auf morgen. | ☐ | ☐ | ☐ | ☐ | ☐ |

| | Stimmt gar nicht | Stimmt eher nicht | Weder noch | Stimmt eher | Stimmt völlig |
|---|---|---|---|---|---|
| **Zeitmanagement und Arbeitstechniken** | **1** | **2** | **3** | **4** | **5** |
| 1. Ich arbeite regelmäßig mit einer Aktivitäten-Checkliste, auf der die Aktivität, ein Starttermin, ein Fertigstellungstermin, der Aufwand und die Priorität notiert werden. | ☐ | ☐ | ☐ | ☐ | ☐ |
| 2. Ich arbeite regelmäßig mit Tagesplänen. | ☐ | ☐ | ☐ | ☐ | ☐ |
| 3. Ich habe ein System, wie ich meine Arbeit organisiere. | ☐ | ☐ | ☐ | ☐ | ☐ |
| 4. Ich unterscheide meine Aufgaben nach Dringlichkeit und Wichtigkeit. | ☐ | ☐ | ☐ | ☐ | ☐ |
| 5. Ich habe ein System, mit dem ich delegierte Aufgaben nachverfolgen kann, so dass ich auch merke, wenn etwas nicht erledigt wird. | ☐ | ☐ | ☐ | ☐ | ☐ |

| | Stimmt gar nicht | Stimmt eher nicht | Weder noch | Stimmt eher | Stimmt völlig |
|---|---|---|---|---|---|
| **Selbst-PR (positive Darstellung gegenüber anderen)** | **1** | **2** | **3** | **4** | **5** |
| 1. Ich habe eine positive Einstellung gegenüber Selbst-PR. | ☐ | ☐ | ☐ | ☐ | ☐ |
| 2. Ich kenne meine Stärken. | ☐ | ☐ | ☐ | ☐ | ☐ |
| 3. Ich weiß, wie ich mich anderen gegenüber gut darstellen kann. | ☐ | ☐ | ☐ | ☐ | ☐ |
| 4. Ich habe eine Unique Selling Proposition (USP) formuliert und könnte anderen in wenigen Worten darlegen, was meine Einzigartigkeit ausmacht. | ☐ | ☐ | ☐ | ☐ | ☐ |
| 5. Ich kann mich gegenüber wichtigen Zielpersonen in zwei Minuten gut verkaufen. | ☐ | ☐ | ☐ | ☐ | ☐ |

| | Stimmt gar nicht | Stimmt eher nicht | Weder noch | Stimmt eher | Stimmt völlig |
|---|---|---|---|---|---|
| **Smalltalk und Networking** | **1** | **2** | **3** | **4** | **5** |
| 1. Ich bin kontaktfreudig. | ☐ | ☐ | ☐ | ☐ | ☐ |
| 2. Mir fällt es leicht, auf neue Leute zuzugehen und ein Gespräch zu beginnen. | ☐ | ☐ | ☐ | ☐ | ☐ |
| 3. Nach Vorträgen nutze ich die Gelegenheit, mit Leuten ins Gespräch zu kommen. | ☐ | ☐ | ☐ | ☐ | ☐ |
| 4. Ich habe mein Netzwerk schon mal visualisiert. | ☐ | ☐ | ☐ | ☐ | ☐ |
| 5. Wenn Gruppen von Leuten zusammenstehen, kann ich mich leicht ins Gespräch einklinken. | ☐ | ☐ | ☐ | ☐ | ☐ |

| | Stimmt gar nicht | Stimmt eher nicht | Weder noch | Stimmt eher | Stimmt völlig |
|---|---|---|---|---|---|
| **Einschränkende Überzeugungen** | **1** | **2** | **3** | **4** | **5** |
| 1. Ich male mir oft aus, welche schlimmen Konsequenzen ein mögliches Versagen haben könnte. | ☐ | ☐ | ☐ | ☐ | ☐ |
| 2. Ich denke oft, ich hätte früher etwas anderes machen müssen. | ☐ | ☐ | ☐ | ☐ | ☐ |
| 3. Ich neige dazu, meine Misserfolge schlimmer wahrzunehmen, als sie es objektiv betrachtet verdient hätten. | ☐ | ☐ | ☐ | ☐ | ☐ |
| 4. Oft denke ich, dass ich etwas nicht kann, obwohl ich es nie zuvor probiert habe. | ☐ | ☐ | ☐ | ☐ | ☐ |
| 5. Bevor ich mit einer Aufgabe beginne, denke ich lange darüber nach, was alles schief gehen könnte. | ☐ | ☐ | ☐ | ☐ | ☐ |

| | Stimmt gar nicht | Stimmt eher nicht | Weder noch | Stimmt eher | Stimmt völlig |
|---|---|---|---|---|---|
| **Emotionsregulation** | **1** | **2** | **3** | **4** | **5** |
| 1. Ich vermag Gefühle so zu beeinflussen, dass diese mich bei der Verfolgung eigener Ziele unterstützen. | ☐ | ☐ | ☐ | ☐ | ☐ |
| 2. Ich verstehe es so mit Gefühlen umzugehen, dass diese mich nicht blockieren. | ☐ | ☐ | ☐ | ☐ | ☐ |
| 3. Ich weiß sehr genau, wie sich verschiedene Emotionen und Stimmungen in meinem Verhalten äußern. | ☐ | ☐ | ☐ | ☐ | ☐ |
| 4. Ich habe gelernt, wie ich mich selbst in eine positive Stimmung versetzen kann. | ☐ | ☐ | ☐ | ☐ | ☐ |
| 5. Macht sich schlechte Laune bei mir breit, weiß ich wie ich diese ändern kann. | ☐ | ☐ | ☐ | ☐ | ☐ |

| | Stimmt gar nicht | Stimmt eher nicht | Weder noch | Stimmt eher | Stimmt völlig |
|---|---|---|---|---|---|
| **Problemlösetechniken** | **1** | **2** | **3** | **4** | **5** |
| 1. Ich kenne Methoden, wie man Probleme gut beschreiben kann. | ☐ | ☐ | ☐ | ☐ | ☐ |
| 2. Mir gelingt es gut, Probleme hinsichtlich ihrer Ursachen und Auswirkungen zu analysieren. | ☐ | ☐ | ☐ | ☐ | ☐ |
| 3. Wenn ich ein Problem analysiert habe, weiß ich meist auch wie Lösungen aussehen könnten. | ☐ | ☐ | ☐ | ☐ | ☐ |
| 4. Ich kenne Methoden und Techniken, wie man auf kreative Art und Weise Lösungen für Probleme generieren kann. | ☐ | ☐ | ☐ | ☐ | ☐ |
| 5. Mir fällt es leicht, aus verschiedenen Problemlösungen diejenigen herauszusuchen, die erfolgsversprechend sind. | ☐ | ☐ | ☐ | ☐ | ☐ |

| | Stimmt gar nicht | Stimmt eher nicht | Weder noch | Stimmt eher | Stimmt völlig |
|---|---|---|---|---|---|
| **Gesundheitsvorsorge und Vitalität** | **1** | **2** | **3** | **4** | **5** |
| 1. Ich treibe mindestens zweimal in der Woche eine Stunde Ausdauersport, um das Herz-Kreislauf-System zu stärken. | ☐ | ☐ | ☐ | ☐ | ☐ |
| 2. Ich tue regelmäßig etwas für meinen Rücken. | ☐ | ☐ | ☐ | ☐ | ☐ |
| 3. Ich nehme im Laufe des Tages ausreichend Flüssigkeit zu mir. | ☐ | ☐ | ☐ | ☐ | ☐ |
| 4. Ich ernähre mich ausgewogen und achte darauf, nicht zu viel Fett und Zucker zu mir zu nehmen. | ☐ | ☐ | ☐ | ☐ | ☐ |
| 5. Ich achte auf meine körperliche Gesundheit. | ☐ | ☐ | ☐ | ☐ | ☐ |

| | Stimmt gar nicht | Stimmt eher nicht | Weder noch | Stimmt eher | Stimmt völlig |
|---|---|---|---|---|---|
| **Anwendung von Lerntechniken** | **1** | **2** | **3** | **4** | **5** |
| 1. Ich kenne meine Stärken beim Lernen. | ☐ | ☐ | ☐ | ☐ | ☐ |
| 2. Ich weiß, wie ich meinen Lernplatz optimal einrichte. | ☐ | ☐ | ☐ | ☐ | ☐ |
| 3. Ich weiß, wie ich mich beim Lernen motivieren kann. | ☐ | ☐ | ☐ | ☐ | ☐ |
| 4. Ich weiß, wie ich mir meine Lernzeit optimal einteilen kann. | ☐ | ☐ | ☐ | ☐ | ☐ |
| 5. Ich strukturiere Lerninhalte, damit ich sie besser behalten kann. | ☐ | ☐ | ☐ | ☐ | ☐ |

 

| | Stimmt gar nicht | Stimmt eher nicht | Weder noch | Stimmt eher | Stimmt völlig |
|---|---|---|---|---|---|
| **Finanzielles Selbstmanagement** | **1** | **2** | **3** | **4** | **5** |
| 1. Ich setze mir meist kurze finanzielle Teilziele, um meine langfristigen erreichen zu können. | ☐ | ☐ | ☐ | ☐ | ☐ |
| 2. Ich überprüfe, ob ich meine Teilziele erreiche. | ☐ | ☐ | ☐ | ☐ | ☐ |
| 3. Ein finanziell erreichtes Teilziel motiviert mich, mich weiter mit Geld zu beschäftigen. | ☐ | ☐ | ☐ | ☐ | ☐ |
| 4. Ich lege mir regelmäßig Geld zur Seite, welches mir dann frei zur Verfügung steht. | ☐ | ☐ | ☐ | ☐ | ☐ |
| 5. Ich habe mir Problemlösetechniken für finanziell schwierige Situationen angeeignet, um diese aktiv lösen zu können. | ☐ | ☐ | ☐ | ☐ | ☐ |

| | Stimmt gar nicht | Stimmt eher nicht | Weder noch | Stimmt eher | Stimmt völlig |
|---|---|---|---|---|---|
| **Optimismus** | **1** | **2** | **3** | **4** | **5** |
| 1. Auch in ungewissen Zeiten erwarte ich immer das Beste. | ☐ | ☐ | ☐ | ☐ | ☐ |
| 2. Meine Zukunft sehe ich immer optimistisch. | ☐ | ☐ | ☐ | ☐ | ☐ |
| 3. Fast nie entwickeln sich die Dinge nach meinen Vorstellungen. (–) | ☐ | ☐ | ☐ | ☐ | ☐ |
| 4. Ich zähle selten darauf, dass mir etwas Gutes widerfährt. (–) | ☐ | ☐ | ☐ | ☐ | ☐ |
| 5. Alles in allem erwarte ich, dass mir mehr gute als schlechte Dinge widerfahren. | ☐ | ☐ | ☐ | ☐ | ☐ |

| | Stimmt gar nicht | Stimmt eher nicht | Weder noch | Stimmt eher | Stimmt völlig |
|---|---|---|---|---|---|
| **Selbstwirksamkeitserwartungen** | **1** | **2** | **3** | **4** | **5** |
| 1. Wenn sich Widerstände auftun, finde ich Mittel und Wege mich durchzusetzen. | ☐ | ☐ | ☐ | ☐ | ☐ |
| 2. Die Lösung schwieriger Dinge gelingt mir immer, wenn ich mich darum bemühe. | ☐ | ☐ | ☐ | ☐ | ☐ |
| 3. Es bereitet mir keine Schwierigkeiten, meine Absichten und Ziele zu verwirklichen. | ☐ | ☐ | ☐ | ☐ | ☐ |
| 4. In unerwarteten Situationen weiß ich immer, wie ich mich verhalten soll. | ☐ | ☐ | ☐ | ☐ | ☐ |
| 5. Auch bei überraschenden Ereignissen glaube ich, dass ich gut mit ihnen zurechtkommen kann. | ☐ | ☐ | ☐ | ☐ | ☐ |
| 6. Schwierigkeiten sehe ich gelassen entgegen, weil ich meinen Fähigkeiten immer vertrauen kann. | ☐ | ☐ | ☐ | ☐ | ☐ |
| 7. Was auch immer passiert, ich werde damit schon klarkommen. | ☐ | ☐ | ☐ | ☐ | ☐ |
| 8. Für jedes Problem kann ich eine Lösung finden. | ☐ | ☐ | ☐ | ☐ | ☐ |
| 9. Wenn eine neue Sache auf mich zukommt, weiß ich, wie ich damit umgehen kann. | ☐ | ☐ | ☐ | ☐ | ☐ |
| 10. Wenn ein Problem auftaucht, kann ich es aus eigener Kraft meistern. | ☐ | ☐ | ☐ | ☐ | ☐ |

| | Stimmt gar nicht | Stimmt eher nicht | Weder noch | Stimmt eher | Stimmt völlig |
|---|---|---|---|---|---|
| **Resilienz** | **1** | **2** | **3** | **4** | **5** |
| 1. Wenn ich Pläne habe, verfolge ich sie auch. | ☐ | ☐ | ☐ | ☐ | ☐ |
| 2. Normalerweise schaffe ich alles irgendwie. | ☐ | ☐ | ☐ | ☐ | ☐ |
| 3. Ich lasse mich nicht so schnell aus der Bahn werfen. | ☐ | ☐ | ☐ | ☐ | ☐ |
| 4. Ich mag mich. | ☐ | ☐ | ☐ | ☐ | ☐ |
| 5. Ich kann mehrere Dinge gleichzeitig bewältigen. | ☐ | ☐ | ☐ | ☐ | ☐ |
| 6. Ich bin entschlossen. | ☐ | ☐ | ☐ | ☐ | ☐ |
| 7. Ich nehme die Dinge, wie sie kommen. | ☐ | ☐ | ☐ | ☐ | ☐ |
| 8. Ich behalte an vielen Dingen Interesse. | ☐ | ☐ | ☐ | ☐ | ☐ |
| 9. Normalerweise kann ich eine Situation aus mehreren Perspektiven betrachten. | ☐ | ☐ | ☐ | ☐ | ☐ |
| 10. Ich kann mich auch überwinden, Dinge zu tun, die eigentlich nicht tun will. | ☐ | ☐ | ☐ | ☐ | ☐ |
| 11. Wenn ich in einer schwierigen Situation bin, finde ich gewöhnlich einen Weg heraus. | ☐ | ☐ | ☐ | ☐ | ☐ |
| 12. In mir steckt genügend Energie, um alles zu machen, was ich machen muss. | ☐ | ☐ | ☐ | ☐ | ☐ |
| 13. Ich kann es akzeptieren, wenn mich nicht alle Leute mögen. | ☐ | ☐ | ☐ | ☐ | ☐ |

| | Stimmt gar nicht | Stimmt eher nicht | Weder noch | Stimmt eher | Stimmt völlig |
|---|---|---|---|---|---|
| **Stress** | **1** | **2** | **3** | **4** | **5** |
| 1. Ich fühle mich im Alltag oft gestresst. | ☐ | ☐ | ☐ | ☐ | ☐ |
| 2. Ich habe oft das Gefühl gehetzt zu sein. | ☐ | ☐ | ☐ | ☐ | ☐ |
| 3. Ich lebe eigentlich dauernd im Stress. | ☐ | ☐ | ☐ | ☐ | ☐ |
| 4. Stress ist mein ständiger Begleiter. | ☐ | ☐ | ☐ | ☐ | ☐ |
| 5. Oft fühle ich mich stark angespannt. | ☐ | ☐ | ☐ | ☐ | ☐ |

| | Stimmt gar nicht | Stimmt eher nicht | Weder noch | Stimmt eher | Stimmt völlig |
|---|---|---|---|---|---|
| **Motivation** | **1** | **2** | **3** | **4** | **5** |
| 1. In den letzten vier Wochen konnte ich mich gut auf mein/e Studium/Arbeit konzentrieren. | ☐ | ☐ | ☐ | ☐ | ☐ |
| 2. In den letzten vier Wochen war ich absolut motiviert. | ☐ | ☐ | ☐ | ☐ | ☐ |
| 3. Ich habe in den letzten vier Wochen gute Studien-/Arbeitsleistungen erbracht. | ☐ | ☐ | ☐ | ☐ | ☐ |
| 4. Ich konnte in den letzten vier Wochen das umsetzen, was ich mir vorgenommen hatte. | ☐ | ☐ | ☐ | ☐ | ☐ |
| 5. Ich habe den Eindruck, dass ich in den letzten vier Wochen richtig viel Power für das/die Studium/Arbeit hatte. | ☐ | ☐ | ☐ | ☐ | ☐ |

| | Stimmt gar nicht | Stimmt eher nicht | Weder noch | Stimmt eher | Stimmt völlig |
|---|---|---|---|---|---|
| **Arbeitszufriedenheit** | **1** | **2** | **3** | **4** | **5** |
| 1. Ich bin mit meiner Arbeit zufrieden. | ☐ | ☐ | ☐ | ☐ | ☐ |
| 2. Meine Arbeit macht mir Spaß. | ☐ | ☐ | ☐ | ☐ | ☐ |
| 3. Die Erwartungen, die ich an einen Arbeitsplatz habe, werden in dieser Organisation (Unternehmen, Behörde) erfüllt. | ☐ | ☐ | ☐ | ☐ | ☐ |
| 4. Ich würde die Organisation, in der ich arbeite (Unternehmen, Behörde) Freunden oder Familienangehörigen als Arbeitgeber weiterempfehlen. | ☐ | ☐ | ☐ | ☐ | ☐ |
| 5. Alles in allem bin ich mit meinem Arbeitsplatz zufrieden. | ☐ | ☐ | ☐ | ☐ | ☐ |

Um den Zusammenhang zwischen den verschiedenen Themenbereichen und psychischen Beschwerden untersuchen zu können, benötigen wir noch einige Angaben von Ihnen. Im Folgenden finden Sie eine Liste mit häufig auftretenden Beschwerden. Bitte geben Sie an, wie sehr Sie in den letzten sieben Tagen unter den Beschwerden gelitten haben.

**Wie sehr litten Sie in den letzten sieben Tagen unter ...**

| | Gar keine | Eher keine | Weder noch | Eher stärker | Stark |
|---|---|---|---|---|---|
| **... Psychosomatische Beschwerden** | **1** | **2** | **3** | **4** | **5** |
| 1. Ohnmachts- und Schwindelgefühlen | ☐ | ☐ | ☐ | ☐ | ☐ |
| 2. Herz- oder Brustschmerzen | ☐ | ☐ | ☐ | ☐ | ☐ |
| 3. Übelkeit oder Magenverstimmung | ☐ | ☐ | ☐ | ☐ | ☐ |
| 4. Schwierigkeiten beim Atmen | ☐ | ☐ | ☐ | ☐ | ☐ |
| 5. Hitzewallungen oder Kälteschauer | ☐ | ☐ | ☐ | ☐ | ☐ |
| 6. Taubheit oder Kribbeln in einzelnen Körperteilen | ☐ | ☐ | ☐ | ☐ | ☐ |
| 7. erhöhtem Blutdruck | ☐ | ☐ | ☐ | ☐ | ☐ |
| 8. Einschlafstörungen | ☐ | ☐ | ☐ | ☐ | ☐ |
| 9. Durchschlafstörungen | ☐ | ☐ | ☐ | ☐ | ☐ |

| | Gar keine | Eher keine | Weder noch | Eher stärker | Stark |
|---|---|---|---|---|---|
| **... Depressive Verstimmung** | **1** | **2** | **3** | **4** | **5** |
| 1. Gedanken, sich das Leben zu nehmen | ☐ | ☐ | ☐ | ☐ | ☐ |
| 2. Einsamkeitsgefühlen | ☐ | ☐ | ☐ | ☐ | ☐ |
| 3. Schwermut | ☐ | ☐ | ☐ | ☐ | ☐ |
| 4. dem Gefühl, sich für nichts zu interessieren | ☐ | ☐ | ☐ | ☐ | ☐ |
| 5. einem Gefühl der Hoffnungslosigkeit angesichts der Zukunft | ☐ | ☐ | ☐ | ☐ | ☐ |
| 6. dem Gefühl, wertlos zu sein | ☐ | ☐ | ☐ | ☐ | ☐ |

Wie wichtig ist es Ihnen, Ihr persönliches Selbstmanagement zu verbessern?

| | **1** | **2** | **3** | **4** | **5** | |
|---|---|---|---|---|---|---|
| unwichtig | ☐ | ☐ | ☐ | ☐ | ☐ | sehr wichtig |

Wie interessant finden Sie die Themen, die im Fragebogen angesprochen wurden?

| | **1** | **2** | **3** | **4** | **5** | |
|---|---|---|---|---|---|---|
| uninteressant | ☐ | ☐ | ☐ | ☐ | ☐ | sehr interessant |

Wie stark ist Ihr Interesse an dem Seminar, an dem Sie jetzt teilnehmen?

| | **1** | **2** | **3** | **4** | **5** | |
|---|---|---|---|---|---|---|
| gering | ☐ | ☐ | ☐ | ☐ | ☐ | sehr hoch |

## Soziodemographische Angaben

**Bitte geben Sie Ihr Geschlecht an.**

☐ weiblich

☐ männlich

**Bitte geben Sie Ihr Alter an.**

Bitte wählen Sie die zutreffende Antwort aus:

☐ bis 19 Jahre

☐ 20 bis 24 Jahre

☐ 25 bis 29 Jahre

☐ 30 bis 34 Jahre

☐ 35 bis 39 Jahre

☐ 40 Jahre und älter

**Bitte geben Sie Ihren höchsten Bildungsabschluss an.**

Bitte wählen Sie maximal eine Antwort.

☐ Ohne Abschluss

☐ Hauptschulabschluss

☐ Mittlere Reife

☐ Fachgebundene Hochschulreife

☐ Allgemeine Hochschulreife

☐ Hochschulabschluss

☐ Promotion

**An welchem Seminar/Training nehmen Sie gerade teil oder werden Sie teilnehmen?**

Seminar zum Thema: ______________________________ am: ______________

☐ Ich nehme an keinem Seminar teil.

## 6.2 Fragebogen zum Messzeitpunkt 2

Der Fragebogen zum zweiten Messzeitpunkt entspricht dem Fragebogen zum Messzeitpunkt 1 aus 6.1. Zusätzlich wurden am Ende des Fragebogens folgende Inhalte erhoben:

Wir hatten Ihnen im Seminar empfohlen, jeden Abend darüber nachzudenken, was am Tag gut gelaufen ist bzw. welche Gespräche gut gelaufen sind. Die Empfehlung lautete, drei Beispiele zu sammeln und in das Erfolgs- und Glückstagebuch einzutragen.

**Wie oft haben Sie in den letzten vier Wochen seit dem Seminar diese Übung durchgeführt?**

☐ täglich

☐ nahezu täglich

☐ drei bis viermal in der Woche

☐ bis zu zweimal in der Woche

☐ einmal in der Woche

☐ gar nicht

In den letzten vier Wochen konnte ich aus gesundheitlichen Gründen an

______ Tagen nicht arbeiten bzw. studieren.

Datum: ____________ Uhrzeit: ____________

# Über die Autoren

## Ottmar L. Braun

Prof. Dr., Studium der Psychologie und Promotion zum Dr. phil. an der Universität Bielefeld. Anschließend verschiedene Tätigkeiten im Anwendungskontext, u. a. als Betriebspsychologe, Marktforscher und Berater. Derzeit Professor im Arbeitsbereich Sozial-, Umwelt- und Wirtschaftspsychologie im Fachbereich 8 an der Universität Koblenz-Landau. Forschungs- und Tätigkeitsschwerpunkte: Gefährdungsbeurteilung zur psychischen Belastung, Positive Psychologie und Selbstmanagement, Mitarbeiterbefragungen, 360°-Feedback. Geschäftsführer Carreer Games GbR.

Kontakt: braun@uni-landau.de

## Theresa Pfleghar

M. Sc., Studium der Psychologie an der Universität Koblenz-Landau. Bachelorabschluss in Kommunikationswissenschaft und Psychologie an der Universität Jena. Schwerpunkt im Masterstudium: Personal-, Team- und Organisationsentwicklung. Beschäftigt im Forschungsprogramm Positive Psychologie und Selbstmanagement. Tätigkeitsschwerpunkte: Training und Beratung

Kontakt: theresa.pfleghar@googlemail.com

## Natalie Gouasé

M. Sc., Studium der Psychologie an der Universität Koblenz-Landau. Derzeit wissenschaftliche Mitarbeiterin an der Hochschule Ludwigshafen im Projekt Neuroökonomie und Konsumentenforschung und wissenschaftliche Hilfskraft im Arbeitsbereich Sozial-, Umwelt- und Wirtschaftspsychologie an der Universität Koblenz- Landau. Forschungs- und Tätigkeitsschwerpunkte: Positive Psychologie, Selbstmanagement, Neuroökonomie, Gefährdungsbeurteilung zur psychischen Belastung und 360°-Feedback.

Kontakt: gouase@uni-landau.de

## Martin Sauerland

Dr. phil., Dipl.-Psych., Studium der Psychologie an der Bergischen Universität Wuppertal. Promotion zum Dr. phil. an der Universität Regensburg. Derzeit Akademischer Oberrat an der Universität Koblenz-Landau im Bereich Sozial-, Umwelt- und Wirtschaftspsychologie. Forschungsschwerpunkt: Dysfunktionale Kognitionen im Arbeitskontext. Veröffentlichungen in renommierten internationalen Fachzeitschriften zu einschlägigen Themenkreisen.

Kontakt: sauerland@uni-landau.de

## Sandra Mihailovic

Dipl.-Psych., Studium der Psychologie an der Universität Koblenz Landau. Selbständig als Beraterin und Trainerin. Inhaberin von Mihailovic Consulting und CareerGames GbR. Beruflicher Schwerpunkt liegt in dem Training von Selbstmanagement Kompetenzen mittels der »CareerGames, spielend trainieren!« Methode (www.careergames.de), der Beratung von Unternehmen in Veränderungsprozessen und dem Coaching von Führungskräften. Ihre praktischen Erfahrung sammelte Sie während Ihrer 15 jährigen Tätigkeit in der Daimler AG, wo sie zuletzt die Personalentwicklung der Führungskräfte am Mercedes Benz Standort Wörth leitete.

Kontakt: sandra@mihailovic-consulting.com

## Nadine Balzer

M. Sc., Studium der Psychologie an der Universität Koblenz-Landau, derzeit Psychotherapeutin in Ausbildung mit Tätigkeit in der Abteilung Forensische Psychiatrie an der LVR-Klinik Bedburg-Hau.

Kontakt: Balzerseb@aol.com

## Kristina Bader

B. Sc., Studium der Psychologie an der Universität Koblenz-Landau (Bachelor) und an der Universität Trier (Master, aktuell). Schwerpunkt des Masterstudiengangs: Klinische Psychologie, Gesundheitspsychologie und Psychotherapieforschung sowie Kompetenzentwicklung im Lebenslauf. Weiterhin tätig als wissenschaftliche Hilfskraft in der Abteilung Klinische Psychologie und Psychotherapie des Kindes- und Jugendalters an der Universität Trier.

Kontakt: s1krbade@uni-trier.de

## Sven Simek

M. Sc., Studium der Psychologie an der Universität Koblenz-Landau. Abschlussarbeit mit Fokus auf Zeitmanagement, sowie Tätigkeit als Hilfswissenschaftler im Bereich der Sozial- und Wirtschaftspsychologie in Landau. Beruflicher Fokus liegt im Personalbereich.

Kontakt: sven.simek@gmail.com

## Yulia Elsner (geb. Pirozhkova)

Studium der Rechtswissenschaften an der Staatlichen Rechtsakademie Saratow, Russland. Magister Legum LL.M. der Universität Heidelberg. Bachelor of Science in Psychologie an der Universität Koblenz-Landau. Derzeit Berufstätig in einer Sozialpsychiatrischen Praxis und Masterstudium der Psychologie.

Kontakt: piro2919@uni-landau.de

## Irina Hahn

M. Sc., Studium der Psychologie an den Universitäten Bielefeld (B. Sc.) und Koblenz-Landau (M.Sc.). Anwendungsschwerpunkt: Wirtschaftspsychologie. Derzeit Weiterbildung im Personalmanagement an der Deutschen Akademie für Management.

Kontakt: hahn_i@gmx.de

## Louisa Bleich

M. Sc., Studium der Psychologie an der Universität Koblenz-Landau. Schwerpunkt im Masterstudium: Personal-, Team- und Organisationsentwicklung. Interessensschwerpunkte: Psychologische Eignungsdiagnostik und Personalentwicklung

Kontakt: Louisa_Bleich@web.de

## Sarah A. Alford

B. Sc., Cand. M. Sc., Studium der Psychologie an der Universität Koblenz-Landau sowie der Universidad Autónoma de Madrid in Spanien mit Forschungsaufenthalt an der Curtin University of Technology in Perth, Australien sowie auf dem Camino Francés des Jakobsweges. Aktuell Studentin des Masters Psychologie mit den Schwerpunkten Gesundheits- und Arbeitspsychologie sowie Organisationspsychologie an der Universiteit Leiden in den Niederlanden. Weiterhin als Leiterin für Strategie und Evaluation am Leiden University Green Office tätig.

Kontakt: alfordsaraha@gmail.com